Mathematik 9

Erweiterungskurs

Autoren:

Klaus Schäfer, Staufenberg
Uwe Scheele, Bad Salzuflen
Wilhelm Wilke, Stadthagen

© 2002 Bildungshaus Schulbuchverlage
Westermann Schroedel Diesterweg Schöningh Winklers GmbH, Braunschweig
www.westermann.de

Druck A ^{4} / Jahr 2007
Alle Drucke der Serie A sind im Unterricht parallel verwendbar.

Verlagslektorat: Gerhard Strümpler, Carola Remus
Typografie und Lay-out: Andrea Heissenberg
Herstellung: Reinhard Hörner

Druck und Bindung: westermann druck GmbH, Braunschweig

ISBN 978-3-14-**12 1859**-6

Inhaltsverzeichnis

Zeichenerklärung:

▬	Seite mit grauem Streifen	Inhalte und Übungen auf Grundkurs-Niveau
▬	Seite mit blauem Streifen	Inhalte und Übungen auf Erweiterungskurs-Niveau
▬	Seite mit rotem Streifen	Übungen auf hohem Niveau und Zusatzstoffe

6   Aufgaben mit Prüfzahlen zur Selbstkontrolle   Aufgaben zum Tüfteln

●   Grundwissen: Wichtige Inhalte zum Nachschlagen und Wiederholen

1 Familie Bauer möchte ein neues Auto anschaffen. Anhand von Prospekten, Versicherungsunterlagen und Steuertabellen überlegen sie, welcher Pkw für sie geeignet sein könnte.

Polo Automatik
Leistung: 55 kW (75 PS)
Hubraum: 1390 cm³
Schadstoffklasse: EURO 4
Verbrauch: 6,4 *l* auf 100 km
Kfz–Steuer: 70 € jährlich

Polo Diesel
Leistung: 47 kW (64 PS)
Hubraum: 1896 cm³
Schadstoffklasse: EURO 3
Verbrauch: 5,0 *l* auf 100 km
Kfz-Steuer: 255 € jährlich

Die Anschaffungskosten sind bei beiden Autos gleich. Frau Bauer gefällt der geringe Kraftstoffverbrauch des Dieselfahrzeugs besonders gut. Ihr Sohn Oliver hat für verschieden lange Strecken die Kosten für den Dieselkraftstoff berechnet.

Diesel:
1 Liter 0,85 €

Normal:
1 Liter 1,05 €

Polo Diesel	
zurückgelegte Strecke (km)	Kosten (€)
100	4,25
2 000	85,00
4 000	170,00
6 000	255,00
8 000	340,00
10 000	425,00
12 000	510,00
14 000	595,00
16 000	680,00
18 000	765,00

a) Berechne die Kosten für den Dieselkraftstoff bei einer zurückgelegten Strecke von 5000 km (15 000 km, 20 000 km, 25 000 km).

b) Lege eine entsprechende Tabelle an und berechne die Kosten für das Fahrzeug, das Normalbenzin verbraucht.

c) In den Tabellen werden jeder zurückgelegten Strecke die Kosten zugeordnet. Zeichne die Graphen beider Zuordnungen in ein Koordinatensystem (x-Achse: 1 cm ≙ 1000 km; y-Achse: 1 cm ≙ 100 €).

2 Herr Bauer hat sich bei seiner Kfz–Versicherung nach den Versicherungsbeiträgen erkundigt, die seine Familie im Jahr für den Polo Diesel bzw. den Polo Automatik zahlen müsste. Seine Tochter Kathrin berücksichtigt bei einer erneuten Berechnung der Kosten auch die Kfz-Steuer.

a) Berechne für das Dieselfahrzeug auch die Kosten bei einer Fahrstrecke von 12 000 km (15 000 km, 20 000 km) pro Jahr.

Polo Diesel: jährliche Kosten

Feste Kosten

Kfz-Steuer:	255 € pro Jahr
Kfz-Versicherung:	710 € pro Jahr

Kosten für Dieselkraftstoff

bei 10 000 km pro Jahr:	425 €
bei 18 000 km pro Jahr:	765 €

Jährliche Gesamtkosten

bei 10 000 km:	965 € + 425 €
bei 18 000 km:	965 € + 765 €

Polo Automatik: Kosten

Feste Kosten

Kfz-Steuer:	70 € pro Jahr
Kfz-Versicherung:	610 € pro Jahr

---

b) Berechne auch für den Polo Automatik die Kosten bei einer jährlich zurückgelegten Strecke von 10 000 km (12 000 km, 15 000 km, 18 000 km, 20 000 km).

c) Kathrin hat die Graphen der Zuordnungen „Fahrstrecke ⟶ jährliche Gesamtkosten" für beide Fahrzeuge in ein Koordinatensystem gezeichnet.

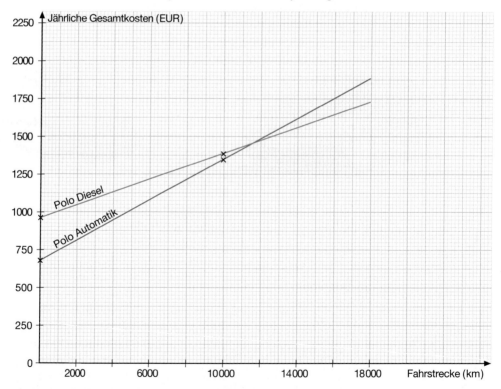

Wo kannst du die festen Kosten pro Jahr für jedes Fahrzeug ablesen?
Wodurch wird die Steigerung der Geraden jeweils bestimmt?

d) Welches der beiden Fahrzeuge ist bei einer im Jahr zurückgelegten Strecke von 8000 (14 000, 18 000) Kilometern günstiger? Begründe.

e) Bestimme ungefähr die Koordinaten des Schnittpunktes beider Geraden. Was gibt die x-Koordinate des Schnittpunktes an, was die y-Koordinate?

3 Kathrin und Oliver möchten möglichst genau die jährlich zurückgelegte Strecke bestimmen, ab der das Dieselfahrzeug günstiger ist. Sie wollen die Koordinaten des Schnittpunktes der beiden Geraden mithilfe einer Rechnung bestimmen. Dazu haben sie zunächst für das Dieselfahrzeug die zugehörige Funktionsgleichung aufgestellt.

Feste jährliche Kosten (in €):	965
Kosten für Dieselkraftstoff bei 1 km pro Jahr (in €):	0,0425
Kosten für Dieselkraftstoff bei x km pro Jahr (in €):	0,0425 · x

Jährliche Gesamtkosten y bei x km pro Jahr (in €):

$$y = 0{,}0425 \cdot x + 965$$

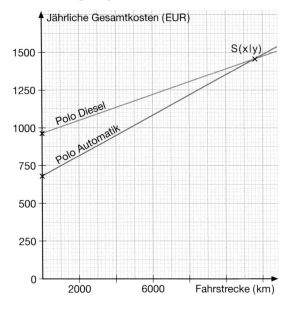

a) Begründe, warum die Funktionsgleichung für den Benziner wie folgt lautet: $y = 0{,}0672 \cdot x + 680$.

b) Da der Schnittpunkt S (x|y) auf beiden Geraden liegt, erfüllen seine Koordinaten beide Funktionsgleichungen.

$$y = 0{,}0425x + 965$$
$$y = 0{,}0672x + 680$$
$$0{,}0425x + 965 = 0{,}0672x + 680$$

Bestimme x. Runde auf eine ganze Zahl. Setze den x-Wert in eine der Gleichungen ein und bestimme den zugehörigen y-Wert.

c) Von welcher jährlichen Fahrstrecke an ist der Polo Diesel günstiger?

4 Vergleiche auch bei den in der Tabelle angegebenen Pkws die jährlichen Gesamtkosten. Gehe dabei zunächst vom gleichen Anschaffungspreis aus.

a) Berechne jeweils die Gesamtkosten bei einer jährlich zurückgelegten Strecke von 5000 (10 000, 15 000) Kilometern.

b) Zeichne die Graphen der Zuordnung „zurückgelegte Strecke ⟶ jährliche Gesamtkosten" in ein Koordinatensystem. Bestimme die Koordinaten des Geradenschnittpunktes.

c) Bestimme die zugehörigen Funktionsgleichungen. Berechne die Koordinaten des Schnittpunktes, indem du die Funktionsterme gleichsetzt.

Smart	Benziner	Diesel
Verbrauch (l) auf 100 km	4,9	3,4
Kfz-Steuer (€)	30	108
Versicherung (85 %) in €	360	480

Skoda Fabia	Benziner	Diesel
Verbrauch (l) auf 100 km	7,0	4,8
Kfz-Steuer (€)	70	255
Versicherung (85 %) in €	555	745

5 Vergleiche die jährlichen Gesamtkosten bei anderen Pkw-Typen. Verschaffe dir Informationen über die aktuellen Kfz-Steuerbeiträge und die aktuellen Versicherungsbeiträge. Bei unterschiedlichen Anschaffungskosten kannst du auch einen Teil der Anschaffungskosten (ein Achtel, ein Zehntel) zu den jährlichen festen Kosten addieren.

1 Der Umfang eines Rechtecks beträgt 20 cm.

a) Bestimme jeweils zu der angegebenen Länge a die zugehörige Breite b.

Länge a (cm)	6	7	8	9	7,5	8,5	9,2
Breite b (cm)							

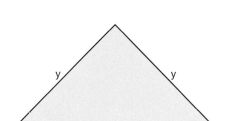

2a+2b=20

b) Wähle drei weitere Längen und bestimme jeweils die zugehörige Breite.

c) Wie viele unterschiedliche Rechtecke gibt es, die einen Umfang von 20 cm haben?

2 Der Umfang eines gleichschenkligen Dreiecks beträgt 40 cm.

Diese Bedingung lässt sich auch als lineare Gleichung mit zwei Variablen schreiben:

$$x + 2y = 40.$$

Das Zahlenpaar (16|12) ist eine Lösung der Gleichung:

$$x + 2y = 40$$
$$16 + 2 \cdot 12 = 40 \text{w}$$

a) Überprüfe durch Einsetzen, ob das Zahlenpaar (15|13) Lösung der Gleichung ist.

b) Gib vier weitere Zahlenpaare an, die Lösungen der Gleichung sind.

3 Die lineare Gleichung $2x - y = 10$ enthält zwei Variablen.

a) Überprüfe jeweils durch Einsetzen, ob die Zahlenpaare (8|6), (−2|−14), (6,2|2,2), $(1,8|-7,4)$, $(5\frac{1}{6}|\frac{1}{3})$ Lösungen der Gleichung sind.

b) Gib fünf weitere Zahlenpaare an, die Lösungen der Gleichung sind.

Lineare Gleichungen mit zwei Variablen

$6x + 2y = 140$ $a = 4b - 5$ $0,6y - 0,8 = 0,2\,x$ $\frac{1}{2}u = \frac{1}{4}v + \frac{1}{8}$

x-Wert	y-Wert	Einsetzen in $3x - 2y = 7$
5	4	$3 \cdot 5 - 2 \cdot 4 = 7$ w
4	2,5	$3 \cdot 4 - 2 \cdot 2,5 = 7$ w
2	1	$3 \cdot 2 - 2 \cdot 1 = 7$ f

$L = \{(5|4), (4|2,5), (1,5|-1,25), \dots\}$

Bei einer linearen Gleichung mit zwei Variablen kann jede der Variablen durch eine rationale Zahl ersetzt werden. Die Lösungen der Gleichung sind Zahlenpaare.

Die Lösungsmenge L besteht aus unendlich vielen Zahlenpaaren.

---

4 Überprüfe durch Einsetzen, ob die Zahlenpaare Lösungen der Gleichung sind.

a) $3x + 2y = 120$ (10|45), (60|−30), (40|−5)   b) $7x - 5y = 9$ (1|2), (2|1), (−3|−6)

c) $0,5x + 3 = 2y$ (12|5), (18|6), (4,8|2,7)   d) $2a = 3b + 6$ (−1|−3), (4,8|1,2), (3|0)

e) $\frac{1}{2}u - v = -2$ (−4|0), (−1,2|1,4), (−6|1)   f) $\frac{1}{2}a - \frac{1}{4}b = 6$ (14|2), (8|−4), (−$\frac{1}{2}$|−25)

5 Bei der linearen Gleichung $y = 3x + 2$ erhältst du zu jedem x-Wert den zugehörigen y-Wert, indem du den x-Wert in die Gleichung einsetzt und den y-Wert ausrechnest. Übertrage die Tabelle in dein Heft und vervollständige sie.

x	4	5	5,5	6,2	11,5	17,8	−4	−3,8	−0,7	$\frac{1}{3}$
y	$3 \cdot 4 + 2$	▦	▦	▦	▦	▦	▦	▦	▦	▦
(x|y)	(4|14)	▦	▦	▦	▦	▦	▦	▦	▦	▦

Die Normalform der linearen Gleichung

6 Die lineare Gleichung $2y - 4x = 18$ ist durch Auflösen nach y in ihre **Normalform** $y = 2x + 9$ umgeformt worden.
a) Berechne mithilfe der Normalform den zum x-Wert 2 $(-4; 4,3; -6,3)$ gehörigen y-Wert und gib die Lösung an.
b) Mache die Probe. Setze dazu die Lösungen in die Ausgangsgleichung ein und zeige, dass sie diese in eine wahre Aussage überführen.

Gleichung: $\qquad 2y - 4x = 18 \quad |+4x$
$\qquad\qquad\qquad 2y = 4x + 18 \;|:2$
Normalform: $\qquad y = 2x + 9$
x-Wert 4 eingesetzt: $y = 2 \cdot 4 + 9$
$\qquad\qquad\qquad\qquad y = 17$
Probe: $\quad 2 \cdot 17 - 4 \cdot 4 = 18 \text{ w}$

Das Zahlenpaar (4|17) ist eine Lösung der Gleichung.

7 Forme die Gleichung in die Normalform um, indem du nach y auflöst. Berechne den zum x-Wert 3 $(11; -2; 0,6)$ gehörigen y-Wert. Zeige durch Einsetzen, dass das zugehörige Zahlenpaar auch eine Lösung der Ausgangsgleichung ist.
a) $12x + 6y = 42$ b) $4y + 4x = -8$ c) $4y - 8x = 64$ d) $2y - 6x = -18$
e) $6x + 2y = 0$ f) $3y - 15x = 0$ g) $6 - y = 3x$ h) $12 - 4y = 36x$

$\qquad 4y + 6x = 20 \qquad\qquad |-6x$
$\qquad 4y = -6x + 20 \qquad |:4$
$\qquad\quad y = -1,5x + 5$

x-Wert 7 eingesetzt:
$\qquad\quad y = -1,5 \cdot 7 + 5$
$\qquad\quad y = -5,5$

Das Zahlenpaar (7|−5,5) ist eine Lösung der Gleichung $4y + 6x = 20$.

Eine lineare Gleichung mit zwei Variablen kann durch Äquivalenzumformungen in die **Normalform** $y = mx + n$ umgeformt werden.

Lösungen der Normalform sind auch Lösungen der Ausgangsgleichung.

---

8 Forme um in die Normalform.
a) $12x - 6y = 24$ b) $6x - 4y = -12$
c) $7y + 21x = 84$ d) $-8x + 4y = 100$
e) $-18y - 54x = 90$ f) $3x - 1,5y = 6$
g) $10x - 2,5y = 5$ h) $3x + 0,5y = -4$

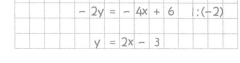

9 Löse nach y auf und bestimme den zum x-Wert gehörigen y-Wert. Mache die Probe.

a)

Ausgangsgleichung	x-Wert
$8x + 2y = 16$	5
$4y - 16x = 20$	13
$15x - 5y = 25$	−7
$12x - 3y = -51$	2,4

b)

Ausgangsgleichung	x-Wert
$9y - 36x = -81$	3,6
$75x + 15y = 105$	−2,6
$3y - 21 = 6x$	4,9
$11y + 66 = 121x$	$\frac{1}{2}$

Graphen linearer Funktionen

10 Die lineare Gleichung $y = 0,5x + 2$ kann auch als Funktionsgleichung einer linearen Funktion aufgefasst werden. Der zugehörige Funktionsgraph ist eine Gerade. Der Punkt P (2|3) liegt auf dieser Geraden. Setzt du seine Koordinaten in die Gleichung ein, erhältst du eine wahre Aussage.

Gleichung: $y = 0,5x + 2$
Steigung: $m = 0,5$
y-Achsenabschnitt: $n = 2$

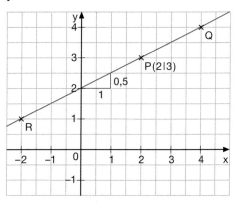

Punkt der Geraden: P(2/3)

Funktionsgleichung: $y = 0,5 x + 2$

Setze ein:

$x = 2, y = 3$ $3 = 0,5 \cdot 2 + 2$

      $3 = 3$ w

Bestimme mithilfe der Zeichnung die Koordinaten der Punkte Q und R. Setze ihre Koordinaten jeweils in die Funktionsgleichung ein und prüfe, ob du eine wahre Aussage erhältst.

11 Eine lineare Gleichung mit zwei Variablen hat die Normalform $y = -2x + 3$.
a) Zeichne den Graphen der linearen Funktion mit dieser Funktionsgleichung.
b) Berechne durch Einsetzen in die Normalform den zum x-Wert 3 (-1; $1,5$; $-0,5$; $-1,5$) gehörenden y-Wert. Trage das Zahlenpaar als Punkt in dein Koordinatensystem ein. Was stellst du fest?

12 Zeichne den zu der linearen Gleichung gehörigen Graphen. Bestimme mithilfe deiner Zeichnung die fehlenden Koordinaten der Punkte P(3|y) und Q(−1|y). Überprüfe, ob die Koordinaten der Punkte P und Q auch Lösungen der Gleichung sind.
a) $y = 2x - 1$ b) $y = 1,5x - 3$ c) $y = x + 2$ d) $y = 2,5x - 4$
e) $y = -2x + 2$ f) $y = -1,5x + 1$ g) $y = -x - 2,5$ h) $y = -3x + 6,5$

Die Normalform einer linearen Gleichung mit zwei Variablen kann als Funktionsgleichung einer linearen Funktion aufgefasst werden.

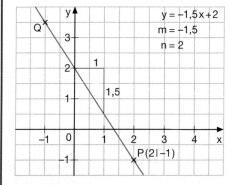

Funktionsgleichung: $y = -1,5x + 2$

Punkt der Geraden: P (2|−1)
Eingesetzt:
$x = 2$, $y = -1$ $-1 = -1,5 \cdot 2 + 2$
       $-1 = -1$ w

x-Wert −1 eingesetzt:
     $y = -1,5 \cdot (-1) + 2$
     $y = 3,5$
Lösung der Gleichung: (−1|3,5)

Q(−1|3,5) ist ein Punkt der Geraden.

Für den zu der linearen Gleichung gehörigen Funktionsgraphen gilt:
Die Koordinaten eines Punktes der Geraden sind eine Lösung der Gleichung.
Ein Zahlenpaar, das die Gleichung erfüllt, liegt als Punkt auf der Geraden.

1 Ein Rechteck mit den Seitenlängen x und y erfüllt die in der Tabelle beschriebenen Bedingungen.
a) Löse die erste Gleichung nach y auf. Zeichne die zugehörigen Graphen.
b) Lies die Koordinaten des Schnittpunktes ab und setze sie in beide Gleichungen ein. Was stellst du fest?

Text	Gleichung
Der Umfang eines Rechtecks beträgt 20 cm.	$2x + 2y = 20$
Die Seitenlänge y ist um 2 cm größer als die Seitenlänge x.	$y = x + 2$

2 Die beiden linearen Gleichungen $y = 2x + 1$ und $y = -x + 7$ bilden zusammen ein lineares Gleichungssystem.
Zeichne die beiden zugehörigen Geraden in ein Koordinatensystem und bestimme den Schnittpunkt S beider Geraden. Zeige durch Einsetzen, dass die Koordinaten des Schnittpunktes eine Lösung beider Gleichungen sind.

Zwei lineare Gleichungen mit zwei Variablen bilden ein **lineares Gleichungssystem.**

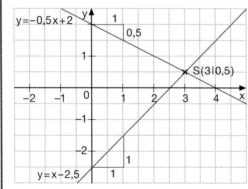

Lineares Gleichungssystem:
$$\text{I } y = x - 2,5$$
$$\text{II } y = -0,5x + 2$$

Schnittpunkt: S (3 | 0,5)

Einsetzen der Schnittpunktkoordinaten:
$$\text{I } 0,5 = 3 - 2,5 \text{ w}$$
$$\text{II } 0,5 = -0,5 \cdot 3 + 2 \text{ w}$$

Lösungsmenge: L = {(3|0,5)}

Für ein lineares Gleichungssystem aus zwei Gleichungen mit zwei Variablen gilt: Die Koordinaten des Schnittpunktes S der zugehörigen Geraden erfüllen beide Gleichungen. Sie sind die Lösung des linearen Gleichungssystems.

---

3 Bestimme graphisch die Lösungsmenge des Gleichungssystems. Mache die Probe, indem du die Koordinaten des Schnittpunktes in beide Gleichungen einsetzt.

a) $y = 2x - 1$
$y = -x + 5$

b) $y = x + 2$
$y = -3x + 6$

c) $y = 1,5x - 4$
$y = -x + 6$

d) $y = 3x - 1$
$y = 0,5x + 4$

4 Bestimme graphisch die Lösung des Gleichungssystems. Forme dazu beide Gleichungen zunächst in ihre Normalformen um. Mache die Probe, indem du die Koordinaten des Schnittpunktes in beide Ausgangsgleichungen einsetzt.

a) $2x + 2y = 14$
$6x - 3y = 15$

b) $3x + 3y = 6$
$5y + 15x = -10$

c) $9 - 3y = 3x$
$2y - x = -9$

d) $4y - 2x = -3$
$2y - 2x = 0$

e) $4x + 4y = -8$
$x - 2y = -8$

f) $3x - 6y = 12$
$3x + 6y = 24$

g) $2y + x = -1$
$y + x = 2$

h) $3x - 2y = 2$
$4x - 2y = 6$

L (4|3); (5|−2); (−4|2); (5|−3); (4|5); (−1,5|−1,5); (6|1); (−2|4)

5 Die beiden linearen Gleichungen
$y = 0,5x - 1$ und $y = 0,5x + 1$ bilden ein lineares Gleichungssystem.
Bestimme graphisch die Lösungsmenge.
Was stellst du fest? Begründe deine Antwort.

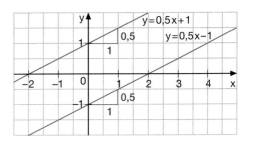

6 Die beiden linearen Gleichungen $4y - 8x = -16$ und $14x - 7y = 28$ bilden ein lineares Gleichungssystem.
a) Forme beide Gleichungen in ihre Normalformen um und bestimme graphisch die Lösungsmenge. Was stellst du fest? Begründe deine Antwort.
b) Gib drei Lösungen des Gleichungssystems an.

Lösungsmengen linearer Gleichungssysteme

Für die Lösungsmenge linearer Gleichungssysteme mit zwei Variablen gibt es drei Möglichkeiten:

Keine Lösung   **Eine Lösung**   **Unendlich viele Lösungen**

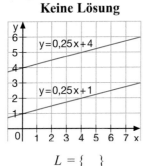 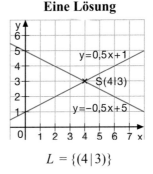 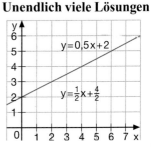

$L = \{\ \}$ $L = \{(4\,|\,3)\}$ Die Koordinaten jedes Punktes der Geraden sind eine Lösung.

---

7 Forme beide Gleichungen des linearen Gleichungssystems in ihre Normalformen um. Entscheide anhand der Geradengleichungen, ob es keine Lösung oder unendlich viele Lösungen gibt.

a) $6x - 4y = -8$
$2y - 3x = -1$

b) $5x - 2y = 3$
$4y - 10x = -6$

c) $4y + 2x = 8$
$-3 - 2y = x$

d) $5y - 10x = -20$
$12x - 6y = 24$

8 Forme beide Gleichungen des linearen Gleichungssystems in ihre Normalformen um. Entscheide anhand der Geradengleichungen, wie viele Lösungen das Gleichungssystem hat. Gibt es eine Lösung, so bestimme diese graphisch.

a) $2y - 6x = -10$
$y + x = 7$

b) $3y + 6x = -12$
$2y - 10 = 2x$

c) $4y - 2x = 16$
$2y + x = 4$

d) $2y - 3x = 6$
$6y - 6 = 6x$

e) $4y + 10 = 6x$
$3x - 2y = 5$

f) $5y - 2x = 5$
$3y + 9 = 6x$

g) $2y + 2 = 2x$
$4 - 4y = 12x$

h) $3y + x = 6$
$2x + 6y = 18$

i) $3y - x = 6$
$2y + 4 = 6x$

k) $7y - 2x = 28$
$7y + 2x = 14$

l) $x - 3y = 12$
$-y - x = -2$

m) $2x + 3y = 6$
$18 - 9y = 6x$

L $(3\,|\,4)$; $(-2\,|\,3)$; $(0,5\,|\,-0,5)$; $(-3\,|\,2)$; $(4,5\,|\,-2,5)$; $(1,5\,|\,2,5)$; $(-3,5\,|\,3)$; $(-4\,|\,-3)$; $(2,5\,|\,2)$

1 Die zum linearen Gleichungssystem
$$\text{I} \quad y = -0,5x + 2,5$$
$$\text{II} \quad y = 1,5x - 1,5$$
gehörenden Geraden schneiden sich in S (x|y). Da für die Koordinaten von S die linken Seiten beider Gleichungen gleich sind, gilt das auch für die rechten Seiten.

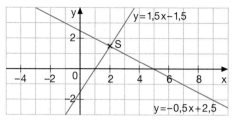

Schnittpunkt S (2|1,5)

Einsetzen in I: $1,5 = \boxed{-0,5 \cdot 2 + 2,5}$ w

Einsetzen in II: $1,5 = \boxed{1,5 \cdot 2 - 1,5}$ w

$-0,5 \cdot 2 + 2,5 = \boxed{1,5 \cdot 2 - 1,5}$ w

Schnittpunkt S (x|y)

$\text{I} \quad y = \boxed{-0,5x + 2,5}$

$\text{II} \quad y = \boxed{1,5x - 1,5}$

$-0,5x + 2,5 = \boxed{1,5x - 1,5}$

a) Löse die Gleichung $-0,5x + 2,5 = 1,5x - 1,5$ nach x auf.
b) Bestimme den zugehörigen y-Wert. Was stellst du fest?

2 So kannst du die Lösung des linearen Gleichungssystems durch eine Rechnung bestimmen:

$$\text{I} \quad 4x + 2y = 10$$
$$\text{II} \quad 6x - 3y = 3$$

1. Forme jede Gleichung in ihre Normalform um.

$\text{I} \quad 4x + 2y = 10 \qquad \text{II} \quad 6x - 3y = 3$
$\text{I} \qquad 2y = -4x + 10 \qquad \text{II} \qquad -3y = -6x + 3$
$\text{I} \qquad y = -2x + 5 \qquad \text{II} \qquad y = \boxed{2x - 1}$

2. Setze die rechten Seiten gleich und löse nach x auf.

$-2x + 5 = \boxed{2x - 1}$
$-4x + 5 = -1$
$-4x = -6$
$x = \boxed{1,5}$

3. Bestimme y, indem du den x-Wert in eine der beiden Normalformen einsetzt.

$y = 2 \cdot \boxed{1,5} - 1$
$y = \boxed{2}$

4. Mache die Probe, indem du die Lösung in beide Ausgangsgleichungen einsetzt.

$\text{I} \quad 4x + 2y = 10 \qquad \text{II} \quad 6x - 3y = 3$
$\text{I} \; 4 \cdot \boxed{1,5} + 2 \cdot \boxed{2} = 10 \qquad \text{II} \; 6 \cdot \boxed{1,5} - 3 \cdot \boxed{2} = 3$
$\qquad 10 = 10 \; \text{w} \qquad\qquad 3 = 3 \; \text{w}$

5. Gib die Lösungsmenge an.

$L = \{(1,5 | 2)\}$

Bestimme rechnerisch die Lösung des Gleichungssystems.

a) $y = 0,5x + 5$
   $y = 2,5x - 7$

b) $y = 3x - 15$
   $y = -0,5x + 13$

c) $y = 1,5x - 20$
   $y = -x + 5$

d) $y = -1,5x$
   $y = -3x - 18$

3 Bestimme rechnerisch die Lösung des Gleichungssystems. Forme dazu jede Gleichung zunächst in ihre Normalform um. Mache die Probe, indem du die Lösung in die beiden Ausgangsgleichungen einsetzt.

a) $2y - 8x = 4$
   $2y + 50 = 20x$

b) $6x + 3y = 6$
   $4x - y = -47$

c) $2y + 3x = 2$
   $8x - 34 = -2y$

d) $6y = -18x$
   $7x = y - 53$

4 Im Beispiel werden die Gleichungen jeweils nach dem gleichen Vielfachen von y aufgelöst.
a) Warum darfst du die rechten Seiten beider Gleichungen gleichsetzen?
b) Bestimme die Lösungsmenge des Gleichungssystems.

$$\text{I} \quad 3y - 5x = 4$$
$$\text{II} \quad 3y + 2x = 11$$

$$\text{I } 3y - 5x = 4 \qquad \text{II } 3y + 2x = 11$$
$$\text{I} \qquad 3y = 5x + 4 \quad \text{II } 3y = -2x + 11$$
$$5x + 4 = -2x + 11$$

5 Löse nach einem Vielfachen von y auf und wende das Gleichsetzungsverfahren an. Mache die Probe, indem du die Lösung in beide Ausgangsgleichungen einsetzt.

a) $3y - 5x = 11$
$3y + 1 = 11x$

b) $7y - 11x = 30$
$10x - 7y = -33$

c) $5x + 11y = 46$
$11y - 26 = -10x$

d) $4x - 6y = -72$
$6y + 5x = 18$

e) $7x - 3y = 19$
$3y - 10x = -13$

f) $6x + 14y = 98$
$14y - 7 = 20x$

g) $4x + 6y = 32$
$22x + 13 = -6y$

h) $14y + 11x = -42$
$14y + 14 = -15x$

6 So kannst du die Lösung des linearen Gleichungssystems nach gleichen Vielfachen von y auflösen:

$$\text{I} \quad 7x - 3y = -2$$
$$\text{II} \quad 2y + 4x = 23$$

1. Löse beide Gleichungen nach Vielfachen von y auf.	I $7x - 3y = -2$ I $\quad -3y = -7x - 2$	II $2y + 4x = 23$ II $\quad 2y = -4x + 23$
2. Multipliziere beide Gleichungen so, dass du das gleiche Vielfache von y erhältst.	I $-3y = -7x - 2 \quad \vert \cdot (-2)$ I $\quad 6y = 14x + 4$	II $2y = -4x + 23 \quad \vert \cdot 3$ II $6y = -12x + 69$

Löse nach gleichen Vielfachen von y auf. Bestimme dann die Lösung mithilfe des Gleichsetzungsverfahrens.

a) $6x + 4y = 23$
$10x + 3y = -2$

b) $4y + 9x = 9$
$-11x - 6y = -26$

c) $5y + 7x = 65$
$5x - 3y = 122$

d) $9x - 6y = -69$
$8y - 4x = -60$

7 Bestimme die Lösungsmenge, indem du beide Gleichungen nach x auflöst und dann gleichsetzt.

a) $3y + x = 32$
$2x - 4y = -26$

b) $7y - x = 63$
$2y - 6 = 2x$

c) $2x + 4y = 32$
$3x + 60 = 3y$

d) $3x + 3y = -6$
$7y + 84 = -2x$

e) $x + 2y = -49$
$6y = 6x - 48$

f) $3x - 9y = -33$
$-4x + 20y = 96$

g) $2x - y = 4$
$-x + 3y = 14$

h) $4x + 6y = -10$
$5x - 10y = 61$

i) $6x - 9y = 21$
$2y - 2x = 10$

j) $10x - 5y = -7,5$
$4x = 6y + 11$

$$\text{I} \quad 2x + 6y = 48$$
$$\text{II} \quad 43 - x = 5y$$

$$\text{I } 2x + 6y = 48 \qquad \text{II } 43 - x = 5y$$
$$\text{I } 2x = -6y + 48 \qquad \text{II } -x = 5y - 43$$
$$\text{I } x = -3y + 24 \qquad \text{II } x = -5y + 43$$

$$-3y + 24 = -5y + 43$$
$$2y + 24 = 43$$
$$2y = 19$$
$$y = 9,5$$

Eingesetzt in I: $\quad x = -3 \cdot 9,5 + 24$
$$x = -4,5$$

Lösungsmenge: $L = \{(-4,5 \vert 9,5)\}$

8 Die Gleichungen eines linearen Gleichungssystems kannst du auch nach gleichen Vielfachen von x auflösen. Löse wie im Beispiel nach gleichen Vielfachen von x auf. Bestimme dann die Lösung mithilfe des Gleichsetzungsverfahrens.

a) $3x + 2y = 33$
  $7y - 3x = 21$

b) $6x - 5y = 15$
  $3x + 6 = 7y$

c) $5x + 50 = 3y$
  $y - 50 = 10x$

d) $6x - 4y = 54$
  $27 - 9x = 3y$

e) $7x - 8y = 43$
  $14x = 18y + 81$

f) $12x + 2y = 30$
  $7y + 18x = 117$

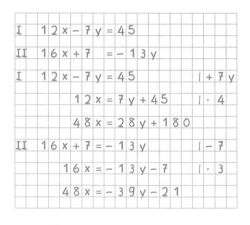

9 Bestimme die Lösungsmenge mithilfe des Gleichsetzungsverfahrens.

a) $2y + 3x = 7$
  $4y - 3 = -5x$

b) $3x - 15y = -75$
  $14y - 7x = 49$

c) $3y + 7x = 76$
  $11x = 3y + 50$

d) $2x + 3y = 23$
  $82 - 7y = 3x$

e) $11x + 2y = -34,5$
  $6x + 57 = 4y$

f) $5y - 127 = 3x$
  $2x + 2y = -18$

g) $7x + y = 73$
  $-x - 3 = 3y$

h) $6x + 9y = -3$
  $9x - 18y = 20$

L zu Nr. 8 und 9: $(7\,|\,9)$; $(9\,|\,2,5)$; $(-4\,|\,10)$; $(11\,|\,-13)$; $(5\,|\,6)$; $(5\,|\,3)$; $(\frac{2}{3}\,|\,-\frac{7}{9})$; $(7\,|\,6)$; $(-0,5\,|\,18)$; $(-17\,|\,19)$; $(11,1\,|\,-4,7)$; $(-21,5\,|\,12,5)$; $(-4,5\,|\,7,5)$; $(5\,|\,-6)$

10 Entscheide mithilfe des Gleichsetzungsverfahrens, wie viele Lösungen das Gleichungssystem hat.
Existiert nur eine Lösung, so gib diese an.

a) $10 - 4x = 6y$
  $4,5y - 7,5 = -3x$

b) $6x - 4,5y = 3,5$
  $4 - 8x = -6y$

c) $5y + 14 = 9x$
  $13x - 7y = 25$

d) $5y + 2 = 9x$
  $4 - 13,5x = -7,5y$

e) $11x + 25 = 18y$
  $12y - 4x = 104$

f) $8x - 9y = 12$
  $6x - 9 = 6,75y$

g) $14x + 12y = 92$
  $8y = 56 - 11x$

h) $9x - 15y = 34$
  $50 - 15x = -25y$

i) $12,5x + 6y = 17$
  $6,8 - 2,4y = 5x$

k) $26x - 78y = -42$
  $63 + 39x = 117y$

l) $4,8x - 14,4 = 6y$
  $9,6 - 4y = 3,2x$

m) $7x - 4y = 8$
  $11y - 13x = 13$

n) $12x - 6y = 30$
  $15x - 10y = 34$

o) $-5,7x + 9 = 4,2y$
  $6 - 2,8y = 3,8x$

p) $1,8x + 1,05y = 0,9$
  $2,4x = 1,3 - 1,4y$

q) $5x + 14y = 240,1$
  $21y - 210 = 12x$

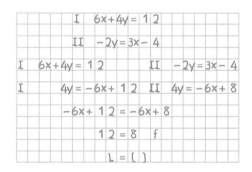

Keine Lösung
Es ergibt sich eine nicht erfüllbare Gleichung.

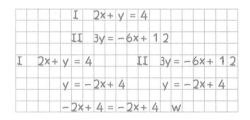

Unendlich viele Lösungen
Es ergibt sich eine allgemein gültige Gleichung. Jede Lösung einer der Gleichungen ist auch Lösung des Gleichungssystems.

11 So kannst du ein lineares Gleichungssystem, das Brüche enthält, in ein lineares Gleichungssystem ohne Brüche umformen:

$$\text{I} \quad \tfrac{1}{3}x - \tfrac{1}{4}y = \tfrac{1}{6}$$

$$\text{II} \quad \tfrac{1}{3}x + \tfrac{2}{5}y = 7\tfrac{1}{3}$$

Bestimme für jede Gleichung den Hauptnenner. Multipliziere jede Gleichung mit ihrem Hauptnenner und kürze anschließend.

I $\quad \tfrac{1}{3}x - \tfrac{1}{4}y = \tfrac{1}{6} \quad \Big| \cdot 12$ II $\quad \tfrac{1}{3}x + \tfrac{2}{5}y = 7\tfrac{1}{3} \quad \Big| \cdot 15$

I $\quad \tfrac{1\cdot12}{3}x - \tfrac{1\cdot12}{4}y = \tfrac{1\cdot12}{6}$ II $\quad \tfrac{1\cdot15}{3}x + \tfrac{2\cdot15}{5}y = 105\tfrac{1\cdot15}{3}$

I $\quad \tfrac{1\cdot\cancel{12}^{4}}{\cancel{3}_{1}}x - \tfrac{1\cdot\cancel{12}^{3}}{\cancel{4}_{1}}y = \tfrac{1\cdot\cancel{12}^{2}}{\cancel{6}_{1}}$ II $\quad \tfrac{1\cdot\cancel{15}^{5}}{\cancel{3}_{1}}x + \tfrac{2\cdot\cancel{15}^{3}}{\cancel{5}_{1}}y = 105\tfrac{1\cdot\cancel{15}^{5}}{\cancel{3}_{1}}$

I $\quad 4x - 3y = 2$ II $\quad 5x + 6y = 110$

Forme in ein lineares Gleichungssystem ohne Brüche um und bestimme die Lösungsmenge mithilfe des Gleichsetzungsverfahrens.

a) $\tfrac{2}{3}x - \tfrac{2}{5}y = \tfrac{4}{15}$ b) $\tfrac{1}{3}x + \tfrac{1}{2}y = 4\tfrac{1}{6}$ c) $\tfrac{2}{3}x - \tfrac{1}{2}y = 8\tfrac{1}{2}$ d) $\tfrac{1}{3}x - \tfrac{1}{2}y = -1\tfrac{1}{3}$

$\ \tfrac{1}{4}x + \tfrac{1}{3}y = 3$ $\tfrac{1}{6}y - \tfrac{1}{9}x = 3\tfrac{11}{18}$ $\tfrac{1}{2}x + \tfrac{1}{5}y = 1\tfrac{1}{5}$ $\tfrac{5}{8}y - \tfrac{3}{4}x = 5$

e) $\tfrac{1}{7}x - \tfrac{1}{3}y = 7\tfrac{2}{3}$ f) $\tfrac{1}{3}x - \tfrac{1}{2}y = 0$ g) $\tfrac{2}{3}x + \tfrac{2}{9}y = -1\tfrac{1}{5}$ h) $\tfrac{2}{3}x - \tfrac{2}{7}y = -\tfrac{2}{9}$

$\ \tfrac{2}{3}x + \tfrac{3}{4}y = 3\tfrac{1}{2}$ $-\tfrac{3}{4}x + \tfrac{9}{10}y = 5\tfrac{2}{5}$ $\tfrac{1}{6}y - \tfrac{1}{3}x = 2\tfrac{1}{10}$ $\tfrac{2}{3}x + \tfrac{3}{5}y = 1\tfrac{38}{45}$

12 Löse wie im Beispiel die Klammern auf und fasse gleichartige Terme zusammen. Bestimme dann die Lösungsmenge mithilfe des Gleichsetzungsverfahrens.

a) $11\,(x + 3) - 6y = 3y + 33$
$\ 6y - 9\,(2x + 3) = 60 - x$

b) $3\,(x + 12) - 5\,(y - 2) = 142 - 10y$
$\ 15 - 2\,(x + 2y) = 5 - (9x + 7y)$

c) $4x - 4\,(5 - x) - 2y = 5\,(y - 6)$
$\ 2y - 3\,(1 + x) - x = -2(y + 2 - x)$

d) $15 - [3x - 2\,(y - 3x)] = 8y$
$\ 16x - [(5x + 3y) - 32] = 13 - 7y$

e) $2y - [2x - 2\,(6 + 4x)] = 5\,(3 - y)$
$\ 3\,[6x - (7y + 5)] = 9x - 7\,(y + 2)$

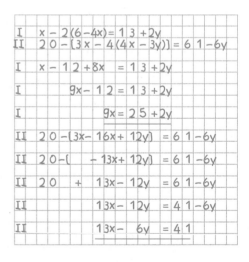

I	$x - 2\,(6-4x) = 1\,3 + 2y$
II	$2\,0 - [3x - 4\,(4x - 3y)] = 6\,1 - 6y$
I	$x - 1\,2 + 8x \quad = 1\,3 + 2y$
I	$9x - 1\,2 = 1\,3 + 2y$
I	$9x = 2\,5 + 2y$
II	$2\,0 - [3x - 16x + 12y] = 6\,1 - 6y$
II	$2\,0 - (\ -13x + 12y) = 6\,1 - 6y$
II	$2\,0 \ + \ 13x - 12y = 6\,1 - 6y$
II	$13x - 12y = 4\,1 - 6y$
II	$13x - 6y = 4\,1$

L   zu Nr. 11 und Nr. 12: $(-9\,|\,-11)$; $(-3{,}6\,|\,5{,}4)$; $(-36\,|\,-24)$; $(4\,|\,6)$; $\left(\tfrac{2}{3}\,\middle|\,\tfrac{7}{3}\right)$; $(4{,}7\,|\,6{,}8)$

$\left(\tfrac{1}{3}\,\middle|\,\tfrac{1}{7}\right)$; $(-5{,}8\,|\,11{,}2)$; $(21\,|\,-14)$; $(-10\,|\,15)$; $(6\,|\,-9)$; $(-10\,|\,-4)$; $(-13\,|\,27)$

1 Ein Rechteck mit den Seitenlängen x und y erfüllt die in der Tabelle beschriebenen Bedingungen.

a) Begründe, warum du in der Gleichung I anstelle von 2y den Term $2 \cdot 2x$ einsetzen kannst. Löse die Gleichung nach x auf.

b) Bestimme den y-Wert und gib die Lösung des Gleichungssystems an.

Text	Gleichung
Der Umfang eines Rechtecks beträgt 69 cm.	I $2x + 2y = 69$
Die Seitenlänge y ist doppelt so groß wie die Seitenlänge x.	II $y = 2x$

Gleichung I $\qquad 2x + \quad 2y = 69$
2x für y eingesetzt: $2x + 2 \cdot 2x = 69$

2 So kannst du mithilfe des Einsetzungsverfahrens rechnerisch die Lösung des linearen Gleichungssystems bestimmen:

$$\begin{array}{ll} \text{I} & 7y + 3x = 48 \\ \text{II} & \quad\;\; 3y = 9x \end{array}$$

1. Löse die Gleichung II nach y auf.	II $\quad 3y = 9x$ II $\quad\; y = 3x$
2. Setze anstelle von y den Term 3x in die Gleichung I ein und löse nach x auf.	I $\qquad 7y + 3x = 48$ I $\quad 7 \cdot 3x + 3x = 48$ $\qquad\quad 24x = 48$ $\qquad\qquad x = 2$
3. Bestimme y, indem du den x-Wert einsetzt.	Eingesetzt in II: $\quad y = 3 \cdot x$ $\qquad\qquad\qquad\quad y = 3 \cdot 2$ $\qquad\qquad\qquad\quad y = 6$
4. Mache die Probe, indem du die Lösung in beide Ausgangsgleichungen einsetzt.	I $7y + 3x \quad\;\; = 48 \qquad$ II $\quad 3y = 9x$ I $7 \cdot 6 + 3 \cdot 2 = 48 \qquad$ II $3 \cdot 6 = 9 \cdot 2$ $\qquad\quad 48 = 48 \; \text{w} \qquad\qquad 18 = 18 \; \text{w}$
5. Gib die Lösungsmenge an.	$L = \{(2\,|\,6)\}$

Bestimme mithilfe des Einsetzungsverfahrens die Lösungsmenge des Gleichungssystems.

a) $5y - 9x = 24$
$\quad y = 3x$

b) $2y + 3x = 42$
$\quad y = 9x$

c) $4x - 2y = 5$
$\quad 2y - 6x = 0$

d) $5x - 6y = 50$
$\quad 4y - 10x = 0$

e) $3y = -12x$
$\quad 10x + 7y = -36$

f) $2y - 77 = 4x$
$\quad 4y + 6x = 0$

g) $6y = 4x$
$\quad 9y - 7,5x = -9$

h) $8x - 19y = 2$
$\quad 7y = 3x$

3 Bestimme die Lösung mithilfe des Einsetzungsverfahrens. Löse dazu wie im Beispiel nach y auf.
Beachte, dass der Term, den du für y einsetzt, in Klammern stehen muss.

a) $11x - 3y = 6$
$\quad 2y - 6x = 4$

b) $2y - 4x = 12$
$\quad 17x - 5y = -9$

c) $7x + 8y = 5$
$\quad 3y + 3x = 24$

d) $4y + 16x = 4$
$\quad 3y - 6x = 39$

e) $19x - 3y = 62$
$\quad 2y + 6x = -4$

f) $7x - 2y = 1$
$\quad 3y + 9x = 18$

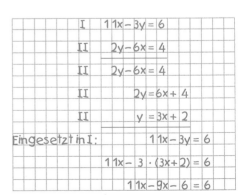

1 Setzt du die Lösung des angegebenen Gleichungssystems in beide Gleichungen ein, erhältst du wahre Aussagen.
Addierst du jeweils die linken Seiten und die rechten Seiten beider Gleichungen, erhältst du eine neue Gleichung.

Gleichungssystem:

$$\text{I} \quad 4x - 3y = 10$$
$$\text{II} \quad 2x + 3y = 32$$

$$L = \{(7|6)\}$$

Lösung (7|6)

Eingesetzt in I: $4 \cdot 7 - 3 \cdot 6 = 10$

Eingesetzt in II: $2 \cdot 7 + 3 \cdot 6 = 32$ $\Big|\; +$

$\qquad\qquad\qquad 6 \cdot 7 \qquad\quad = 42$

Lösung (x|y)

$$\text{I} \quad 4x - 3y = 10$$
$$\text{II} \quad 2x + 3y = 32 \quad \Big|\; +$$
$$\text{III} \quad 6x \qquad\;\; = 42$$

a) Wodurch unterscheidet sich die Gleichung $6x = 42$ von den Ausgangsgleichungen?

b) Löse Gleichung III nach x auf und bestimme auch den zugehörigen y-Wert, indem du in Gleichung I oder Gleichung II einsetzt. Was stellst du fest?

2 So kannst du mithilfe des Additionsverfahrens rechnerisch die Lösung des linearen Gleichungssystems bestimmen:

$$\text{I} \quad 12x - 28y = 52$$
$$\text{II} \quad 4x \;+\; 2y = 40$$

1. Forme eine Gleichung so um, dass bei anschließender Addition beider Gleichungen eine Variable herausfällt.	II $4x + 2y = 40$ $\mid \cdot (-3)$ II $-12x - 6y = -120$
2. Addiere beide Gleichungen.	I $\boxed{12}\,x - 28y = \;\;52$ II $\underline{-12\,x - 6y = -120}$ $\Big\vert\; +$ III $-34y = -68$
3. Löse nach der noch vorhandenen Variablen auf.	III $-34y = -68$ $\mid : (-34)$ $y = \boxed{2}$
4. Setze den berechneten Wert in eine der Ausgangsgleichungen ein und bestimme die andere Variable.	Eingesetzt $4x + 2 \cdot \boxed{2} = 40$ in II: $4x = 36$ $x = \boxed{9}$
5. Mache die Probe, indem du die Lösung in beide Ausgangsgleichungen einsetzt.	I $12x - 28y = 52$ I $12 \cdot \boxed{9} - 28 \cdot \boxed{2} = 52$ $52 = 52$ w II $4x + 2y = 40$ II $4 \cdot \boxed{9} + 2 \cdot \boxed{2} = 40$ $40 = 40$ w
6. Gib die Lösungsmenge an.	$L = \{(9|2)\}$

Bestimme die Lösungsmenge mithilfe des Additionsverfahrens.

a) $3x - 2y = 5$
$\quad 4x + 2y = 44$

b) $7x + 4y = 9$
$\quad x - 4y = 79$

c) $3x + 2y = 5$
$\quad 7x + 4y = 21$

d) $5x - 3y = -21$
$\quad 2x - 9y = 54$

1 Anja und Nico möchten lineare Gleichungssysteme mithilfe eines Tabellenkalkulations-programmes lösen. Als Lösungsverfahren entscheiden sie sich für das Additionsverfahren. Sie haben dazu ein lineares Gleichungssystem auf ein Tabellenblatt geschrieben.

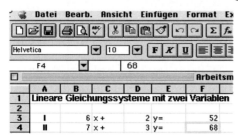

Anhand des Beispiels möchten sie nun ein allgemeines Lösungsverfahren entwickeln. Wichtig sind dabei nur die Inhalte der Zellen **B3, B4, D3, D4, F3** und **F4**. Bei den Umformungsschritten arbeiten Anja und Nico mit den Adressen der entsprechenden Zellen, nicht mit den Inhalten.

Damit bei der anschließenden Addition y herausfällt, multiplizieren sie B3, D3 und F3 jeweils mit D4 und B4, D4 und F4 jeweils mit −D3. In der Zelle B6 steht nun = **B3*D4**, in der Zelle D6 steht = **D3*D4**, ...

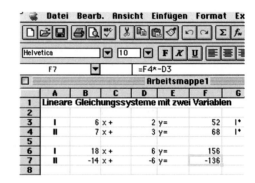

Bei der Addition der beiden neuen Gleichungen I und II fällt y heraus. In der Zelle **B9** steht nun =**B6+B7**, in der Zelle **F9** steht =**F6+F7**. Wenn Anja und Nico in die Zelle **F10** =**F9:B9** eintragen, erhalten sie den gesuchten x-Wert.

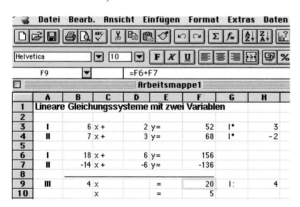

In die Zelle **B13** tragen sie =**B3*F10** ein, in die Zelle **F14** =**F13–B13**. In der Zelle **F15** steht dann mit dem Eintrag = **F14 : D3** der gesuchte y-Wert.

a) Lege ein Tabellenblatt wie Anja und Nico an und bestimme auf dem Blatt die Lösung des linearen Gleichungssystems.

b) Bestimme mithilfe des angelegten Tabellenblatts die Lösungen der folgenden linearen Gleichungssysteme. Schreibe dazu in die Zellen **B3, B4, D3, D4, F3** und **F4** die entsprechenden Zahlen.

I $17x - 11y = 262$ I $-10,8x - 9,4y = -87$ I $0,24x - 1,82y = 28,92$
II $-23x + 27y = -512$ II $13,2x + 6,2y = 27$ II $-3,06x + 4,12y = -25,20$

c) Was geschieht, wenn das eingegebene lineare Gleichungssystem keine (unendlich viele) Lösungen hat?

**Graphisches
Lösungs-
verfahren**

Zwei lineare Gleichungen mit zwei Variablen bilden ein **lineares Gleichungssystem.**

Lineares Gleichungssystem:
I $3x - 3y = 4,5$
II $x + 2y = 3$

zugehörige Geraden:
I $y = x - 1,5$
II $y = -0,5x + 1,5$

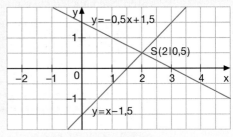

Lösungsmenge: L = {(2│0,5)}   **Schnittpunkte: S(2│0,5)}**

Für ein lineares Gleichungssystem aus zwei Gleichungen mit zwei Variablen gilt:
Die Koordinaten des Schnittpunktes S der zugehörigen Geraden erfüllen beide Gleichungen. Sie sind die Lösung des linearen Gleichungssystems.

Lineares Gleichungssystem	I $3x - 3y = 4,5$
	II $x + 2y = 3$

**Rechnerische
Lösungs-
verfahren**

Gleichsetzungsverfahren: Du löst beide Gleichungen nach gleichen Vielfachen einer Variablen auf und setzt dann die beiden anderen Seiten gleich.	I $y = x - 1,5$ II $y = -0,5x + 1,5$
	$x - 1,5 = -0,5x + 1,5$ $1,5x = 3$
Du löst die Gleichung nach der Variablen auf.	$x = 2$
Du bestimmst den Wert für die zweite Variable, indem du den Wert für die erste Variable in eine der Ausgangsgleichungen einsetzt.	in I: $3 \cdot 2 - 3y = 4,5$ $3y = -1,5$ $y = -0,5$
Du gibst die Lösungsmenge an.	$L = \{(2│-0,5)\}$
Einsetzungsverfahren: Du löst eine Gleichung nach einer Variablen auf und setzt den Term dafür in die andere Gleichung ein.	I $y = x - 1,5$ in II: $x + 2(x - 1,5) = 3$
Additionsverfahren: Du multiplizierst eine oder beide Gleichungen so, dass bei ihrer anschließenden Addition eine Variable herausfällt.	I $6x - 6y = \ 9$ II $3x + 6y = \ 9$ III $9x = 18$

**Lösungsmengen
linearer
Gleichungs-
systeme**

Keine Lösung: Du erhältst eine nicht erfüllbare Gleichung.

Eine Lösung: Du kannst die Gleichung nach der Variablen auflösen
                          und den Wert der Variablen bestimmen.

Unendlich viele Lösungen: Du erhältst eine allgemeingültige Gleichung. Jede
                          Lösung einer der Gleichungen ist auch Lösung des
                          Gleichungssystems.

1 Bestimme die Lösung des Gleichungssystems. Wähle dazu ein geeignetes rechnerisches Lösungsverfahren.

a) $y = 3,5x + 8$
$y = 2x - 4$

b) $y = -0,5x$
$y = -2x - 36$

c) $7x - 6y = 53$
$40 + 2y = 4x$

d) $12x + 4y = -10,4$
$8x - 16y = 8$

e) $3x - 2y = -42$
$2x + 5y = 48$

f) $6x + 2y = -4$
$-7x - 3y = 16$

g) $4x - 3y = 3$
$-2x + 4y = -24$

h) $4x + 3y = 83$
$5x - 2y = 29$

i) $7y - 5x = -2$
$-6y + 15x = 216$

k) $-3x - 4y = 35$
$6x + 2y = 68$

l) $16x - 9y = 33$
$-15x + 27y = 99$

m) $3x + 35y = 282$
$5x + 7y = 162$

n) $y = 2x - 3$
$y = 1,5x + 4,5$

o) $3y + 9x = 25,8$
$11x + 8y = -17$

p) $y = -x + 18$
$y = -2,5x - 63$

q) $15x - 10y = 54$
$4x + 7y = -3$

r) $1x + 4y = -5$
$2x - 3y = 56$

s) $-2x - 3y = 48$
$7x + 5y = -3$

t) $9x - 6y = 30$
$-x + 7y = 98$

u) $11x - 9y = 27$
$x - 6y = -210$

v) $x + 7y = 51$
$4x - 17y = 24$

w) $3x + 45y = 150$
$7x - 15y = 110$

x) $8x - 14y = -76$
$16x + 7y = 422$

y) $-3x - 27y = -135$
$-21x - 9y = 189$

L $(36|41)$; $(14|16)$; $(21|-30)$; $(19|-6)$; $(20|14)$; $(19|-23)$; $(-54|72)$; $(2,4|-1,8)$; $(6,6|-11,2)$; $(6|7)$; $(24|6)$; $(-8|20)$; $(-24|12)$; $(-6|-9)$; $(11|13)$; $(13,4|6,8)$; $(23|4)$; $(20|2)$; $(-11,7|6,3)$; $(19,2|16,4)$; $(-0,6|-0,8)$; $(-6|12)$; $(5|-17)$; $(15|27)$

2 Entscheide mithilfe eines geeigneten rechnerischen Lösungsverfahrens, wie viele Lösungen das Gleichungssystem hat. Existiert nur eine Lösung, gib diese an.

a) $24x + 17y = 30$
$-9x - 11y = 72$

b) $12x - 20y = 16$
$9x - 15y = 12$

c) $13x + 14y = -57$
$-19x - 21y = 100$

d) $16x - 24y = 26$
$-40x + 60y = 66$

e) $6x - 12y = 24$
$-9x + 18y = -36$

f) $-17x + 34y = -66$
$3x - 6y = 12$

g) $11x - 8 = 3y$
$y + 13x = 19$

h) $4x + 26 = y$
$21 - 11y = 6x$

i) $9x + 15y = -132$
$6x - 10y = 238$

k) $39x - 52y = 104$
$-9x + 12y = -24$

l) $x - 19 = y$
$-7x = 13y + 15$

m) $12x - 17 = -11y$
$-5y - 102 = -10x$

n) $24x + 12y = 18$
$-16x - 8y = -12$

o) $8x + 4y = 344$
$12x - 14y = 252$

p) $12x + 16y = 16$
$-30x + 20y = -20$

q) $-56x + 84y = 91$
$88x - 132y = 140$

3 Löse die Klammern auf und fasse gleichartige Terme zusammen. Entscheide dann mithilfe eines geeigneten Lösungsverfahrens, wie viele Lösungen das Gleichungssystem hat. Existiert nur eine Lösung, gib diese an.

a) $6(2x - 1) + 5y = -22 - (2x + 2y)$
$8y - 5(2x - 3) = 2(8 + 2y) - (18x + 11)$

b) $3(x - 9) - 4(y + 13) = x - (9y + 42)$
$18 - 2(3x - 5y) = -3(3x + 10) + 6y$

c) $5x - 2(7 + 3x) - 2y = 3(-25 - 3y)$
$-2y + 9(2x - 4) - 13x = 5y - 5(2 + y - x)$

d) $3x - [3y - 4(3x - 9)] = -3(x + 9y + 2)$
$22 - [(4x - 6y) + 8] = 2(27 - 10x - 13y)$

e) $6y - 2[5x - (2y - 15)] = 4y - 6(2x - 2)$
$4[3y - (6x - 5)] = 76 - 7(3x - y)$

f) $5x - [7y - 2(2y - 38)] = -2(x + 12)$
$-19 - [20 - (2x - 9y)] = x - 3(y - 4 - 3x)$

g) $-4,6 - [1,2(4y - 2x)] = 0,2y - 0,6(-7 - y)$
$-4,5x = -0,5(37 - 21y)$

h) $(3x - 6)(2y + 4) = 12x + 28y - 6x(2 - y)$
$(2 - 6x)(4 + 5y) = 16 - 22y - 15x(2y + 1)$

1 Die Summe zweier Zahlen beträgt 69. Die Differenz der beiden Zahlen ist 13. Wie heißen die beiden Zahlen?

So kannst du das Zahlenrätsel mithilfe eines linearen Gleichungssystems lösen:

1. Lege fest, welche Zahl du mit x und welche Zahl du mit y bezeichnest.	x ist die größere Zahl. y ist die kleinere Zahl.

2. Forme die Texte in Gleichungen um.

Text	Gleichung
Die Summe zweier Zahlen beträgt 69.	$x + y = 69$
Die Differenz der beiden Zahlen ist 13.	$x - y = 13$

3. Bestimme die Lösungsmenge mithilfe eines geeigneten Verfahrens.

$L = \{(41 \mid 28)\}$

4. Formuliere eine Antwort.

Die größere Zahl ist 41, die kleinere 28.

a) Die Summe zweier Zahlen beträgt 35, ihre Differenz ist 17.
b) Die Summe zweier Zahlen beträgt 92. Das Doppelte der ersten Zahl und die Hälfte der zweiten Zahl ergeben zusammen 124.
c) Addiere zu einer Zahl 5, so erhältst du das Vierfache einer zweiten Zahl. Das Doppelte der ersten Zahl, vermindert um 6, ergibt auch das Vierfache der zweiten Zahl.

2 Bestimme die Lösung des Zahlenrätsels.
a) Multiplizierst du eine Zahl mit 3 und addierst zu dem Produkt 4, so erhältst du das Doppelte einer zweiten Zahl, vermindert um 1. Das Doppelte der ersten Zahl ist der Nachfolger der zweiten Zahl.
b) Das Doppelte einer Zahl ist um 7 größer als das Dreifache einer zweiten Zahl. Die Summe beider Zahlen ist um 2 kleiner als das Dreifache der zweiten Zahl.
c) Das Produkt aus einer Zahl und 2,5 ist um 8 größer als das Doppelte einer zweiten Zahl. Das Fünffache der zweiten Zahl ist um 2 kleiner als das Vierfache der ersten.
d) Die Summe zweier Zahlen ist 49, ihr Quotient ist 6.

3 Wie viele Einzelzimmer und wie viele Doppelzimmer hat das Hotel?

Strandhotel
108 Einzel- und Doppelzimmer
(156 Betten) mit Blick auf das Meer
Die Zimmer sind komfortabel eingerichtet.

4 Jonas hält auf seinem Bauernhof Hühner und Kaninchen. Es sind zusammen 37 Tiere mit insgesamt 106 Beinen. Wie viele Kaninchen und wie viele Hühner hat er?

L (7|13); (16|21); (20|11); (8|6); (26|9); (11|4); (42|7); (52|40); (60|48)

1 Wie groß sind die Winkel in einem gleichschenkligen Dreieck, wenn jeder Basiswinkel doppelt so groß ist wie der Winkel in der Spitze?

2 In einem rechtwinkligen Dreieck ist einer der spitzen Winkel um 8° größer als der andere spitze Winkel. Wie groß ist jeder Winkel?

3 Von den Winkeln eines Parallelogramms ist der eine um 60° größer als der andere. Berechne die Größen aller Winkel des Parallelogramms.

4 Der Umfang eines gleichschenkligen Dreiecks beträgt 29 cm. Jeder Schenkel ist um 4 cm länger als die Basis. Berechne die Seitenlängen.

5 Der Umfang eines Parallelogramms beträgt 36 cm. Die Länge einer Seite ist um 4 cm größer als die Länge der anderen Seite. Wie lang sind die Seiten des Parallelogramms?

6 a) Aus einem Draht von 1,4 m Länge ist das Kantenmodell einer quadratischen Säule hergestellt worden. Die Höhe ist um 5 cm länger als die Grundseite. Bestimme die Kantenlängen.
b) Wie groß sind die Kantenlängen, wenn der Draht eine Länge von 1,2 m hat und die Höhe viermal so lang wie die Grundseite ist?

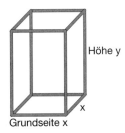

Höhe y

x

Grundseite x

7 Ein Draht von 100 cm Länge soll zu einem Rechteck gebogen werden, bei dem die größere Rechteckseite dreimal so lang ist wie die kleinere. Berechne die Länge der Rechteckseiten.

8 Ein Draht von 75 cm Länge soll zu einem gleichschenkligen Dreieck gebogen werden, bei dem die Länge der Grundseite halb so groß ist wie die Länge eines Schenkels. Wie lang müssen die Dreieckseiten sein?

9 Die Mittellinie eines Trapezes ist 12 cm lang. Die eine der parallelen Seiten ist um 2 cm länger als die andere. Berechne die Länge der parallelen Seiten.

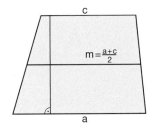

c

$m = \frac{a+c}{2}$

a

10 Ein rechtwinkliges Grundstück hat einen Flächeninhalt von 600 m². Verkürzt man die Grundstückslänge um 4 m, nimmt der Flächeninhalt um 80 m² ab. Verkürzt man die Grundstücksbreite um 2 m und vergrößert die Länge um 5 m, nimmt der Flächeninhalt um 30 m² zu. Bestimme die ursprüngliche Breite und Länge des Grundstücks.

11 Vergrößert man in einem Rechteck die Länge der kleineren Seite um 3 cm und verkleinert die Länge der größeren Seite um 2 cm, so erhält man ein Quadrat, dessen Flächeninhalt um 14 cm² größer ist als die Fläche des Rechtecks. Bestimme die Seitenlängen des Rechtecks.

L (41|49); (7|11); (10|15); (12,5|37,5); (11|13); (5|10); (36|72); (60|120); (7|11); (5|20); (15|30); (20|30)

1 In der Cafeteria bezahlt Herr Schütz für drei belegte Brötchen und zwei Tassen Kaffee zusammen 3,20 Euro. Frau Schmidtke werden für eine Tasse Kaffee und zwei belegte Brötchen 2,00 Euro berechnet.
Bestimme jeweils den Preis für eine Tasse Kaffee und ein belegtes Brötchen.

2 Für die Urlaubsfahrt nach Amerika tauscht Herr Stanzel 500 US-Dollar und 800 kanadische Dollar ein. Die Bank berechnet ihm insgesamt 960,50 Euro. Seine Tochter Eva muss für 20 US-Dollar und 50 kanadische Dollar 51,11 Euro bezahlen. Berechne die Wechselkurse für 100 US-Dollar und 100 kanadische Dollar.

3 Silkes Mutter leiht sich für zwei Tage einen Wagen. Die Kosten für den Leihwagen setzen sich aus einer Grundgebühr pro Tag und den Kosten für jeden zurückgelegten Kilometer zusammen.
Für eine zurückgelegte Strecke von 170 km muss Silkes Mutter nach zwei Tagen insgesamt 145,50 Euro bezahlen. Svens Vater bezahlt für den gleichen Wagen nach sechs Tagen und 540 km Fahrstrecke 453 Euro.
Berechne die Grundgebühr pro Tag und die Kosten pro zurückgelegtem Kilometer.

Leihgebühr pro Tag (in €):	x
Anzahl der Tage:	2
Kosten pro km (€):	y
Anzahl der km:	170
Gesamtkosten (in €):	145,5
Gleichung I:	$2x + 170y = 145,5$

4 Die Kosten für eine Taxifahrt setzen sich aus der Grundgebühr und den Kosten für jeden zurückgelegten Kilometer zusammen (ohne Wartezeit).
Für eine 16 km lange Fahrt mit dem Taxi (ohne Wartezeit) bezahlt Herr Schulte 19,60 Euro. Frau Schäfers bezahlt nach einer 12 km langen Taxifahrt (ohne Wartezeit) 15,20 Euro. Wie hoch sind die Grundgebühr und die Kosten für einen zurückgelegten Kilometer?

5 Für einen Jahresverbrauch von 125 m^3 Frischwasser wird Familie Krüger einschließlich der Grundgebühr für den Zähler ein Nettopreis von 377,50 Euro berechnet. Familie Busse bezahlt für einen Jahresverbrauch von 140 m^3 Frischwasser einen Nettopreis von 415,60 Euro. Berechne den Nettopreis für den Wasserzähler pro Jahr und den Nettopreis für 1 m^3 Frischwasser.

6 Für einen Jahresverbrauch von 2600 m^3 Erdgas werden der Familie Kamp einschließlich Grundgebühr 647,60 Euro netto berechnet. Familie Plass bezahlt bei einem Verbrauch von 2900 m^3 Erdgas im Jahr beim gleichen Tarif 704,60 Euro. Wie hoch sind der Nettopreis für die Zählergebühr und der Nettopreis für 1 m^3 Erdgas?

L (26|0,55); (2|1,1); (60|2,54); (0,4|0,8); (79,3|70,5); (153,60|0,19)

1 Ein Holzwürfel mit einer Kantenlänge von 2 cm und ein Messingwürfel mit einer Kantenlänge von 3 cm haben zusammen eine Masse von 228,1 g. Wäre der kleinere Würfel aus Messing und der größere Würfel aus Holz, würde die Masse nur 79,9 g betragen. Bestimme die Dichte von Holz und Messing.

2 Ein Flugzeug braucht für eine 1200 km lange Flugstrecke eine Zeit von zwei Stunden. Es fliegt dabei in Windrichtung. Fliegt es gegen den Wind, beträgt die Flugzeit 2,5 Stunden.
Berechne die Eigengeschwindigkeit des Flugzeugs und die Windgeschwindigkeit.

Eigengeschwindigkeit (in $\frac{km}{h}$): v_1

Windgeschwindigkeit (in $\frac{km}{h}$): v_2

Geschwindigkeit mit dem Wind (in $\frac{km}{h}$): $v_1 + v_2$

$$v = \frac{s}{t} \qquad |\cdot t$$

$$s = v \cdot t$$

Gleichung I: $1200 = (v_1 + v_2) \cdot 2$

3 Ein Fluss hat eine Strömungsgeschwindigkeit von 4 $\frac{km}{h}$. Um von einer Anlegestelle zur nächsten talwärts gelegenen Anlegestelle zu kommen, braucht ein Boot eine Stunde weniger als auf dem Rückweg. Seine Eigengeschwindigkeit beträgt dabei 20 $\frac{km}{h}$. Berechne die Länge der Strecke und die Fahrtdauer auf dem Hinweg.

4 Ein Apotheker mischt 15 Liter hochprozentigen Alkohol mit 10 Liter Alkohol von niedrigem Prozentgehalt und erhält 25 Liter 70-prozentigen Alkohol. Eine Mischung aus 12 Liter des hochprozentigen Alkohols und 28 Liter des Alkohols mit niedrigerem Prozentgehalt ergibt dagegen 62,5-prozentigen Alkohol. Bestimme die beiden Prozentgehalte.

hoher Prozentsatz: x %
Volumen (l): 15

reiner Alkohol: $15 \cdot \frac{x}{100}$

niedriger Prozentsatz: y %
Volumen (l): 10

reiner Alkohol: $10 \cdot \frac{y}{100}$

I: $15 \cdot \frac{x}{100} + 10 \cdot \frac{y}{100} = 25 \cdot \frac{70}{100}$

5 Aus 96-prozentigem Alkohol und aus 36-prozentigem Alkohol sollen durch Mischen 30 Liter 45-prozentiger Alkohol hergestellt werden. Wie viel Liter 96-prozentiger Alkohol müssen dazu mit wie viel Liter 36-prozentigem Alkohol gemischt werden?

6 Messing ist eine Legierung aus Kupfer und Zink. Messing mit einem Kupfergehalt von 85 % soll zusammen mit Messing mit einem Kupfergehalt von 55 % eingeschmolzen werden, um 100 kg Messing mit einem Kupfergehalt von 72 % zu erzeugen.
Wie viel Kilogramm werden von den ursprünglichen Legierungen benötigt? Runde sinnvoll.

L (540|60); (80|55); (56,667|43,333); (0,5|8,3); (48|2); (4,5|25,5)

1 a) Überprüfe durch Einsetzen, ob die folgenden Zahlenpaare Lösungen der linearen Ungleichung $y < 2x + 1$ sind: $(2|4)$, $(-2|-4)$, $(1,5|4)$, $(2,5|4)$, $(-3|-3)$, $(-0,5|-1)$, $(-0,5|0)$.

b) Gib vier weitere Zahlenpaare an, die Lösungen der Ungleichung sind.

c) Wie viele Lösungen gibt es insgesamt?

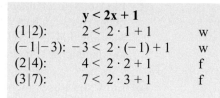

$y < 2x + 1$		
$(1\|2)$:	$2 < 2 \cdot 1 + 1$	w
$(-1\|-3)$:	$-3 < 2 \cdot (-1) + 1$	w
$(2\|4)$:	$4 < 2 \cdot 2 + 1$	f
$(3\|7)$:	$7 < 2 \cdot 3 + 1$	f

Lösungen: $(1|2)$, $(-1|-3)$, ...

2 a) Überprüfe, ob die Koordinaten der Punkte A $(2|2)$, B $(3|0,5)$, C $(1|-1)$, D $(-1,5|2)$ und E $(1|1,5)$ Lösungen der Ungleichung $y > -x + 2$ sind.

b) Übertrage das Koordinatensystem in dein Heft und zeichne die Punkte A, B, C, D und E ein. Wo liegen die Punkte, die die Ungleichung erfüllen?

c) Gib vier weitere Punkte an, deren Koordinaten die Ungleichung erfüllen. Was fällt dir auf?

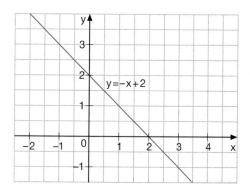

3 a) Überprüfe, ob die Koordinaten der Punkte A $(1|2)$, B $(2|4)$, C $(-1|-2)$, D $(1|0)$ und E $(2|3)$ Lösungen der Ungleichung $y > 2x - 1$ sind.

b) Zeichne in ein Koordinatensystem die Gerade mit der Funktionsgleichung $y = 2x - 1$. Diese Gerade teilt die Ebene in zwei **Halbebenen.** Sie wird die zu der Ungleichung zugehörige **Randgerade** genannt. Färbe die Halbebene, in der alle Lösungen der Ungleichung $y > 2x - 1$ liegen. Gib drei Punkte an, die zu der Lösungsmenge gehören.

**Halbebene
Randebene**

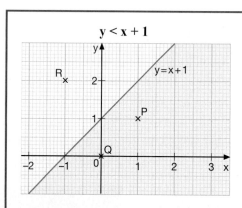

Punkt	Einsetzen in $y < x + 1$
P $(1\|1)$	$1 < 1 + 1$ w
Q $(0\|0)$	$0 < 0 + 1$ w
R $(-1\|2)$	$2 < -1 + 1$ f

$\mathbf{L = \{(1|1), (0|0), ...\}}$

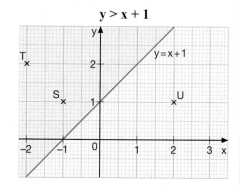

Punkt	Einsetzen in $y < x + 1$
S $(-1\|1)$	$1 > -1 + 1$ w
T $(-1\|2)$	$2 > -2 + 1$ w
U $(2\|1)$	$1 > 2 + 1$ f

$\mathbf{L = \{(-1|1), (-2|2), ...\}}$

Alle Punkte, deren Koordinaten eine lineare Ungleichung erfüllen, bilden eine Halbebene. Die Lösungsmenge besteht aus unendlich vielen Zahlenpaaren.

1 So kannst du zeichnerisch die Lösungsmenge der linearen Ungleichung mit zwei Variablen $y < -2x + 4$ bestimmen:

<table>
<tr><td>

1. Zeichne die Randgerade und markiere einen beliebigen Punkt P, der nicht auf der Geraden liegt, z. B. P $(-2\,|\,3)$.

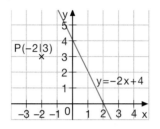

</td><td>

2. Setze die Koordinaten von P in die Ungleichung ein. erhältst du eine wahre Aussage, so gehört der Punkt P zu der Halbebene, die die Lösungsmenge darstellt.

P $(-2\,|\,3)$

$y < -2x + 4$

$3 < -2 \cdot (-2) + 4$
$3 < 4 + 4$
$3 < 8$ w

</td><td>

3. Färbe die Halbebene, die die Lösungsmenge darstellt.

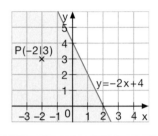

</td></tr>
</table>

Bestimme zeichnerisch die Lösungsmenge.
a) $y < x + 5$ b) $y > -x - 3$ c) $y < 3x + 2$ d) $y > 6x - 3$ e) $y < -4x + 5$

Bei Multiplikation mit einer negativen Zahl (Division durch eine negative Zahl) dreht sich das Ungleichheitszeichen um.

5 Bestimme zeichnerisch die Lösungsmenge der Ungleichung. Löse zunächst nach y auf.
a) $2y + 5 < 2x$ b) $4x + 2y < -9$
c) $6x > -6y + 12$ d) $x - 2y > -8$
e) $x < 2y + 5$ f) $2y + 3x < 7$
g) $3x - 5y > -10$ h) $-4y - 10x < -8$

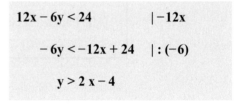

$12x - 6y < 24$ $|-12x$

$-6y < -12x + 24$ $|:(-6)$

$y > 2x - 4$

---

abgeschlossene Halbebene

6 Bei der Ungleichung $y \geq 2x - 1$ erfüllen auch die Koordinaten aller Punkte auf der Randgeraden die Ungleichung. Die Lösungsmenge besteht demnach aus den Punkten der Halbebene und den Punkten der Randgeraden (**abgeschlossene Halbebene**).

Bestimme zeichnerisch die Lösungsmenge der Ungleichung.
a) $y \geq 3x + 2$ b) $y \leq 4x + 7$
c) $y + 5x \leq 4$ d) $-0,5y - 2 \geq x$
e) $2y + 5x \leq 7$ f) $2x - 4y \geq 2x + 10$

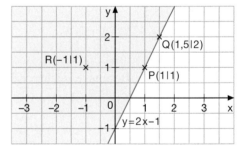

P $(1\,|\,1)$: $1 \geq 2 \cdot 1 - 1$ w
Q $(1,5\,|\,2)$: $2 \geq 2 \cdot 1,5 - 1$ w
R $(-1\,|\,1)$: $1 \geq 2 \cdot (-1) + 1$ w

---

7 Die lineare Ungleichung $x + 0 \cdot y \geq 2,5$ kann umgeformt werden in $x \geq 2,5$. Die Lösungsmenge wird durch die eingezeichnete abgeschlossene Halbebene dargestellt.

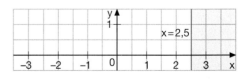

Bestimme zeichnerisch die Lösungsmenge der Ungleichung.
a) $x \geq 3$ b) $2x \geq 3$ c) $-4x \leq 2$ d) $y \geq 3,5$ e) $-3y \leq 9$ f) $7y \geq -14$ g) $0,4y \leq -1$

1 Die beiden Ungleichungen **y + x ≥ 0** und **2y – 4x ≥ -6** bilden zusammen ein lineares Ungleichungssystem mit zwei Variablen.
a) Bestimme zeichnerisch die Lösungsmenge der einzelnen Ungleichungen.
b) Gib vier Zahlenpaare an, die Lösungen beider Ungleichungen sind. Wo liegen alle
Punkte, deren Koordinaten beide Ungleichungen erfüllen?
c) Markiere im Koordinatensystem die Lösungsmenge des Ungleichungssystem farbig.

Zwei lineare Ungleichungen mit zwei Variablen bilden ein **lineares Ungleichungssystem.**

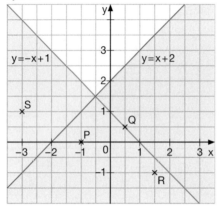

Lineares Ungleichungssystem:
I $y \le x + 2$
II $y \le -x + 1$

Punkt P $(-1\,|\,0)$	
Einsetzen in I	Einsetzen in II
$0 \le -1 + 2$ w	$0 \le -(-1) + 1$ w

Punkt S $(-3\,|\,1)$	
Einsetzen in I	Einsetzen in II
$1 \le -3 + 2$ f	$1 \le -(-3) + 1$ w

$L = \{(-1\,|\,0), (0,5\,|\,0,5), (1,5\,|\,-1) \dots\}$

Alle Punkte, die in den beiden Halbebenen liegen, bilden die Lösungsmenge des
Ungleichungssystems.

2 Bestimme zeichnerisch die Lösungsmenge des Ungleichungssystems.
a) $y \le x + 1$
   $y \le -3x + 2$

b) $\ge -x$
   $y \ge 2x - 3$

c) $2x + 2y > 4$
   $x - 2y < 3$

d) $\frac{1}{2}y + x < 2$
   $x - y > 5$

e) $-x - 2y \le 5$
   $-6x - 2y \ge 8$

f) $2x + 4y \ge 6$
   $x \le y$

g) $2x - 4y \le 2$
   $x \ge 3,5$

h) $y < 5$
   $3x - y > 2$

3 Bestimme zeichnerisch die Lösungsmenge des Ungleichungssystems.
a) $y \le 2x + 1$
   $y \le 2x - 3$

b) $y \ge 2x + 1$
   $y \ge 2x - 3$

c) $y \ge 2x + 1$
   $y \le 2x - 3$

d) $y \le 2x + 1$
   $y \ge 2x - 3$

4 Bestimme zeichnerisch die Lösungsmenge des Ungleichungssystems.
a) $y \le 3x + 1$
   $y \le -x + 6$
   $y \ge 1$

b) $2y - 4 \ge x$
   $x \ge -2$
   $y + x \le 6$

c) $4x \ge y + 3$
   $x \ge y - 4$
   $y \le 1,5$
   $x \le 5$

d) $y - 0,5x \ge -2$
   $12 - 2y \ge x$
   $x \ge 0$
   $y \ge 0$

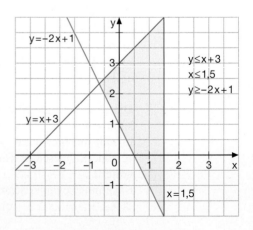

5 Ein Teegeschäft verschickt Tee in Tüten zu 100 g oder 50 g. Für Verpackungsmaterial werden 300 g berechnet. Herr Heine will mindestens 10 Tüten bestellen. Dabei soll das zulässige Höchstgewicht für Päckchen (2000 g) nicht überschritten werden

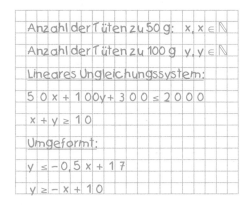

Anzahl der Tüten zu 50 g: $x, x \in \mathbb{N}$

Anzahl der Tüten zu 100 g $y, y \in \mathbb{N}$

Lineares Ungleichungssystem:

$50x + 100y + 300 \leq 2000$

$x + y \geq 10$

Umgeformt:

$y \leq -0{,}5x + 17$

$y \geq -x + 10$

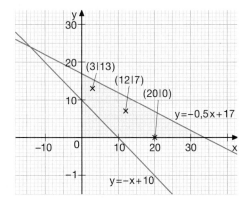

Herr Heine kann z. B. 3 Tüten zu 50 g und 13 Tüten zu 100 g bestellen oder 12 Tüten zu 50 g und 7 Tüten zu 100 g. Er könnte aber auch nur 20 Tüten zu 50 g bestellen. Gib drei weitere Möglichkeiten an

6 Eine Konditorei versendet Pralinen in Schachteln zu 250 g und 500 g. Für Verpackungsmaterial werden 200 g berechnet. Dabei soll insgesamt ein Höchstgewicht von 5000 g nicht überschritten werden. Frau Lange will mindestens so viele Schachteln zu 500 g wie zu 250 g bestellen. Stelle zeichnerisch dar, welche Möglichkeiten sie hat. Gib drei verschiedene Möglichkeiten an.

7 Herr Malcher möchte seiner Frau einen Blumenstrauß aus gelben Rosen und blauen Iris schenken. Er möchte dafür höchstens 13,00 Euro bezahlen.
Für das Binden des Straußes und zusätzliches Grün werden 2,00 Euro berechnet. Wie soll sich Herr Malcher entscheiden? Stelle zeichnerisch dar, welche Möglichkeiten er hat. Gib zwei verschiedene Möglichkeiten an.

8 Merle und Leon möchten sich für ihren Wandertag Orangensaft und Müsliriegel kaufen. Sie haben dafür insgesamt 4,00 Euro zur Verfügung. Ein Saftpäckchen kostet 0,50 Euro, ein Müsliriegel 0,40 Euro. Jeder soll mindestens ein Saftpäckchen und einen Müsliriegel erhalten. Stelle zeichnerisch dar, welche Möglichkeiten sie haben. Gib drei verschiedene Möglichkeiten an.

1 Ein Kfz-Vertragshändler kalkuliert seine nächsten Bestellungen. Vom Hersteller kann er höchstens 22 Modelle „Typ A" erhalten. Aus Platzgründen kann er insgesamt höchstens 28 Autos bestellen. Da die Modelle in unterschiedlichen Werken gefertigt werden, betragen die Transportkosten für „Typ A" 80 Euro, für „Typ B" 400 Euro. Für den Transport kann der Händler höchstens 8000 Euro ausgeben. Der Gewinn beim Verkauf von „Typ A" beträgt 400 Euro, beim Verkauf von „Typ B" 800 Euro. Der Händler überlegt, bei welcher Bestellung er den größtmöglichen Gewinn erzielen kann

**Maximierungs-
probleme**

Typ A

Typ B

Auch Ina und Tim möchten wissen, bei welcher Bestellung der Gewinn des Händlers am höchsten ist. Sie haben deshalb zunächst das zugehörige lineare Ungleichungssystem aufgestellt und graphisch die Lösungsmenge ermittelt.

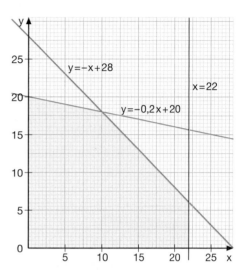

> Anzahl „Modell A": x, $x \in \mathbb{N}$
> Anzahl „Modell B": y, $y \in \mathbb{N}$
>
> Ungleichungssystem:
> $$x \le 22$$
> $$x + y \le 28$$
> $$80x + 400y \le 8000$$

a) Löse die zweite und die dritte Ungleichung jeweils nach y auf.

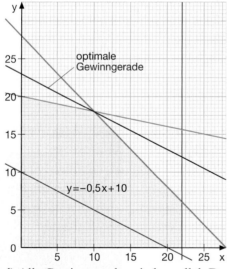

optimale Gewinngerade

$y = -0{,}5x + 10$

b) Wenn der Händler acht Autos „Typ A" und sechs Autos „Typ B" verkauft, beträgt sein Gewinn G (in Euro):
$$G = 400 \cdot 8 + 800 \cdot 6 = 8000$$
Löse die Gleichung
$$400x + 800y = 8000$$
nach y auf. Du erhältst die Gleichung der Geraden, auf der alle Paare (x | y) von Verkaufszahlen liegen, bei denen der Gewinn 8000 Euro beträgt. Gib drei weitere Paare an.

c) Gib die Funktionsgleichung der Geraden an, auf der alle Paare von Verkaufszahlen mit einem Gewinn von 12 000 Euro liegen. Begründe, warum diese Gerade parallel zur ersten Geraden liegt.

d) Alle Gewinngeraden sind parallel. Der Gewinn ist um so höher, je größer der y-Achsenabschnitt ist. Verschiebst du eine Gewinngerade so weit nach oben, dass sie mit der Lösungsmenge gerade noch einen Punkt gemeinsam hat, erhältst du die **optimale Gewinngerade.** Begründe, warum mit dieser Geraden der maximale Gewinn bestimmt werden kann

e) Ermittle den maximalen Gewinn mit Hilfe der Zeichnung.

Stellen sich Schülerinnen und Schüler dreier Klassen in Zweier- oder Vierer-Reihen auf, fehlt jeweils eine Person. Stellen sie sich in Dreier- oder Fünfer-Reihen auf, ist jede Reihe voll. Wie viele Schülerinnen und Schüler sind insgesamt in den drei Klassen?

2 Ein Computer-Geschäft will für höchstens 54 000 Euro neue Ware einkaufen. Ein PC von JUJITSU kostet im Einkauf 720 Euro ein PC von XTRONIC 900 Euro. Es sollen höchstens 30 PCs von XTRONIC gekauft werden. Der Gewinn an einem PC von JUJITSU beträgt 40 Euro, der an einem von XTRONIC 80 Euro.

a) Wie viele PCs muss das Geschäft von jedem Typ kaufen, wenn der Gewinn möglichst hoch sein soll?

b) Wie hoch ist dann der Gewinn?

x: Anzahl der PCs von JUJITSU
y: Anzahl der PCs von XTRONIC
$$x, y \in \mathbb{N}$$

Ungleichungssystem:

$$720x + 900y \leq 54\,000$$
$$y \leq 30$$

Gewinngleichung:

$$G = 40x + 80y$$

3 Eine Firma führt die Elektroinstallation für die Fertighäuser „Sylt" und „Bornholm" durch. In einem Monat können höchstens 20 Häuser „Bornholm" fertiggestellt werden. Für das Modell „Sylt" werden 160 Arbeitsstunden benötigt, für das Modell „Bornholm" 200 Arbeitsstunden. Insgesamt können in jedem Monat höchstens 7200 Arbeitsstunden geleistet werden. Die Firma erhält für die Installation im Haus „Sylt" 8000 Euro und für die im Haus „Bornholm" 12 000 Euro.

a) In wie vielen Häusern jedes Typs müssen im Monat jeweils Installationsarbeiten durchgeführt werden, damit die Firma möglichst hohe Einnahmen hat?

b) Wie hoch sind dann die Einnahmen der Firma?

4 In einer Fabrik für Laborgeräte können von zwei Geräten insgesamt bis zu 100 Stück täglich hergestellt werden. Für die Fertigung des ersten Gerätes werden zwei Arbeitsstunden benötigt, für die des zweiten Gerätes vier Arbeitsstunden. Insgesamt stehen 264 Arbeitsstunden zur Verfügung. Die Herstellungskosten für das erste Gerät betragen 240 Euro für das zweite Gerät 300 Euro. Insgesamt sollen die Herstellungskosten 25 200 Euro nicht überschreiten. Der Gewinn am ersten Gerät beträgt 16 Euro, der am zweiten Gerät 40 Euro.

a) Wie viele Geräte müssen jeweils hergestellt werden, damit der Gewinn möglichst hoch ist?

b) Berechne auch den größtmöglichen Gewinn und die zugehörigen Herstellungskosten.

5 Ein Obstbauer liefert mit seinem Lkw, der maximal 12 t laden kann, Äpfel und Birnen. Bei der Lieferung soll die Menge der Äpfel mindestens doppelt so groß sein wie die Menge der Birnen. An einer Tonne Äpfel verdient der Obstbauer 100 Euro, an einer Tonne Birnen 125 Euro.

a) Wie viele Tonnen Äpfel und Birnen muss der Bauer jeweils liefern, damit der Gewinn maximal ist?

b) Wie groß ist der maximale Gewinn?

6 Ein neues Bürogebäude soll mit zwei verschiedenen Leuchtenmodellen ausgestattet werden. Insgesamt werden mindestens 60 Leuchten benötigt.

Minimierungsprobleme

Die Beleuchtungsstärke muss insgesamt mindestens 3500 Lux betragen.

Es sollen mindestens 20 Leuchten des Modells „Solar" (50 Lux) angeschafft werden. Für das Modell „Luna" (75 Lux) kostet eine Betriebsstunde 0,02 Euro, für das Modell „Solar" 0,04 Euro.

a) Wie viele Leuchten müssen von jedem Modell angeschafft werden, damit die Betriebskosten möglichst niedrig sind?

b) Berechne die Betriebskosten und die Anschaffungskosten.

x: Anzahl Leuchten Modell „Luna"
y: Anzahl Leuchten Modell „Solar"
$$x, y \in \mathbb{N}$$

Ungleichungssystem:

$$x + y \geq 60$$
$$75x + 50y \geq 3500$$
$$y \geq 20$$

Kostengleichung:

$$K = 0,02x + 0,04y$$

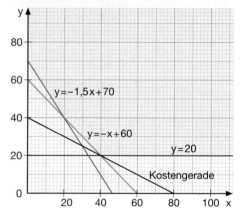

7 Bei dem Neubau eines Bürohauses soll eine Bodenfläche von mindestens 8000 m² mit PVC oder Teppichboden belegt werden. Der Teppichboden kostet 40 Euro pro Quadratmeter, der PVC-Belag 25 Euro pro Quadratmeter. Die gesamten Anschaffungskosten sollen zwischen 250 000 und 305 000 Euro liegen. Für Teppichboden betragen die jährlichen Reinigungskosten 18 Euro pro Quadratmeter, für PVC 15 Euro pro Quadratmeter.

a) Wie viel Quadratmeter müssen von jedem Fußbodenbelag angeschafft werden, damit die Reinigungskosten möglichst gering sind?

b) Wie hoch sind dann jeweils die Anschaffungs- und die Reinigungskosten?

8 Aus den beiden Vitaminpräparaten „Vital" und „Aktiv" soll eine Mischung hergestellt werden, die insgesamt mindestens 1,2 g Vitamin B, 2,1 g Vitamin C und 0,2 g Vitamin E enthält.

a) Wie viel Gramm werden von jedem Präparat benötigt, wenn die Mischung möglichst preiswert sein soll?

b) Berechne auch die Gesamtmasse und den Preis.

	Vital	Aktiv
Preis pro Gramm	3,50 €	7,00 €
Vitamingehalt pro Gramm:		
Vitamin B:	0,1 g	0,4 g
Vitamin C:	0,3 g	0,2 g
Vitamin E:	0,1 g	–

1 a) Eine 9. Klasse aus Kassel plant einen Ausflug. Auf einer Landkarte haben die Schülerinnen und Schüler verschiedene Ziele markiert und jeweils die Entfernung zu ihrem Schulort gemessen.
Berechne die Luftlinienentfernung (in km) zwischen Kassel und Bad Sachsa (Harz).

b) Um die Fahrtkosten möglichst niedrig zu halten, soll der Zielort nicht weiter als 70 km von Kassel entfernt liegen. Welche der markierten Ziele können ausgewählt werden?

Göttingen   Edersee

Bad Karlshafen

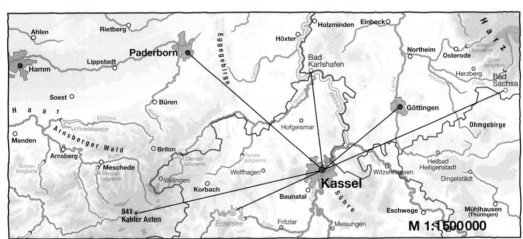

Winterberg (Kahler Asten)

Bad Sachsa

2

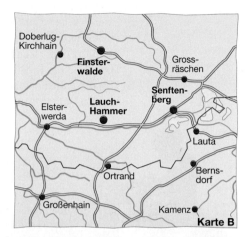

Maßstab 1:500000

Karte A

Karte B

a) Bestimme die Entfernung (Luftlinie) zwischen den Städten Finsterwalde und Senftenberg aus der Karte A. Beachte den Maßstab.
b) Welcher Maßstab wurde für die Karte B verwendet?

3

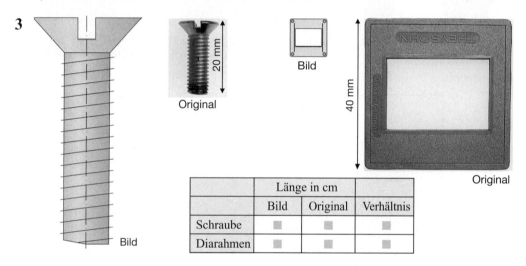

	Länge in cm		
	Bild	Original	Verhältnis
Schraube	▨	▨	▨
Diarahmen	▨	▨	▨

Die Fotos der Gegenstände entsprechen ihrer Originalgröße. Gib an, in welchem Verhältnis sie vergrößert bzw. verkleinert gezeichnet worden sind.

4   Das Bild eines Dias (24 mm x 36 mm) hat auf der Projektionsfläche das Format 84 cm x 126 cm. Gib den Vergrößerungsmaßstab an, indem du das Verhältnis einander entsprechender Streckenlängen bildest.

Der Maßstab gibt das Verhältnis einander entsprechender Streckenlängen im Bild und im Original an.

Verkleinerung	**Vergrößerung**
Maßstab 1:1000000	Maßstab 5:1
1 cm im Bild ≜ 1000000 cm im Original	5 cm im Bild ≜ 1 cm im Original
1 cm ≜ 10 km	
Maßstab 1:25	Maßstab 25:1
1 cm im Bild ≜ 25 cm im Orginal	25 cm im Bild ≜ 1 cm im Original

5 Ein Arbeitsblatt im Format DIN-A4 (297 mm x 210 mm) soll mit einem Kopierer auf DIN-A5 verkleinert werden. Dazu muss mit der Zoom-Taste eine Verkleinerung auf 71 % eingestellt werden, d. h. Länge und Breite des Blattes werden auf 71 % des ursprünglichen Maßes verkürzt.
a) Berechne die Länge und die Breite des verkleinerten Arbeitsblattes. Gib den Verkleinerungsmaßstab an. Runde auf zwei Nachkommastellen.
b) Ein Blatt mit den Maßen 235 mm x 155 mm soll auf 124 % vergrößert werden. Passt die Vergrößerung auf ein DIN-A4-Blatt?

6 Familie Hille will umziehen. Katharina überlegt, wie sie in ihrem neuen Zimmer ihre Möbel stellen kann (Schrank: 0,6 m x 1,2 m; Schreibtisch: 0,8 m x 1,5 m; Regal: 0,4 m x 1,6 m; Bett: 1 m x 2 m).
Zeichne den auf das Fünffache vergrößerten Grundriss ihres Zimmers. Welchen Maßstab hat jetzt der Grundriss?
Fertige für die Möbel Kärtchen aus Pappe im gleichen Maßstab an.

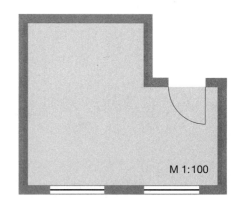

M 1:100

7 Ergänze die Tabellen im Heft.

Verkleinerung

	Maßstab	Zeichnung	Wirklichkeit
a)	1 : 10 000	3,5 cm	▨
b)	1 : 50 000	0,7 cm	▨
c)	1: 100 000	▨	50 000 cm
d)	▨	8,0 cm	400 cm
e)	▨	6,5 cm	65 m
f)	1 : 20 000	▨	7 km

Vergrößerung

	Maßstab	Zeichnung	Wirklichkeit
a)	8 : 1	16 cm	▨
b)	2 : 1	35 mm	▨
c)	100 : 1	1,2 cm	▨
d)	▨	4,2 cm	4,2 mm
e)	50 : 1	▨	1,8 mm
f)	▨	9,0 cm	0,9 mm

8 In einer Bauzeichnung (Maßstab 1 : 100) ist ein Zimmer 5,6 cm lang und 4,2 cm breit. Das Zimmer soll einen neuen Teppichboden erhalten. Wie viel Quadratmeter Teppichboden müssen mindestens eingekauft werden?

9 Gegeben ist ein Rechteck mit den Maßen a = 5 cm und b = 4 cm.
a) Verkleinere die Seitenlängen im Maßstab 1 : 2. Berechne jeweils den Flächeninhalt des ursprünglichen und des verkleinerten Rechtecks. Was stellst du fest?
b) Vergrößere die Seitenlängen des Rechtecks im Maßstab 3 : 1. Berechne jeweils den Flächeninhalt des ursprünglichen und des vergrößerten Rechtecks. Was stellst du fest?

10 Die Größe eines Zimmers beträgt in einer Bauzeichnung 93,6 cm^2 (Maßstab 1 : 50). Wie groß ist der Flächeninhalt des Zimmers in Wirklichkeit?

Finde die Zahl!
Subtrahiert man von der gesuchten Zahl 5, so ist sie durch 5 teilbar. Subtrahiert man von ihr 6, so ist sie durch 6 teilbar und subtrahiert man 7, so ist sie durch 7 teilbar. Gib alle dreistelligen Zahlen an, die diese Bedingungen erfüllen.

1 Eine Lichtquelle erzeugt ein vergrößertes Bild von der L-Blende.

a) Was geschieht, wenn der Abstand zwischen Blende und Schirm vergrößert (verkleinert) wird?

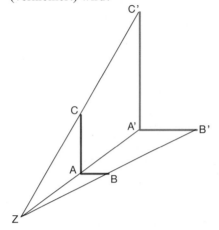

b) Der Buchstabe „L" wird wie abgebildet vom Punkt Z aus „gestreckt".

Vervollständige die Tabelle im Heft. Was fällt dir auf?

$\overline{ZA}$ = 2 cm	$\overline{ZA'}$ = 4 cm	$\dfrac{\overline{ZA'}}{\overline{ZA}} = \dfrac{4}{2} = 2$
$\overline{ZB}$ = ▨	$\overline{ZB'}$ = ▨	$\dfrac{\overline{ZB'}}{\overline{ZB}} = \dfrac{▨}{▨} = ▨$
$\overline{ZC}$ = ▨	$\overline{ZC'}$ = ▨	$\dfrac{\overline{ZC'}}{\overline{ZC}} = \dfrac{▨}{▨} = ▨$

c) Mithilfe der **zentrischen Streckung** ist der Buchstabe „L" vergrößert worden. Gib den Vergrößerungsmaßstab an. Was stellst du fest?

2 Durch eine zentrische Streckung ist $\overline{AB}$ auf $\overline{A'B'}$ abgebildet worden.

a) In welcher Abbildung wird die Strecke $\overline{AB}$ vergrößert, in welcher verkleinert?

b) Bestimme die Platzhalter. Miss dazu die notwendigen Streckenlängen.

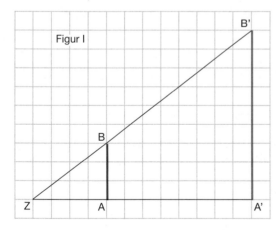

Figur I

$$\frac{\overline{ZA'}}{\overline{ZA}} = ▨, \quad \frac{\overline{ZB'}}{\overline{ZB}} = ▨, \quad \frac{\overline{A'B'}}{\overline{AB}} = ▨$$

Figur II

$$\frac{\overline{ZA'}}{\overline{ZA}} = ▨, \quad \frac{\overline{ZB'}}{\overline{ZB}} = ▨, \quad \frac{\overline{A'B'}}{\overline{AB}} = ▨$$

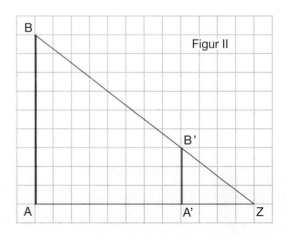

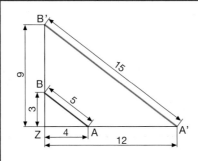

$$\frac{\overline{ZA'}}{\overline{ZA}} = \frac{12}{4} = 3 \qquad \overline{ZA'} = \boxed{3} \cdot \overline{ZA}$$

$$\frac{\overline{ZB'}}{\overline{ZB}} = \frac{9}{3} = 3 \qquad \overline{ZB'} = \boxed{3} \cdot \overline{ZB}$$

$$\frac{\overline{A'B'}}{\overline{AB}} = \frac{15}{5} = 3 \qquad \overline{A'B'} = \boxed{3} \cdot \overline{AB}$$

3 ist hier der Streckungsfaktor (k = 3)

Bei einer **zentrischen Streckung** liegen Originalpunkt und Bildpunkt auf einer Geraden durch das Streckungszentrum Z.

Für die Entfernung von Z gilt: $\dfrac{\overline{ZA'}}{\overline{ZA}} = \dfrac{\overline{ZB'}}{\overline{ZB}} = k$ (k heißt Streckungsfaktor)

Die Bildstrecke $\overline{A'B'}$ ist k-mal so lang wie die Originalstrecke $\overline{AB}$: $\overline{A'B'} = k \cdot \overline{AB}$

3

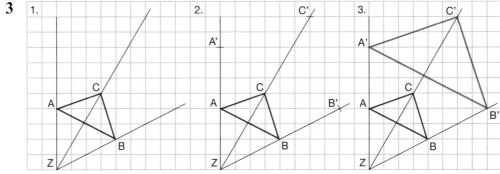

a) Beschreibe anhand der Abbildungen, wie das Dreieck ABC von Z aus mit k = 2 gestreckt wird.

b) Vergleiche jeweils die Größe der Winkel von Original- und Bildfigur miteinander. Wie liegen entsprechende Seiten zueinander?

4 Zeichne in ein Koordinatensystem (Einheit 1 cm) ein Rechteck mit folgenden Eckpunkten: A (2|2), B (6|2), C (6|6) und D (2|6).
Strecke das Rechteck vom Streckungszentrum Z (0|0) aus mit dem Streckungsfaktor k = 0,5. Gib die Koordinaten der Bildpunkte an.

5 Zeichne das Rechteck ABCD mit A (−2|−6), B (13|−6), C (13|3) und D (−2|3) in ein Koordinatensystem (Einheit 0,5 cm). Strecke das Rechteck an Z (−5|0) mit k = $\frac{1}{3}$.
Gib die Koordinaten der Bildpunkte an.

6 Zeichne das Dreieck ABC mit A (−1|−1), B (3|−1) und C (1|3). Wähle Z (−3|−1) als Streckungszentrum. Strecke das Dreieck mit dem angegebenen Streckungsfaktor k.

a) k = $\frac{1}{2}$ b) k = 2   c) k = 1,5   d) k = $\frac{1}{4}$ e) k = 0,75

Gib die Koordinaten der Bildpunkte an.

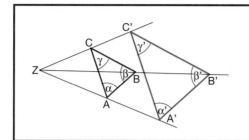

Bei einer zentrischen Streckung sind die entsprechenden **Winkel** in Original- und Bildfigur **gleich groß.**

$\alpha = \alpha'$ $\beta = \beta'$ $\gamma = \gamma'$

Original- und Bildstrecke liegen **parallel** zueinander.

$\overline{AB} \parallel \overline{A'B'}$ $\overline{BC} \parallel \overline{B'C'}$ $\overline{AC} \parallel \overline{A'C'}$

1

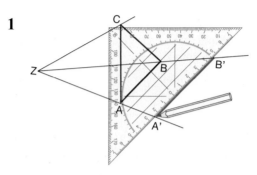

a) Yesim streckt das abgebildete Dreieck ABC von Z aus mit k = 1,5.
Welche Eigenschaft der zentrischen Streckung benutzt sie dabei?

2 Zeichne das Dreieck ABC mit den angegebenen Eckpunkten in ein Koordinatensystem (Einheit 1 cm). Ein Eckpunkt des Dreiecks ist das Streckungszentrum Z. Konstruiere die Bildfigur und gib die Koordinaten der Bildpunkte an.

	a)	b)	c)
Z	$(-3\mid-1,5)$	$(4\mid-3)$	$(-3,5\mid3)$
k	2	0,5	$\frac{1}{3}$
A	$(-3\mid-1,5)$	$(-4\mid-3)$	$(-3,5\mid-6)$
B	$(2\mid-1,5)$	$(4\mid-3)$	$(4\mid1)$
C	$(-1\mid1)$	$(3\mid1)$	$(-3,5\mid3)$

Flächeninhalt von Originalfigur und Bildfigur

3 Zeichne ein Quadrat ABCD mit der Seitenlänge a = 2 cm. Wähle A als Streckungszentrum und k = 2 (k = 3) als Streckungsfaktor.
a) Konstruiere das Bildquadrat A'B'C'D'.
b) Vergleiche den Flächeninhalt der Originalfigur mit dem Flächeninhalt der Bildfigur.

4 Strecke in einem Koordinatensystem (Einheit 0,5 cm) das Rechteck ABCD mit A $(-4\mid-4)$, B $(2\mid-4)$, C $(2\mid3)$ und D $(-4\mid3)$ von Z $(-10\mid0)$ aus mit dem Streckungsfaktor k = 2.
a) Konstruiere die Bildfigur A'B'C'D' und gib die Koordinaten der Bildpunkte an.
b) Wie oft passt die Fläche der Originalfigur in die der Bildfigur? Begründe.

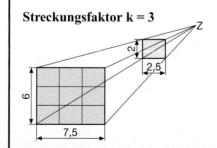

Streckungsfaktor k = 3

	Originalfigur	Bildfigur
Länge (cm)	2,5	$3 \cdot 2,5$
Breite (cm)	2	$3 \cdot 2$
Flächeninhalt (cm²)	$2,5 \cdot 2$	$3 \cdot 2,5 \cdot 3 \cdot 2$

$A' = 3 \cdot 2,5 \cdot 3 \cdot 2$

$A = \boxed{2,5 \cdot 2}$ $A' = 3 \cdot 3 \cdot \boxed{2,5 \cdot 2}$

$A' = 3^2 \cdot A$

Bei einer zentrischen Streckung ist der Flächeninhalt A' der Bildfigur k^2-mal so groß wie der Flächeninhalt A der Originalfigur: $\mathbf{A' = k^2 \cdot A}$

1 Das Dreieck ABC wird durch eine zentrische Streckung auf das Dreieck A′B′C′ abgebildet. Liegt das Zentrum Z zwischen Original- und Bildpunkt, so wird vereinbart, dass der Streckungsfaktor negativ ist.

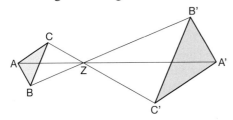

$$\frac{\overline{ZA'}}{\overline{ZA}} = \frac{36}{18} = 2 \qquad \mathbf{k = -2}$$

$$\frac{\overline{ZB'}}{\overline{ZB}} = \frac{30}{15} = 2 \qquad \mathbf{k = -2}$$

$$\frac{\overline{ZC'}}{\overline{ZC}} = \frac{16}{8} = 2 \qquad \mathbf{k = -2}$$

a) Übertrage die Figur in dein Heft. Strecke das Dreieck ABC von Z aus mit k = −0,5. Beschreibe dein Vorgehen.

b) Zeichne die Punkte A(2|0), B(6|2) und C(3|4) in ein Koordinatensystem (Einheit 1 cm) und strecke das Dreieck ABC von Z(0|0) aus mit dem Streckungsfaktor k = −1,5 (k = −0,5). Gib die Koordinaten der Bildpunkte an.

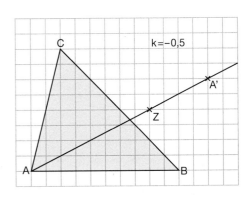

2 Zeichne das Dreieck ABC in ein Koordinatensystem (Einheit 0,5 cm) und strecke es von Z aus mit dem Streckungsfaktor k. Gib die Koordinaten der Bildpunkte an.

	a)	b)	c)	d)
Z	(0|0)	(0|5)	(2|2)	(−4|−3)
k	−2	−1	−0,5	−1,5
A	(2|1)	(4|0)	(−8|−8)	(−12|−11)
B	(3|2)	(12|5)	(−2|−8)	(−4|−7)
C	(4|6)	(4|9)	(−6|0)	(−8|−5)

3 Übertrage die Figur in dein Heft und strecke sie von Z aus mit dem angegebenen Streckungsfaktor.

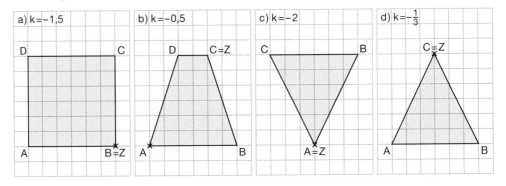

4 Zeichne das Dreieck ABC mit A(3|3), B(8|4) und C(5|8) in ein Koordinatensystem (Einheit 0,5 cm). Strecke das Dreieck ABC zunächst von Z(0|0) aus mit k = −1. Bilde anschließend das Dreieck A′B′C′ von Z aus mit k = −2 auf das Dreieck A″B″C″ ab. Lässt sich das Dreieck ABC durch eine zentrische Streckung auf das Dreieck A″B″C″ abbilden? Gib gegebenenfalls den Streckungsfaktor an.

1 Verdopple (verdreifache) eine Strecke von 4 cm mithilfe einer geeigneten zentrischen Streckung.

2 Zeichne ein unregelmäßiges Viereck (Fünfeck, Sechseck). Strecke es von einem Eckpunkt aus mit k = 2,5 (k = 0,5).

3 Übertrage die Zeichnung in dein Heft.
   a) Zeige durch Konstruktion des Streckungszentrums Z, dass das Dreieck A′B′C′ durch zentrische Streckung aus dem Dreieck ABC entstanden ist.
   b) Miss die Längen geeigneter Strecken und bestimme den Streckungsfaktor k.

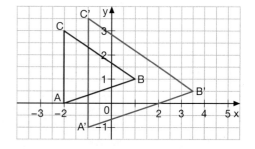

4 Zeichne in ein Koordinatensystem (Einheit 1 cm) das Originaldreieck ABC mit A (2,5|4), B (2,5|−1) und C (3,5|1) sowie das Bilddreieck A′B′C′ mit A′ (5,5|5,5), B′ (5,5|−4,5) und C′ (7,5|−0,5). Das Dreieck A′B′C′ ist durch zentrische Streckung entstanden.
   a) Bestimme zeichnerisch das Streckungszentrum Z. Gib die Koordinaten von Z an.
   b) Ermittle den Streckungsfaktor k.
   c) Bestimme den Flächeninhalt der Originalfigur und berechne mithilfe von k den Flächeninhalt der Bildfigur.

5 Zeichne ein rechtwinkliges Dreieck mit a = 5 cm, b = 3 cm und γ = 90°.
   a) Strecke das Dreieck vom Punkt A aus mit dem Streckungsfaktor k = 2,5 (k = 1,5).
   b) Vergleiche den Umfang des Originaldreiecks mit dem des Bilddreiecks.
   c) Berechne die Flächeninhalte der Original- und der Bildfigur.

6 Konstruiere ein rechtwinkliges Dreieck mit den Kathetenlängen 3,5 cm und 3,0 cm. Vervierfache (verneunfache) die Fläche der Originalfigur durch die Wahl einer geeigneten zentrischen Streckung. Überprüfe die Konstruktion durch eine Rechnung.

7 Zeichne ein Quadrat (eine Raute, ein gleichseitiges Dreieck) und strecke es von einem Eckpunkt aus mit dem Streckungsfaktor k = −1.

8 Überprüfe, ob die Figuren durch eine zentrische Streckung mit negativem Streckungsfaktor aufeinander abgebildet werden können.

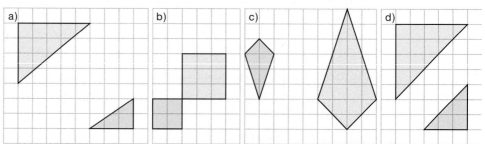

9 Konstruiere ein rechtwinkliges Dreieck (γ = 90°) mit a = 5 cm und b = 3 cm. Zeichne mithilfe einer geeigneten zentrischen Streckung ein Dreieck, dessen Flächeninhalt 4-mal so groß ist. Wähle dazu einen negativen Streckungsfaktor.

Die Abbildung zeigt eine moderne Digitalkamera.
In ihr fängt statt eines Fotofilms ein elektronischer Sensor das vom Objektiv eingefangene Licht auf.

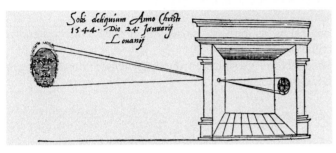

Die lateinische Inschrift lautet übersetzt:
Das Verschwinden der Sonne im Jahre 1544,
am 24. Januar, in Louvain.*

Die Entwicklung der fotografischen Apparate lässt sich auf die Camera obscura (lat.: dunkle Kammer) zurückführen. Auf dem abgebildeten Holzschnitt fallen durch ein Loch in einer der Außenwände Sonnenstrahlen in einen dunklen Raum. Auf der gegenüberliegenden Wand erscheint das Bild der Sonne.

Maler des 17. und 18. Jahrhunderts benutzten eine tragbare Camera obscura, um Landschaften naturgetreu nachzeichnen zu können. Beschreibe anhand der Abbildung (Kupferstich 1671) das Bild, das der Künstler in der Camera obscura auf einer Leinwand erblickte.

Bereits 1568 empfahl Daniele Barbaro eine Sammellinse in die Öffnung einer Camera obscura einzusetzen. Dadurch wurde das Bild heller und schärfer.

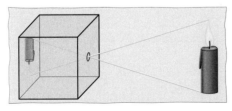

In der Zeichnung siehst du den Strahlenverlauf in einer Camera obscura, die heute auch Lochkamera genannt wird.

* Löwen in Belgien

1

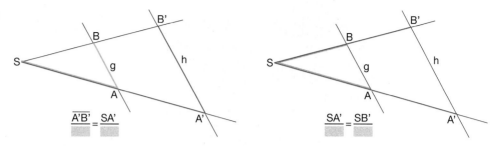

$$\frac{\overline{A'B'}}{\rule{1.5em}{0.4pt}} = \frac{\overline{SA'}}{\rule{1.5em}{0.4pt}} \qquad\qquad \frac{\overline{SA'}}{\rule{1.5em}{0.4pt}} = \frac{\overline{SB'}}{\rule{1.5em}{0.4pt}}$$

Durch eine zentrische Streckung von S aus ist in der Abbildung A auf A′, B auf B′ abgebildet worden.

Bei einer zentrischen Streckung kannst du die Verhältnisse von einander entsprechenden Streckenlängen miteinander vergleichen.

Ersetze die Platzhalter in den Verhältnisgleichungen durch geeignete Streckenlängen (Streckenabschnitte). Begründe deine Lösung.

2

a)   (1 Kästchenlänge ≙ 0,5 cm)

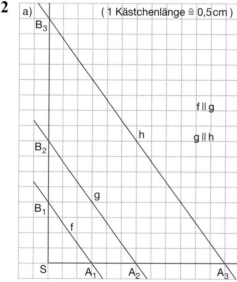

$$\frac{\overline{SA_2}}{\overline{SA_1}} = \frac{3}{1,5} = 2 \qquad \frac{\overline{SB_2}}{\overline{SB_1}} = \frac{4}{2} = 2$$

$$\frac{\overline{SA_2}}{\overline{SA_1}} = \frac{\overline{SB_2}}{\overline{SB_1}}$$

$$\frac{\overline{SA_1}}{\overline{A_1A_3}} = \frac{1,5}{4,5} = \frac{1}{3} \qquad \frac{\overline{SB_1}}{\overline{B_1B_3}} = \frac{2}{6} = \frac{1}{3}$$

$$\frac{\overline{SA_1}}{\overline{A_1A_3}} = \frac{\overline{SB_1}}{\overline{B_1B_3}}$$

Stelle wie im Beispiel drei weitere Verhältnisgleichungen auf. Vergleiche dazu einander entsprechende **Streckenabschnitte** auf den **Strahlen.**

b) (1 Kästchenlänge ≙ 0,5 cm)

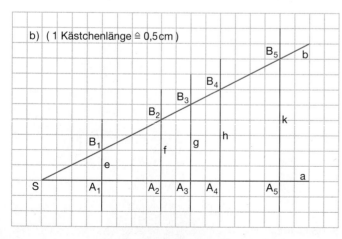

$$\frac{\overline{A_5B_5}}{\overline{A_1B_1}} = \frac{4}{1} = 4 \qquad \frac{\overline{SA_5}}{\overline{SA_1}} = \frac{8}{2} = 4$$

$$\frac{\overline{A_5B_5}}{\overline{A_1B_1}} = \frac{\overline{SA_5}}{\overline{SA_1}}$$

$$\frac{\overline{A_3B_3}}{\overline{A_2B_2}} = \frac{2,5}{2} \qquad \frac{\overline{SA_3}}{\overline{SA_2}} = \frac{5}{4} = \frac{2,5}{2}$$

$$\frac{\overline{A_3B_3}}{\overline{A_2B_2}} = \frac{\overline{SA_3}}{\overline{SA_2}}$$

Stelle wie im Beispiel drei weitere Verhältnisgleichungen auf. Vergleiche dazu **Abschnitte auf einem Strahl** mit entsprechenden **Abschnitten** auf den **Parallelen.**

1. Strahlensatz
Werden zwei Strahlen (Halbgeraden) mit einem gemeinsamen Anfangspunkt von zwei Parallelen geschnitten, so verhalten sich die Längen von zwei Streckenabschnitten auf dem einen Strahl wie die Längen der entsprechenden Streckenabschnitte auf dem anderen Strahl.

2. Strahlensatz
Werden zwei Strahlen (Halbgeraden) mit einem gemeinsamen Anfangspunkt von zwei Parallelen geschnitten, so verhalten sich die Längen der Streckenabschnitte auf den Parallelen wie die vom Anfangspunkt aus gemessenen Längen der entsprechenden Abschnitte auf jedem der Strahlen.

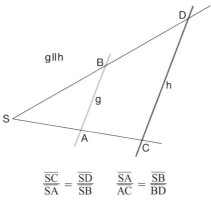

$$\frac{\overline{SC}}{\overline{SA}} = \frac{\overline{SD}}{\overline{SB}} \qquad \frac{\overline{SA}}{\overline{AC}} = \frac{\overline{SB}}{\overline{BD}}$$

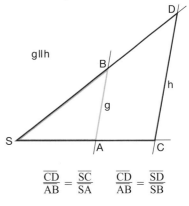

$$\frac{\overline{CD}}{\overline{AB}} = \frac{\overline{SC}}{\overline{SA}} \qquad \frac{\overline{CD}}{\overline{AB}} = \frac{\overline{SD}}{\overline{SB}}$$

3 Ersetze die Platzhalter durch geeignete Streckenlängen. Die Geraden a, b, c und d liegen parallel zueinander.

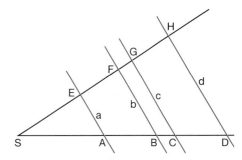

a) $\dfrac{\overline{SB}}{\overline{SA}} = \dfrac{\blacksquare}{\blacksquare}$ b) $\dfrac{\overline{SC}}{\overline{SA}} = \dfrac{\blacksquare}{\blacksquare}$ c) $\dfrac{\overline{SC}}{\overline{SD}} = \dfrac{\blacksquare}{\blacksquare}$

d) $\dfrac{\overline{SE}}{\overline{SH}} = \dfrac{\blacksquare}{\blacksquare}$ e) $\dfrac{\overline{SB}}{\overline{BC}} = \dfrac{\blacksquare}{\blacksquare}$ f) $\dfrac{\overline{SG}}{\overline{GH}} = \dfrac{\blacksquare}{\blacksquare}$

g) $\dfrac{\overline{SB}}{\overline{SD}} = \dfrac{\blacksquare}{\blacksquare}$ h) $\dfrac{\overline{SB}}{\overline{BD}} = \dfrac{\blacksquare}{\blacksquare}$ i) $\dfrac{\overline{SE}}{\overline{EH}} = \dfrac{\blacksquare}{\blacksquare}$

4 Ersetze die Platzhalter durch geeignete Streckenlängen. Die Geraden a, b, c und d liegen parallel zueinander.

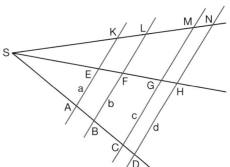

a) $\dfrac{\overline{AE}}{\overline{BF}} = \dfrac{\blacksquare}{\blacksquare} = \dfrac{\blacksquare}{\blacksquare}$ b) $\dfrac{\overline{CG}}{\overline{BF}} = \dfrac{\blacksquare}{\blacksquare} = \dfrac{\blacksquare}{\blacksquare}$

c) $\dfrac{\overline{BF}}{\overline{DH}} = \dfrac{\blacksquare}{\blacksquare} = \dfrac{\blacksquare}{\blacksquare}$ d) $\dfrac{\overline{DH}}{\overline{AE}} = \dfrac{\blacksquare}{\blacksquare} = \dfrac{\blacksquare}{\blacksquare}$

e) $\dfrac{\overline{AK}}{\overline{BL}} = \dfrac{\blacksquare}{\blacksquare} = \dfrac{\blacksquare}{\blacksquare}$ f) $\dfrac{\overline{CM}}{\overline{BL}} = \dfrac{\blacksquare}{\blacksquare} = \dfrac{\blacksquare}{\blacksquare}$

g) $\dfrac{\overline{EK}}{\overline{FL}} = \dfrac{\blacksquare}{\blacksquare} = \dfrac{\blacksquare}{\blacksquare}$ h) $\dfrac{\overline{GM}}{\overline{FL}} = \dfrac{\blacksquare}{\blacksquare} = \dfrac{\blacksquare}{\blacksquare}$

5 Im Beispiel wird mithilfe des 1. Strahlensatzes die Länge eines Streckenabschnitts $\overline{SC}$ berechnet:

Maße in cm

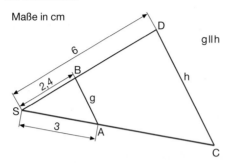

Gegeben: $\overline{SA} = 3$ cm; $\overline{SB} = 2,4$ cm; $\overline{SD} = 6$ cm

Gesucht: $\overline{SC}$

$$\frac{\overline{SC}}{\overline{SA}} = \frac{\overline{SD}}{\overline{SB}} \quad | \cdot \overline{SA}$$

$$\overline{SC} = \frac{\overline{SD} \cdot \overline{SA}}{\overline{SB}}$$

$$\overline{SC} = \frac{6 \cdot 3}{2,4}$$

$$\overline{SC} = 7,5$$

Die Strecke $\overline{SC}$ ist 7,5 cm lang.

Berechne die rot markierte Streckenlänge. Überlege zunächst, welchen Strahlensatz du benutzen kannst. Stelle anschließend eine geeignete Verhältnisgleichung auf. Schreibe dabei die gesuchte Größe in den Zähler.

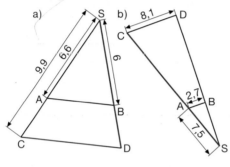
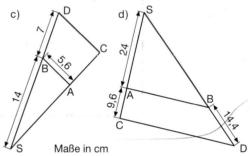

6

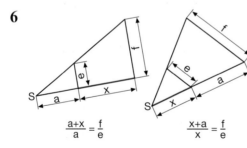

$$\frac{a+x}{a} = \frac{f}{e} \qquad \frac{x+a}{x} = \frac{f}{e}$$

a) Stelle die Verhältnisgleichungen jeweils nach x um.

b) Berechne jeweils die Länge der Strecke x.

Maße in cm

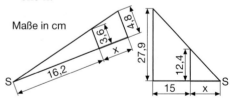

7 a) Die Strahlensätze gelten auch, wenn der Punkt S wie abgebildet zwischen den Parallelen liegt. Begründe diese Aussage.

b) Berechne jeweils den rot markierten Streckenabschnitt.

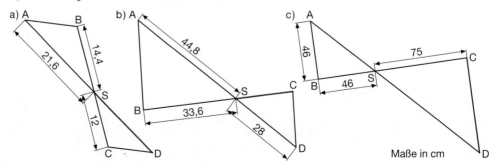

1 Berechne die fehlenden Stücke. Gib jeweils an, welchen Strahlensatz du verwendest.

	a)	b)	c)
$\overline{SA}$	12,0 cm	4,2 cm	84,0 cm
$\overline{SC}$	15,0 cm	▦	▦
$\overline{SB}$	8,0 cm	3,0 cm	96,0 cm
$\overline{SD}$	▦	▦	128,0 cm
$\overline{AB}$	▦	2,4 cm	▦
$\overline{CD}$	10,5 cm	3,6 cm	140,0 cm

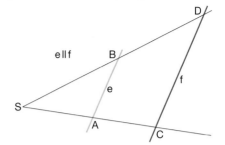

2 Mit einem Försterdreieck kann man die Höhe von Bäumen oder Gebäuden bestimmen.
a) Erkläre die Funktionsweise des Försterdreiecks.
b) Bestimme die Höhe des abgebildeten Baumes.

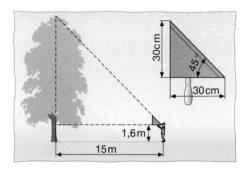

3 Um die Breite eines Flusses oder Sees zu bestimmen, werden häufig Punkte im Gelände markiert. Fertige eine entsprechende Skizze an und berechne die Entfernung zwischen den Geländepunkten A und B.

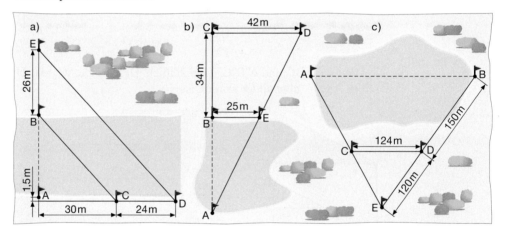

4 Im Altertum wurde, um die Höhe einer Pyramide zu bestimmen, ein Stab lotrecht so aufgestellt, dass das Ende seines Schattens mit dem Ende des Schattens der Pyramide zusammenfiel.
Berechne mithilfe der angegebenen Werte die Höhe der Cheopspyramide.

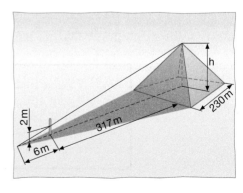

1 a) Vergleiche die Originalfigur mit ihrem
Schatten auf der Leinwand. Was fällt
dir auf?

b) Durch eine zentrische Streckung können ähnliche Figuren konstruiert werden. Zeichne mithilfe einer zentrischen
Streckung zwei ähnliche Vierecke.

2 Durch maßstäbliches Vergrößern oder Verkleinern entstandene Figuren heißen ähnlich.
Überprüfe, welche der dargestellten Hausansichten zueinander ähnlich sind.

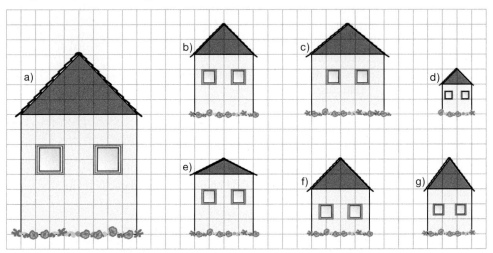

3 Die Dreiecke ABC und A″B″C″ sind ähnlich. Beschreibe, wie das Dreieck ABC auf das
Dreieck A″B″C″ abgebildet worden ist.

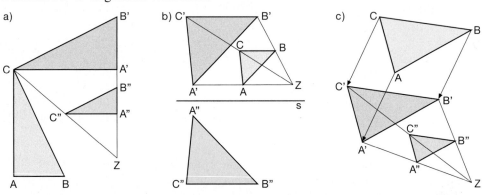

Zwei Figuren sind **ähnlich**, wenn sie sich durch **maßstäbliches Vergrößern oder
Verkleinern** oder durch eine **zentrische Streckung** oder durch die **Nacheinander-
ausführung von zentrischer Streckung und Kongruenzabbildung** (Verschiebung, Drehung, Spiegelung) aufeinander abbilden lassen.
Ist die Figur A der Figur B ähnlich, so schreibt man: A ∼ B

1 Die Fünfecke ABCDE und $A_1B_1C_1D_1E_1$ sind ähnlich.

a) Miss in den beiden Fünfecken die Winkelgrößen und vergleiche.

b) Ergänze die Tabelle im Heft. Was stellst du fest?

a : b	$a_1 : b_1$	b : c	$b_1 : c_1$
$\frac{56}{48} = \frac{7}{6}$	▧	▧	▧

c : d	$c_1 : d_1$	d : e	$d_1 : e_1$
▧	▧	▧	▧

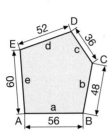

Maße in cm

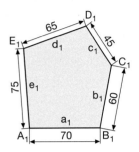

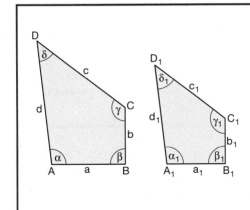

Winkelgrößen

$\alpha = \alpha_1$ $\qquad$ $\beta = \beta_1$

$\gamma = \gamma_1$ $\qquad$ $\delta = \delta_1$

In zueinander ähnlichen Figuren sind entsprechende Winkel gleich groß.

Seitenverhältnisse

$a : b = a_1 : b_1$ $\qquad$ $a : c = a_1 : c_1$

$a : d = a_1 : d_1$ $\qquad$ $b : c = b_1 : c_1$

$b : d = b_1 : d_1$ $\qquad$ $c : d = c_1 : d_1$

Die Verhältnisse entsprechender Seitenlängen sind gleich.

2 Welche der abgebildeten Figuren sind den Figuren I, II oder III ähnlich? Begründe deine Antwort mithilfe der Eigenschaften ähnlicher Figuren.

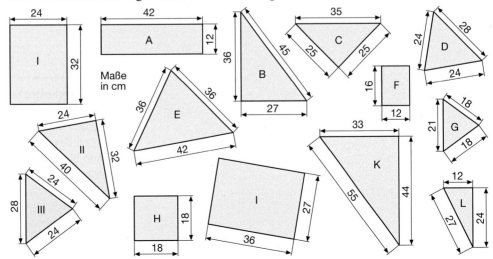

1 a) Übertrage die beiden Dreiecke ABC und PQR in dein Heft.
Bestimme die Winkelgrößen und kennzeichne gleich große Winkel mit derselben Farbe. Warum genügt es, in den Dreiecken jeweils nur zwei Winkel zu messen?

b) Miss die fehlenden Seitenlängen und ergänze die Tabelle im Heft.

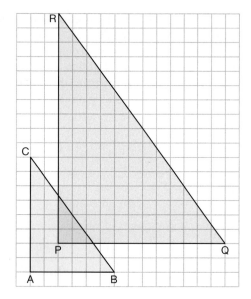

Dreieck ABC

AB	AC	BC	AB : AC	AB : BC	AC : BC
▦	▦	▦	▦	▦	▦

Dreieck PQR

PQ	PR	QR	PQ : PR	PQ : QR	PR : QR
▦	▦	▦	▦	▦	▦

c) Weise die Ähnlichkeit der beiden Dreiecke nach. Bilde dazu das Dreieck ABC durch eine zentrische Streckung auf das Dreieck PQR ab.

> Stimmen zwei Dreiecke in **zwei ihrer Winkelgrößen** überein, dann sind sie ähnlich.
> Stimmen zwei Dreiecke in den **Verhältnissen der entsprechenden Seitenlängen** überein, so sind sie ähnlich.

2 Überprüfe, ob die Dreiecke ABC und PQR ähnlich sind.

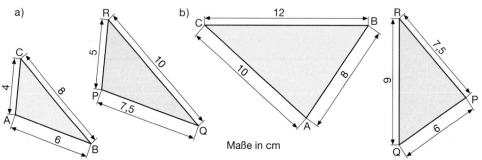

Maße in cm

3 Die Kongruenzsätze sind Spezialfälle der Ähnlichkeitssätze.
Sind zwei Dreiecke kongruent, so sind sie auch ähnlich.
Entsprechend den Kongruenzsätzen gibt es weitere Ähnlichkeitssätze für Dreiecke.
Nenne für jeden Ähnlichkeitssatz den entsprechenden Kongruenzsatz für Dreiecke.

> **Weitere Ähnlichkeitssätze**
> Stimmen zwei Dreiecke in einer Winkelgröße und den Verhältnissen der Längen der dem Winkel anliegenden Seiten überein, so sind sie ähnlich.
> Stimmen zwei Dreiecke in den Verhältnissen von zwei Seitenlängen und der Größe des Winkels, der der größeren Seite gegenüberliegt überein, so sind sie ähnlich.

1 So kannst du zu dem Dreieck ABC mit a = 4 cm, b = 5 cm und c = 6 cm ein ähnliches Dreieck $A_1B_1C_1$ mit c_1 = 5 cm konstruieren:

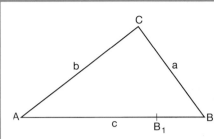 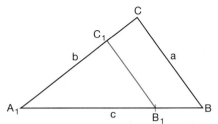

1. Konstruiere das Dreieck ABC und trage auf c von Punkt A aus die Strecke c_1 mit der Länge 5 cm ab. Du erhältst B_1.

2. Zeichne zu a die Parallele durch B_1. Der Schnittpunkt der Parallelen mit b ist C_1.

a) Erläutere die einzelnen Schritte in der Konstruktionsbeschreibung.
b) Zeichne ein Dreieck ABC mit a = 5 cm, b = 4 cm, c = 7 cm. Konstruiere ein dazu ähnliches Dreieck mit a_1 = 3 cm.

2 Zeichne ein rechtwinkliges Dreieck (β = 90°) mit a = 3,5 cm und c = 6 cm. Konstruiere ein zu diesem Dreieck ähnliches mit c_1 = 8 cm (a_1 = 5 cm).

3 Zeichne ein rechtwinkliges Dreieck (γ = 90°) mit a = 4,5 cm und b = 3,5 cm. Konstruiere zu diesem Dreieck zwei ähnliche, aber nicht kongruente Dreiecke.

4 Konstruiere das Dreieck ABC mit a = 6 cm, b = 5 cm und γ = 80°. Zeichne ein hierzu ähnliches Dreieck mit a_1 = 4 cm.

5 Zu dem Dreieck ABC mit b = 8 cm, c = 8 cm und α = 50° soll ein ähnliches Dreieck $A_1B_1C_1$ mit a_1 = 5 cm konstruiert werden.

6 Konstruiere zunächst ein Dreieck ABC mit a = 5 cm, c = 7 cm und β = 45°.
Zeichne dann ein zu dem Dreieck ABC ähnliches Dreieck mit der Höhe h_c = 5cm.

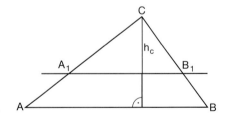

7 Konstruiere ein Dreieck ABC mit b = 6 cm, c = 4,5 cm und α = 80°. Zeichne zu dem Dreieck ABC ein ähnliches Dreieck mit der Höhe h_b = 8 cm.

8 Konstruiere ein rechtwinkliges Dreieck ABC (γ = 90°) mit a = 4,5 cm, dessen Seitenlängen a und b sich wie 3 : 4 verhalten.

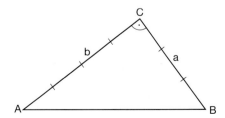

Zentrische Streckung

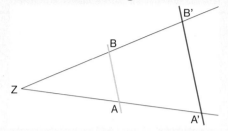

Bei einer **zentrischen Streckung** liegen Original- und Bildpunkt auf einer Geraden durch das Streckungszentrum Z.

Für die Entfernung von Z gilt:

$$\frac{\overline{ZA'}}{\overline{ZA}} = \frac{\overline{ZB'}}{\overline{ZB}} = k \quad \text{(Streckungsfaktor)}$$

1. Strahlensatz

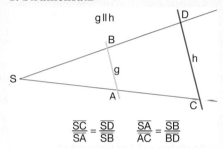

$$\frac{\overline{SC}}{\overline{SA}} = \frac{\overline{SD}}{\overline{SB}} \qquad \frac{\overline{SA}}{\overline{AC}} = \frac{\overline{SB}}{\overline{BD}}$$

Werden zwei Strahlen (Halbgeraden) mit einem gemeinsamen Anfangspunkt von zwei Parallelen geschnitten, so verhalten sich die Längen von zwei Streckenabschnitten auf dem einen Strahl wie die Längen der entsprechenden Streckenabschnitte auf dem anderen Strahl.

2. Strahlensatz

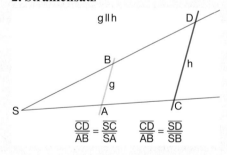

$$\frac{\overline{CD}}{\overline{AB}} = \frac{\overline{SC}}{\overline{SA}} \qquad \frac{\overline{CD}}{\overline{AB}} = \frac{\overline{SD}}{\overline{SB}}$$

Werden zwei Strahlen (Halbgeraden) mit einem gemeinsamen Anfangspunkt von zwei Parallelen geschnitten, so verhalten sich die Längen der Streckenabschnitte auf den Parallelen wie die vom Anfangspunkt aus gemessenen Längen der entsprechenden Abschnitte auf jedem der Strahlen.

Ähnlichkeitssätze für Dreiecke

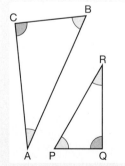

$$\sphericalangle ABC = \sphericalangle RPQ$$

$$\sphericalangle BCA = \sphericalangle PQR$$

$$\overline{AB} : \overline{BC} = \overline{PR} : \overline{PQ}$$

$$\overline{AB} : \overline{AC} = \overline{PR} : \overline{QR}$$

$$\overline{BC} : \overline{AC} = \overline{PQ} : \overline{QR}$$

Stimmen zwei Dreiecke in zwei ihrer Winkelgrößen überein, dann sind sie ähnlich.

Stimmen zwei Dreiecke in den Verhältnissen der entsprechenden Seitenlängen überein, so sind sie ähnlich.

1

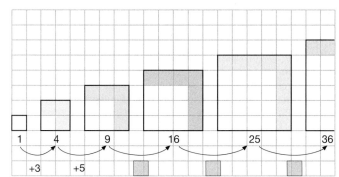

Seiten-länge	Flächen-inhalt	Zunahme des Flächeninhaltes
1 cm	1 cm^2	–
2 cm	4 cm^2	3 cm^2
3 cm	9 cm^2	5 cm^2
4 cm	16 cm^2	
5 cm		
6 cm		

In der Abbildung sind quadratische Flächen dargestellt.

a) Zeichne ein Quadrat mit einer Seitenlänge von 6 (7, 8, 9, 10) cm.

b) Übertrage die Tabelle in dein Heft und berechne jeweils den Flächeninhalt für Quadrate mit einer Seitenlänge von 1 cm bis 15 cm.

c) Um wie viele Quadratzentimeter nimmt der Flächeninhalt jeweils zu?

2 Berechne jeweils das Quadrat der angegebenen Zahlen.

a) 6 4 8 9 11 14 18 20

b) – 3 5 – 7 – 10 12 13 – 15 – 19

c) 1,3 1,6 1,8 0,9 – 0,5 0,2 – 1,4

d) $\frac{1}{2}$ $\frac{3}{4}$ $\frac{4}{5}$ $\frac{1}{6}$ $\frac{2}{7}$ $\frac{3}{8}$ $\frac{5}{8}$ $\frac{2}{10}$

> $7^2 = 7 \cdot 7 = 49$ (*lies:* 7 hoch 2)
>
> $(-1,3)^2 = (-1,3) \cdot (-1,3) = 1,69$
>
> $\left(\frac{2}{3}\right)^2 = \frac{2}{3} \cdot \frac{2}{3} = \frac{4}{9}$

$8 \cdot 8 = 8^2 = 64$ $(-3) \cdot (-3) = (-3)^2 = 9$ $1,5 \cdot 1,5 = 1,5^2 = 2,25$ $\frac{3}{8} \cdot \frac{3}{8} = \left(\frac{3}{8}\right)^2 = \frac{9}{64}$	Multiplizierst du eine Zahl mit sich selbst, dann ist das Ergebnis das **Quadrat der Zahl.** Diese Rechenoperation heißt **Quadrieren.** Das Quadrat einer Zahl ist immer größer oder gleich Null.

---

3 Die Quadrate der **natürlichen Zahlen** heißen **Quadratzahlen.**

Berechne die Quadrate der Zahlen von 1 bis 20 und lerne diese Quadratzahlen auswendig.

4 Welche Zahl wurde quadriert? Es gibt zwei Lösungen.

a) 144   b) 81   c) 121   d) 225   e) 169   f) 256   g) 289   h) 361

5 Berechne.

a) 20^2; 40^2; 50^2; 70^2; 80^2 b) 100^2; 150^2; 180^2; 190^2; 200^2

c) $(-30)^2$; $(-60)^2$; $(-90)^2$; $(-120)^2$; $(-160)^2$ d) $0,3^2$; 3^2; 30^2; 300^2

e) $(-0,15)^2$; $(-1,5)^2$; $(-15)^2$; $(-150)^2$ f) $0,7^2$; 7^2; $0,07^2$; 70^2; $0,007^2$

6 Berechne die Quadratzahl.

a) $1,2^2$ b) $3,5^2$ c) $0,2^2$ d) $0,6^2$ e) $0,01^2$ f) $0,05^2$ g) $0,002^2$

$2,1^2$ 6^2 $0,1^2$ $0,5^2$ $0,2^2$ $0,9^2$ $0,003^2$

$2,5^2$ $7,2^2$ $0,3^2$ $0,4^2$ $0,04^2$ $0,7^2$ $0,008^2$

1

Aus dem Rathaus   Straßenreinigung bleibt Dauerthema

Die Gebühren für die Straßenreinigung bleiben in der Gemeinde weiterhin ein Dauerthema. Die Mitglieder der im Gemeinderat vertretenen Parteien diskutierten ausgiebig die Ermittlung der Straßenreinigungsgebühren nach einem neuen Verfahren. Bisher wurde die Höhe der Gebühren nach der Länge der zu reinigenden Straßenfront bestimmt.

Bei dem neuen Verfahren soll die tatsächliche Grundstücksfläche in ein flächengleiches Quadrat umgewandelt werden. Die dann ermittelte Seitenlänge des Quadrates wird zur Berechnung herangezogen.

Bisheriges Verfahren

Grundstück A

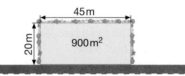

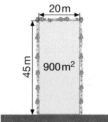

Grundstück B

Soviel bezahlen Sie bisher:

Länge der Straßenfront (m)		Preis pro Meter		Reinigungs-gebühren
45	·	1,75 €	=	**78,75 €**

Länge der Straßenfront (m)		Preis pro Meter		Reinigungs-gebühren
20	·	1,75 €	=	**35,00 €**

So würde nach dem neuen Verfahren gerechnet: Die tatsächliche Grundstücksfläche wird in ein flächengleiches Quadrat umgewandelt.

Grundstücksfläche:

$900 \text{ m}^2 = 30 \text{ m} \cdot 30 \text{ m}$

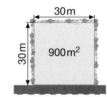

Soviel bezahlen Sie zukünftig:

Länge der Straßenfront (m)		Preis pro Meter		Reinigungs-gebühren
30	·	1,75 €	=	**52,50 €**

Vergleiche das alte mit dem neuen Berechnungsverfahren.

2 Die Gemeinde berechnet für die Straßenreinigung eine Gebühr von 1,75 EUR pro Meter. Wie viel Euro muss für ein Grundstück mit den Seitenlängen a = 50 m und b = 32 m (a = 12,5 m und b = 50 m; a = 40 m und b = 62,5 m) nach dem neuen Berechnungsverfahren bezahlt werden?

3 a) Nenne alle Zahlen, deren Quadrat 9 (16; 169; 196; 0; $\frac{25}{36}$; 0,25) ist.

b) Gib die positive Zahl an, deren Quadrat 36 (100; 121; 225; 400; 0; 0,16) ist.

c) Gibt es eine Zahl, deren Quadrat − 81 ist?

$144 = 12 \cdot 12 = 12^2$

$144 = (-12) \cdot (-12) = (-12)^2$

4 Bestimme die Quadratwurzel.

a) $\sqrt{9}$ b) $\sqrt{1}$ c) $\sqrt{100}$ d) $\sqrt{900}$

e) $\sqrt{0,36}$ f) $\sqrt{0,25}$ g) $\sqrt{\frac{4}{9}}$ h) $\sqrt{\frac{16}{81}}$

i) $\sqrt{\frac{16}{25}}$ k) $\sqrt{\frac{144}{225}}$ l) $\sqrt{0,81}$ m) $\sqrt{6,25}$

Die Quadratwurzel aus 64 ist die positive Zahl, die beim Quadrieren 64 ergibt.

$\sqrt{64} = 8$, denn $8^2 = 64$

Lies: Wurzel aus 64 ist gleich 8.

Die Rechenoperation heißt **Wurzelziehen**.

$\sqrt{81} = 9$, denn $9 \cdot 9 = 81$

$\sqrt{0} = 0$, denn $0 \cdot 0 = 0$

$\sqrt{1{,}44} = 1{,}2$, denn $1{,}2 \cdot 1{,}2 = 1{,}44$

$\sqrt{\frac{49}{81}} = \frac{7}{9}$, denn $\frac{7}{9} \cdot \frac{7}{9} = \frac{49}{81}$

Für positive Zahlen gilt:
Die Umkehrung des Quadrierens wird als **Ziehen der Quadratwurzel** bezeichnet.
Die Zahl unter dem Wurzelzeichen heißt **Radikand.**
Das Ziehen der Quadratwurzel aus einer negativen Zahl ist nicht zulässig.

5 Berechne im Kopf und mache die Probe. $\sqrt{64} = 8$, denn $8 \cdot 8 = 64$

a) $\sqrt{49}$ b) $\sqrt{144}$ c) $\sqrt{225}$ d) $\sqrt{100}$ e) $\sqrt{1}$ f) $\sqrt{169}$ g) $\sqrt{289}$

h) $\sqrt{0}$ i) $\sqrt{121}$ k) $\sqrt{256}$ l) $\sqrt{196}$ m) $\sqrt{361}$ n) $\sqrt{484}$ o) $\sqrt{625}$

6 Berechne die Quadratwurzel und mache die Probe.

a) $\sqrt{16}$ b) $\sqrt{25}$ c) $\sqrt{81}$ d) $\sqrt{144}$ e) $\sqrt{196}$ f) $\sqrt{256}$ g) $\sqrt{529}$

$\sqrt{1600}$ $\sqrt{2500}$ $\sqrt{8100}$ $\sqrt{14400}$ $\sqrt{19600}$ $\sqrt{25600}$ $\sqrt{52900}$

7 Berechne.

a) $\sqrt{\frac{36}{81}}$ b) $\sqrt{\frac{9}{121}}$ c) $\sqrt{\frac{64}{144}}$ d) $\sqrt{\frac{100}{49}}$ e) $\sqrt{\frac{196}{225}}$ f) $\sqrt{\frac{256}{289}}$ g) $\sqrt{\frac{169}{324}}$

8 Berechne und bestimme dein Ergebnis durch die Probe.

a) $\sqrt{0{,}36}$ b) $\sqrt{0{,}09}$ c) $\sqrt{0{,}25}$ d) $\sqrt{0{,}0036}$ e) $\sqrt{2{,}25}$ f) $\sqrt{0{,}04}$ g) $\sqrt{3{,}61}$

9 Berechne.

a) $\sqrt{225}$; $\sqrt{22500}$; $\sqrt{2{,}25}$; $\sqrt{0{,}225}$ b) $\sqrt{441}$; $\sqrt{44100}$; $\sqrt{4{,}41}$; $\sqrt{0{,}0441}$

10 Berechne mit dem Taschenrechner.

a) $\sqrt{2025}$ b) $\sqrt{10404}$ c) $\sqrt{462{,}25}$

$\sqrt{2704}$ $\sqrt{24336}$ $\sqrt{1135{,}69}$

$\sqrt{6084}$ $\sqrt{42025}$ $\sqrt{3158{,}44}$

$\sqrt{9801}$ $\sqrt{65536}$ $\sqrt{7157{,}16}$

$\sqrt{282{,}24} = $ ▦

Tastenfolge: ☑ 282.24 ☐

Anzeige: 16.8

$\sqrt{282{,}24} = 16{,}8$

11 Bestimme den Platzhalter.

a) $\sqrt{3136} = $ ▦   b) $\sqrt{} = 22$ c) $\sqrt{13{,}3225} = $ ▦   d) $\sqrt{} = 0{,}36$ e) $\left(\sqrt{64}\right)^2 = $ ▦

12 Frau Scheuvens besitzt ein rechteckiges Grundstück mit den Seitenlängen a = 55 m und b = 36 m. Das Grundstück soll gegen ein quadratisches Grundstück mit gleichem Flächeninhalt getauscht werden. Bestimme die Seitenlänge des quadratischen Grundstückes.

13 Berechne den Flächeninhalt der Figuren. Welche Seitenlänge hat ein Quadrat mit gleichem Flächeninhalt?

a) Rechteck   b) Dreieck   c) Kreis   d) Trapez
   a = 24 cm   g = 7 m   r = 26 cm   a = 15 cm
   b = 6 cm   h = 3,5 m   c = 12 cm
                                                         h = 40 cm

1 a) Gib den Flächeninhalt des Quadrates AEDF an.

b) Bestimme den Flächeninhalt des Dreiecks AED.

c) Berechne den Flächeninhalt des Quadrates ABCD.

d) Zeichne das Quadrat ABCD mit den angegebenen Maßen in dein Heft und miss die Seitenlänge.
Überprüfe mithilfe der Formel für den Flächeninhalt, ob der gemessene Wert exakt ist.

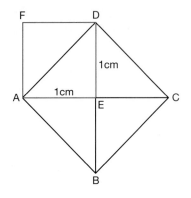

2 Überprüfe durch Quadrieren, welcher der angegebenen Dezimalbrüche am nächsten bei $\sqrt{2}$ liegt: 1,41; 1,414; 1,4142; 1,41421; 1,414214.
Begründe, warum das Quadrat dieser Werte nicht genau 2 sein kann.

3 Im Intervall [1 ; 2] liegen alle Zahlen, die größer gleich 1 und kleiner gleich 2 sind. 1 und 2 sind die Intervallgrenzen.
$\sqrt{2}$ liegt zwischen 1 und 2, denn $1^2 \leq 2 \leq 2^2$. Wir sagen: $\sqrt{2}$ liegt im Intervall [1 ; 2]. Bestimme durch Probieren zwei kleinere Intervalle, mit denen du $\sqrt{2}$ weiter einschachteln kannst. Begründe, warum $\sqrt{2}$ in diesen Intervallen liegt.

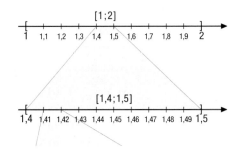

4 So kannst du $\sqrt{2}$ näherungsweise durch eine Intervallschachtelung bestimmen:

1. Bestimme zwei aufeinander folgende natürliche Zahlen, zwischen denen $\sqrt{2}$ liegt.	$\left.\begin{array}{lll}1^2 = & 1 & \leq 2 \\ 2^2 = & 4 & \geq 2\end{array}\right\}$	$1^2 \leq 2 \leq 2^2$ $1 \leq \sqrt{2} \leq 2$
2. Teile das Intervall [1 ; 2] in 10 gleich große Abschnitte und bestimme das Teilintervall, in dem $\sqrt{2}$ liegt.	$\begin{array}{ll}1,1^2 = 1,21 & \leq 2 \\ 1,2^2 = 1,44 & \leq 2 \\ 1,3^2 = 1,69 & \leq 2 \\ 1,4^2 = 1,96 & \leq 2 \\ 1,5^2 = 2,25 & \geq 2\end{array}\Big\}$	$1,4^2 \leq 2 \leq 1,5^2$ $1,4 \leq \sqrt{2} \leq 1,5$
3. Wiederhole den zweiten Schritt für das gefundene Intervall [1,4 ; 1,5].	$\left.\begin{array}{ll}1,41^2 = 1,9881 & \leq 2 \\ 1,42^2 = 2,0164 & \geq 2\end{array}\right\}$	$1,41^2 \leq 2 \leq 1,42^2$ $1,41 \leq \sqrt{2} \leq 1,42$

a) Führe einen weiteren Schritt des Verfahrens durch.

b) Mithilfe einer Intervallschachtelung erhältst du immer genauere Näherungswerte für den nicht abbrechenden Dezimalbruch $\sqrt{2} = 1,414213562\ldots$
Welchen Wert zeigt dein Taschenrechner für $\sqrt{2}$ an? Begründe, warum das Quadrat dieses Wertes nicht genau 2 sein kann.

5 Bestimme die ersten vier Intervalle einer Intervallschachtelung für die angegebene Quadratwurzel.

a) $\sqrt{5}$ b) $\sqrt{6}$ c) $\sqrt{10}$ d) $\sqrt{11}$ e) $\sqrt{7}$ f) $\sqrt{17}$

6 Jede rationale Zahl kann auf der Zahlengeraden dargestellt werden. Ihr entspricht dann genau ein Punkt auf der Geraden. Auch $\sqrt{2}$ kann auf der Zahlengeraden als Punkt dargestellt werden, $\sqrt{2}$ ist jedoch keine rationale Zahl. Erkläre wie die Lage des Punktes gefunden werden kann.

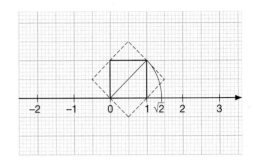

7 Welche reellen Zahlen werden jeweils dargestellt?

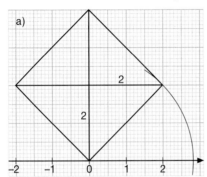 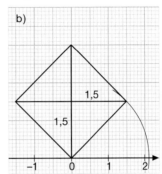 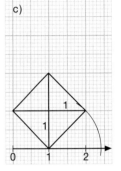

Übertrage die Figuren in dein Heft. Konstruiere jeweils die Gegenzahl.

Beispiele für irrationale Zahlen:

$\sqrt{3} = 1{,}732050808\ldots$

$\sqrt{6} = 2{,}449489743\ldots$

$-\sqrt{12} = -3{,}464101615\ldots$

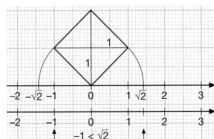

Zahlen, die sich als unendliche, nicht periodische Dezimalbrüche darstellen lassen, heißen **irrationale Zahlen.**
Die rationalen Zahlen und die irrationalen Zahlen bilden die Menge $\mathbb{R}$ der **reellen Zahlen.**

Reelle Zahlen lassen sich auf der Zahlengeraden darstellen. Zu jedem Punkt auf der Zahlengeraden gehört eine reelle Zahl.

Von zwei Zahlen liegt die kleinere links, die größere rechts.

Für die Menge der positiven reellen Zahlen einschließlich der Null schreibt man $\mathbb{R}_+$.
Für die Menge der negativen reellen Zahlen einschließlich der Null schreibt man $\mathbb{R}_-$.

1 Beim Berechnen von Wurzeln benutzen auch Taschenrechner und Computer Näherungsverfahren.

Ein solches Näherungsverfahren geht auf Heron von Alexandria (um 60 n.Chr.) zurück. Dabei wird ein Rechteck schrittweise in ein Quadrat mit gleichem Flächeninhalt verwandelt.

So kannst du mit dem Heronverfahren $\sqrt{15}$ näherungsweise bestimmen:

1. Bestimme zwei ganzzahlige Seitenlängen eines Rechtecks mit $A = 15$ cm^2.

$a_1 = 3$
$b_1 = 5$

15 cm^2 | $b_1 = 3$ cm | $a_1 = 5$ cm

2. Wähle als Seitenlänge des zweiten Rechtecks das arithmetische Mittel der Seitenlänge des ersten Rechtecks. Bestimme die andere Seitenlänge mithilfe des Flächeninhalts.

$a_2 = \dfrac{3+5}{2} = 4$
$b_2 = \dfrac{15}{4} = 3{,}75$

15 cm^2 | $b_2 = 4$ cm | $a_2 = 3{,}75$ cm

3. Wähle als Seitenlänge des dritten Rechtecks das arithmetische Mittel der Seitenlänge des zweiten Rechtecks. Bestimme die andere Seitenlänge mithilfe des Flächeninhalts.

$a_3 = \dfrac{4+3{,}75}{2} = 3{,}875$
$b_2 = \dfrac{15}{3{,}875} \approx 3{,}8709677$

15 cm^2 | $b_3 \approx 3{,}88$ cm | $a_3 \approx 3{,}87$ cm

a) Führe einen weiteren Schritt des Verfahrens durch.
b) Bestimme $\sqrt{15}$ mit dem Taschenrechner und vergleiche mit deinen Näherungswerten.
c) Bestimme mit dem Heronverfahren Näherungswerte für $\sqrt{8}$.

2 So kannst du mit dem Taschenrechner Näherungswerte für $\sqrt{6}$ berechnen:

1. Wähle zwei Faktoren, deren Produkt gleich 6 ist:
   Beispiel $a_1 = 2$ und $b_1 = 3$
2. Berechne den Wert von a_2.
   Berechne den Wert von b_2.

3. Berechne den Wert von a_3.
   Berechne den Wert von b_3.

Tastenfolge: $\boxed{(}\,\boxed{2}\,\boxed{+}\,\boxed{3}\,\boxed{)}\,\boxed{\div}\,\boxed{2}\,\boxed{=}\,\boxed{\text{STO A}}$
Anzeige: 2.5

Tastenfolge: $\boxed{(}\,\boxed{\text{RCL A}}\,\boxed{+}\,\boxed{\text{RCL B}}\,\boxed{)}\,\boxed{=}\,\boxed{\div}\,\boxed{2}\,\boxed{=}\,\boxed{\text{STO A}}$
Anzeige: 2.45

Tastenfolge: $\boxed{6}\,\boxed{\div}\,\boxed{\text{RCL A}}\,\boxed{=}\,\boxed{\text{STO B}}$
Anzeige: 2.4

Tastenfolge: $\boxed{6}\,\boxed{\div}\,\boxed{\text{RCL A}}\,\boxed{=}\,\boxed{\text{STO B}}$
Anzeige: 2.448979592

1. Näherungswert: $\sqrt{6} \approx 2{,}4$

2. Näherungswert: $\sqrt{6} \approx 2{,}448979592$

a) Erläutere die einzelnen Schritte.
b) Berechne einen weiteren Näherungswert für $\sqrt{6}$.
c) Bestimme Näherungswerte für folgende Wurzeln: $\sqrt{2}$ $(\sqrt{5},\ \sqrt{7},\ \sqrt{11},\ \sqrt{15},\ \sqrt{27},\ \sqrt{0{,}1})$

1 Schüler beabsichtigen das Heronverfahren mithilfe eines Tabellenkalkulationsprogrammes anzuwenden. Dazu haben sie zunächst eine Tabelle angelegt, um $\sqrt{21}$ näherungsweise zu bestimmen.

$\sqrt{21}$	a	b = 21 : a	$\frac{a+b}{2}$	$\left(\frac{a+b}{2}\right)^2$
1. Schritt	3	7	5	25
2. Schritt	5	4,2	4,6	21,16
3. Schritt	4,6	4,565217391	▨	▨
4. Schritt	▨	▨	▨	▨

a) Erläutere die einzelnen Schritte des Verfahrens.
b) Übertrage die Tabelle in dein Heft und bestimme die fehlenden Werte.
c) Berechne ebenso Näherungswerte von $\sqrt{30}$.

2 In den Abbildungen siehst du, wie die Schülerinnen und Schüler das Heronverfahren in einem Tabellenkalkulationsprogramm umgesetzt haben.

	A	B	C	D	E
1	Quadratwurzelberechnung (Heronverfahren)				
2					
3	Wurzel aus	20			
4	$a_1 =$	5			
5					
6	Schritt	a	b	Mittelwert	Quadrat des Mittelwertes
7	1	5	4	4,50	20,25
8	2	4,50	4,4444444444	4,4722222222	20,0007716049
9	3	4,4722222222	4,4720496894	4,4721359558	20,0000000074
10	4	4,4721359558	4,4721359542	4,4721359550	20,0000000000

Hier werden die Zellinhalte sichtbar gemacht.

Hier werden die Formeln sichtbar gemacht.

	A	B	C	D	E
1	Quadratwurzelberechnung (Heronverfahren)				
2					
3	Wurzel aus	20			
4	$a_1 =$	5			
5					
6	Schritt	a	b	Mittelwert	Quadrat des Mittelwertes
7	1	=B4	=B3/B7	=(B7+C7)/2	=D7*D7
8	2	=D7	=B3/B8	=(B8+C8)/2	=D8*D8
9	3	=D8	=B3/B9	=(B9+C9)/2	=D9*D9
10	4	=D9	=B3/B10	=(B10+C10)/2	=D10*D10

a) Beschreibe, wie sie vorgegangen sind.
b) Erstelle ein solches Rechenblatt in einem Tabellenkalkulationsprogramm.
c) Wähle als Anfangswerte verschiedene Zahlen und vergleiche die Näherungen.
d) Verändere die Anzahl der dargestellen Nachkommastellen. Was stellst du fest?

3 Bestimme mit einem Kalkulationsprogramm Näherungswerte für die folgenden Wurzeln.
a) $\sqrt{19}$ b) $\sqrt{35}$ c) $\sqrt{288}$ d) $\sqrt{600}$ e) $\sqrt{870{,}25}$ f) $\sqrt{8456}$

1 Berechne die Quadrate im Kopf.

a) 20^2 b) 50^2 c) 70^2 d) $(-30)^2$ e) $(-90)^2$ f) 80^2 g) $(-60)^2$ h) 100^2

j) 500^2 k) $(-600)^2$ l) $1,2^2$ m) $1,5^2$ n) 18^2 o) $(-1,2)^2$ p) $1,1^2$ q) $1,9^2$

2 Berechne im Kopf. $\sqrt{49} + \sqrt{121} = 7 + 11 = 18$

a) $\sqrt{81} + \sqrt{49}$ b) $\sqrt{400} - \sqrt{225}$ c) $\sqrt{1,96} + \sqrt{1,69}$ d) $\sqrt{1} - \sqrt{0,04}$ e) $\sqrt{16} + \sqrt{36}$

$\sqrt{144} + \sqrt{36}$ $\sqrt{484} - \sqrt{169}$ $\sqrt{2,25} + \sqrt{1,44}$ $\sqrt{1} - \sqrt{0,36}$ $\sqrt{25} + \sqrt{81}$

$\sqrt{324} + \sqrt{100}$ $\sqrt{196} - \sqrt{121}$ $\sqrt{3,24} + \sqrt{4,84}$ $\sqrt{1} - \sqrt{0,81}$ $\sqrt{100} + \sqrt{361}$

3 Berechne.

a) $\sqrt{\frac{36}{49}}$ b) $\sqrt{\frac{25}{64}}$ c) $\sqrt{\frac{9}{100}}$ d) $\sqrt{\frac{121}{169}}$ e) $\sqrt{\frac{400}{900}}$ f) $\sqrt{\frac{81}{96}}$ g) $\sqrt{\frac{49}{225}}$

4 Gib zwei aufeinanderfolgende natürliche Zahlen an, zwischen denen die Wurzel liegt.

a) $\sqrt{95}$ b) $\sqrt{106}$ c) $\sqrt{210}$ d) $\sqrt{330}$ e) $\sqrt{456}$ f) $\sqrt{500}$ g) $\sqrt{800}$

5 Berechne schriftlich folgende Quadratzahlen. Was stellst du fest?

a) 1^2 b) 11^2 c) 111^2 d) 1111^2 e) 11111^2 f) 111111^2

6 Berechne mit dem Taschenrechner. Überschlage zunächst das Ergebnis im Kopf.

a) 38^2 b) $2,8^2$ c) 345^2 d) $35,52^2$

49^2 $7,5^2$ 427^2 $52,6^2$

88^2 $8,5^2$ 598^2 $96,25^2$

$3,4^2 = \blacksquare$

Tastenfolge: 3.4 $\boxed{x^2}$ $\boxed{=}$

Anzeige: 11.56

$3,4^2 = 11,56$

7 Berechne mithilfe des Taschenrechners den Wert folgender Terme. Runde auf die dritte Nachkommastelle.

a) $4,53^2 + 3,57^2$ b) $\sqrt{236} + \sqrt{445}$ c) $2,35^2 + 4,532^2 - 5,26^2$

$24,13^2 - 17,85^2$ $\sqrt{981} - \sqrt{414}$ $\sqrt{435,25} + \sqrt{36,9} - \sqrt{563,8}$

$0,284^2 + 1,29^2$ $\sqrt{4,52} + \sqrt{6,89}$ $17,8^2 + \sqrt{244,6} - 23,8^2$

L $-233,960$; $-1,606$; $1,745$; $3,193$; $4,751$; $10,974$; $33,266$; $36,457$; $263,634$

8 Übertrage in dein Heft und bestimme den Platzhalter.

a) $\sqrt{3136} = \blacksquare$ b) $\sqrt{\blacksquare} = 22$ c) $\sqrt{13,3225} = \blacksquare$ d) $\sqrt{\blacksquare} = 0,36$ e) $\left(\sqrt{64}\right)^2 = \blacksquare$

9 Bestimme x. Es gibt zwei Lösungen.

a) $x^2 = 676$ b) $x^2 = 1296$ c) $x^2 = 462,25$ d) $x^2 = 5,0625$ e) $x^2 = 0,1024$

10 Bestimme die Lösung der Gleichung.

a) $\sqrt{x} = 7$ b) $\sqrt{x} = 17$ c) $\sqrt{x} = 21$ d) $\sqrt{x} = 0,5$ e) $\sqrt{x} = 0,3$ f) $\sqrt{x} = 6$

11 Ein Würfel hat einen Oberflächeninhalt von 121,5 cm².

a) Berechne seine Kantenlänge.

b) Wie groß ist sein Rauminhalt?

Multiplizieren **1** Berechne und vergleiche.

a) $\sqrt{4} \cdot \sqrt{9}$ mit $\sqrt{4 \cdot 9}$ 　　　　 b) $\sqrt{25} \cdot \sqrt{9}$ mit $\sqrt{25 \cdot 9}$

c) $\sqrt{25} \cdot \sqrt{16}$ mit $\sqrt{25 \cdot 16}$ 　　 d) $\sqrt{36} \cdot \sqrt{9}$ mit $\sqrt{36 \cdot 9}$

2 In einem Beweis wird gezeigt, dass für alle a, b $\in \mathbb{R}_+$ gilt: $\sqrt{a} \cdot \sqrt{b} = \sqrt{a \cdot b}$. Erläutere die einzelnen Beweisschritte.

1. $(\sqrt{a} \cdot \sqrt{b})^2 = (\sqrt{a} \cdot \sqrt{b})(\sqrt{a} \cdot \sqrt{b})$
$= (\sqrt{a})^2 \cdot (\sqrt{b})^2$
$= \boxed{a \cdot b}$

2. $(\sqrt{a \cdot b})^2 = \boxed{a \cdot b}$

Also: $(\sqrt{a} \cdot \sqrt{b})^2 = (\sqrt{a \cdot b})^2$

$\sqrt{a} \cdot \sqrt{b} = \sqrt{a \cdot b}$

$\sqrt{16} \cdot \sqrt{4} = \sqrt{16 \cdot 4}$ 　　 $\sqrt{2} \cdot \sqrt{3} = \sqrt{2 \cdot 3}$ 　　 Für alle a, b $\in \mathbb{R}_+$ gilt:

$\sqrt{9} \cdot \sqrt{25} = \sqrt{9 \cdot 25}$ 　　 $\sqrt{6} \cdot \sqrt{5} = \sqrt{6 \cdot 5}$ 　　 $\mathbf{\sqrt{a} \cdot \sqrt{b} = \sqrt{a \cdot b}}$

$\sqrt{2} \cdot \sqrt{18}$
$= \sqrt{2 \cdot 18}$
$= \sqrt{36}$
$= 6$

3 Vereinfache so weit wie möglich.

a) $\sqrt{2} \cdot \sqrt{8}$ 　　 b) $\sqrt{3} \cdot \sqrt{12}$ 　　 c) $\sqrt{8} \cdot \sqrt{18}$ 　　 d) $\sqrt{1,5} \cdot \sqrt{24}$ 　　 e) $\sqrt{5} \cdot \sqrt{0,8}$

$\sqrt{2} \cdot \sqrt{12,5}$ 　　 $\sqrt{2} \cdot \sqrt{32}$ 　　 $\sqrt{6} \cdot \sqrt{54}$ 　　 $\sqrt{2,5} \cdot \sqrt{57,6}$ 　　 $\sqrt{4} \cdot \sqrt{0,49}$

$\sqrt{7} \cdot \sqrt{28}$ 　　 $\sqrt{8} \cdot \sqrt{50}$ 　　 $\sqrt{4} \cdot \sqrt{49}$ 　　 $\sqrt{500} \cdot \sqrt{3,2}$ 　　 $\sqrt{12,5} \cdot \sqrt{0,5}$

4 　 $\sqrt{108} = \sqrt{36 \cdot 3}$ 　　 $\sqrt{250} = \sqrt{25 \cdot 10}$ 　　 Lässt sich der Radikand so in ein Produkt zerlegen, dass ein Faktor eine Quadratzahl ist, kann die Wurzel teilweise gezogen werden.

$= \sqrt{36} \cdot \sqrt{3}$ 　　　　 $= \sqrt{25} \cdot \sqrt{10}$

$= 6 \cdot \sqrt{3}$ 　　　　 $= 5 \cdot \sqrt{10}$

Ziehe die Wurzel teilweise.

a) $\sqrt{50}$ 　　 b) $\sqrt{32}$ 　　 c) $\sqrt{98}$ 　　 d) $\sqrt{450}$ 　　 e) $\sqrt{6,05}$ 　　 f) $\sqrt{1,08}$

$\sqrt{18}$ 　　　 $\sqrt{48}$ 　　　 $\sqrt{125}$ 　　 $\sqrt{147}$ 　　 $\sqrt{13,5}$ 　　 $\sqrt{0,96}$

5 Berechne wie im Beispiel.

a) $\sqrt{8100}$ 　　　　 b) $\sqrt{14400}$

c) $\sqrt{90\,000}$ 　　 d) $\sqrt{16\,000\,000}$

e) $\sqrt{250\,000}$ 　　 f) $\sqrt{490\,000}$

g) $\sqrt{6\,250\,000}$ 　　 h) $\sqrt{1\,690\,000}$

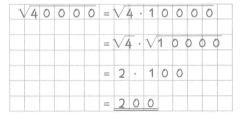

6 Forme um. 　 $\sqrt{8} \cdot \sqrt{10} = \sqrt{80} = \sqrt{16 \cdot 5} = \sqrt{16} \cdot \sqrt{5} = 4 \cdot \sqrt{5}$

a) $\sqrt{7} \cdot \sqrt{35}$ 　 b) $\sqrt{6} \cdot \sqrt{20}$ 　 c) $\sqrt{5} \cdot \sqrt{15}$ 　 d) $\sqrt{12} \cdot \sqrt{6}$ 　 e) $\sqrt{26} \cdot \sqrt{6}$ 　 f) $\sqrt{6} \cdot \sqrt{27}$ 　 g) $\sqrt{10} \cdot \sqrt{50}$

7 Bringe den Faktor unter die Wurzel. Das Malzeichen zwischen Faktor und Wurzel kann weggelassen werden. 　 $3\sqrt{2} = \sqrt{9} \cdot \sqrt{2} = \sqrt{18}$

a) $2\sqrt{3}$ 　　 b) $3\sqrt{5}$ 　　 c) $7\sqrt{6}$ 　　 d) $4\sqrt{7}$ 　　 e) $5\sqrt{8}$ 　　 f) $6\sqrt{13}$ 　　 g) $9\sqrt{15}$

Dividieren

1 Berechne und vergleiche.

a) $\dfrac{\sqrt{9}}{\sqrt{25}}$ mit $\sqrt{\dfrac{9}{25}}$ 　　 b) $\dfrac{\sqrt{16}}{\sqrt{36}}$ mit $\sqrt{\dfrac{16}{36}}$ 　　 c) $\dfrac{\sqrt{64}}{\sqrt{121}}$ mit $\sqrt{\dfrac{64}{121}}$ 　　 d) $\dfrac{1}{\sqrt{100}}$ mit $\sqrt{\dfrac{1}{100}}$

2 In dem Beweis wird gezeigt, dass für alle $a \in \mathbb{R}_+$ und $b \in \mathbb{R}_+$, $b \neq 0$ gilt: $\dfrac{\sqrt{a}}{\sqrt{b}} = \sqrt{\dfrac{a}{b}}$.
Erläutere die einzelnen Beweisschritte.

1. $\left(\dfrac{\sqrt{a}}{\sqrt{b}}\right)^2 = \dfrac{\sqrt{a}}{\sqrt{b}} \cdot \dfrac{\sqrt{a}}{\sqrt{b}} = \dfrac{a}{b}$

2. $\left(\sqrt{\dfrac{a}{b}}\right)^2 = \sqrt{\dfrac{a}{b}} \cdot \sqrt{\dfrac{a}{b}} = \dfrac{a}{b}$

Also: $\dfrac{\sqrt{a}}{\sqrt{b}} = \sqrt{\dfrac{a}{b}}$

$\dfrac{\sqrt{16}}{\sqrt{49}} = \sqrt{\dfrac{16}{49}}$ 　　　 $\dfrac{\sqrt{30}}{\sqrt{10}} = \sqrt{\dfrac{30}{10}}$ 　　　 Für alle $a \in \mathbb{R}_+$ und $b \in \mathbb{R}_+$, $b \neq 0$ gilt:

$\dfrac{\sqrt{9}}{\sqrt{100}} = \sqrt{\dfrac{9}{100}}$ 　　　 $\dfrac{\sqrt{7}}{\sqrt{2}} = \sqrt{\dfrac{7}{2}}$ 　　　 $\dfrac{\sqrt{a}}{\sqrt{b}} = \sqrt{\dfrac{a}{b}}$

---

3 Vereinfache so weit wie möglich. 　　 $\dfrac{\sqrt{300}}{\sqrt{3}} = \sqrt{\dfrac{300}{3}} = \sqrt{100} = 10$

a) $\dfrac{\sqrt{200}}{\sqrt{2}}$ 　 b) $\dfrac{\sqrt{800}}{\sqrt{2}}$ 　 c) $\dfrac{\sqrt{147}}{\sqrt{3}}$ 　 d) $\dfrac{\sqrt{27}}{\sqrt{3}}$ 　 e) $\dfrac{\sqrt{250}}{\sqrt{10}}$ 　 f) $\dfrac{\sqrt{3600}}{\sqrt{100}}$ 　 g) $\dfrac{\sqrt{75}}{\sqrt{3}}$

4 Berechne wie im Beispiel.

a) $\sqrt{0{,}16}$ 　 b) $\sqrt{0{,}25}$ 　 c) $\sqrt{0{,}64}$

d) $\sqrt{0{,}04}$ 　 e) $\sqrt{0{,}0016}$ f) $\sqrt{0{,}36}$

g) $\sqrt{0{,}0121}$ h) $\sqrt{2{,}25}$ 　 i) $\sqrt{6{,}25}$

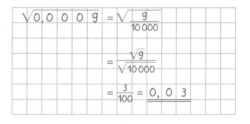

5 Vereinfache so weit wie möglich. 　　 $\dfrac{\sqrt{0{,}48}}{\sqrt{3}} = \sqrt{\dfrac{0{,}48}{3}} = \sqrt{0{,}16} = 0{,}4$

a) $\dfrac{\sqrt{4{,}5}}{\sqrt{2}}$ 　 b) $\dfrac{\sqrt{0{,}75}}{\sqrt{3}}$ 　 c) $\dfrac{\sqrt{1{,}08}}{\sqrt{3}}$ 　 d) $\dfrac{\sqrt{2{,}45}}{\sqrt{5}}$ 　 e) $\dfrac{\sqrt{12{,}5}}{\sqrt{2}}$ 　 f) $\dfrac{\sqrt{13{,}23}}{\sqrt{3}}$ 　 g) $\dfrac{\sqrt{1{,}8}}{\sqrt{5}}$

6 Ein Bruch mit einer Wurzel im Nenner kann so erweitert werden, dass im Nenner nur noch eine rationale Zahl steht. 　　 $\dfrac{3}{\sqrt{6}} = \dfrac{3 \cdot \sqrt{6}}{\sqrt{6} \cdot \sqrt{6}} = \dfrac{3^1\sqrt{6}}{6_2} = \dfrac{\sqrt{6}}{2}$

Mache den Nenner rational.

a) $\dfrac{20}{\sqrt{5}}$ 　 b) $\dfrac{35}{\sqrt{7}}$ 　 c) $\dfrac{4}{\sqrt{8}}$ 　 d) $\dfrac{6}{\sqrt{18}}$ 　 e) $\dfrac{\sqrt{10}}{2\sqrt{3}}$ 　 f) $\dfrac{2\sqrt{5}}{\sqrt{11}}$ 　 g) $\dfrac{5\sqrt{15}}{\sqrt{7}}$

7 Mache den Nenner rational und vereinfache soweit wie möglich.

a) $\dfrac{4}{\sqrt{2}+1}$ 　 b) $\dfrac{12}{\sqrt{3}+4}$ 　 c) $\dfrac{-5}{10+\sqrt{3}}$ 　 d) $\dfrac{10}{\sqrt{7}-3}$ 　 e) $\dfrac{-25}{\sqrt{10}-5}$ 　 f) $\dfrac{27}{9-\sqrt{3}}$ 　 g) $\dfrac{3\sqrt{2}}{\sqrt{5}+2}$

1 Berechne und vergleiche folgende Terme miteinander.

a) $\sqrt{9} + \sqrt{4}$ und $\sqrt{9+4}$ b) $\sqrt{16} + \sqrt{9}$ und $\sqrt{16+9}$ c) $\sqrt{10} - \sqrt{6}$ und $\sqrt{10-6}$

2 Fasse zusammen.

a) $\sqrt{2} + \sqrt{2}$ b) $\sqrt{3} + \sqrt{3}$ c) $\sqrt{5} + \sqrt{5} + \sqrt{5}$ d) $7\sqrt{5} + 3\sqrt{5}$ e) $9\sqrt{8} + 5\sqrt{8}$

3 Fasse zusammen.

a) $6\sqrt{3} + 5\sqrt{3}$ b) $11\sqrt{5} + 12\sqrt{5}$ c) $7\sqrt{6} + 16\sqrt{6}$ d) $-25\sqrt{7} + 30\sqrt{7}$

e) $7\sqrt{5} - 3\sqrt{5}$ f) $24\sqrt{3} - 17\sqrt{3}$ g) $-6\sqrt{11} - 5\sqrt{11}$ d) $-17\sqrt{10} - 13\sqrt{10}$

4 Wende das Distributivgesetz an und fasse so weit wie möglich zusammen.

a) $3\sqrt{2} + 4\sqrt{5} + 6\sqrt{2} + 5\sqrt{5}$

b) $6\sqrt{7} - 3\sqrt{3} - 5\sqrt{3} + 2\sqrt{7}$

c) $5\sqrt{6} + 6\sqrt{10} + 4\sqrt{6} - 3\sqrt{10}$

> Gleiche Wurzeln können bei der Addition und Subtraktion zusammengefasst werden.

$$6\sqrt{3} + 7\sqrt{5} + 4\sqrt{3} - 2\sqrt{5}$$
$$= 6\sqrt{3} + 4\sqrt{3} + 7\sqrt{5} - 2\sqrt{5}$$
$$= (6+4)\sqrt{3} + (7-2)\sqrt{5}$$
$$= 10\sqrt{3} + 5\sqrt{5}$$

5 Löse die Klammern auf. $\sqrt{2} \cdot (\sqrt{2} + \sqrt{4{,}5}) = \sqrt{2} \cdot \sqrt{2} + \sqrt{2} \cdot \sqrt{4{,}5} = \sqrt{4} + \sqrt{9} = 5$

a) $\sqrt{3} \cdot (\sqrt{3} + \sqrt{27})$ b) $\sqrt{2} \cdot (\sqrt{32} - \sqrt{18})$ c) $\sqrt{5} \cdot (\sqrt{5} + \sqrt{20})$

d) $\sqrt{6} \cdot (\sqrt{6} + \sqrt{1{,}5})$ e) $-\sqrt{2} \cdot (\sqrt{50} + \sqrt{8})$ f) $\sqrt{10} \cdot (\sqrt{40} - \sqrt{10})$

g) $-\sqrt{3} \cdot (\sqrt{12} - \sqrt{75})$ h) $-\sqrt{7} \cdot (\sqrt{28} - \sqrt{7})$ i) $\sqrt{10} \cdot (\sqrt{1000} + \sqrt{1440})$

6 Löse die Klammern auf.

$$\frac{\sqrt{32} + \sqrt{18}}{\sqrt{2}}$$
$$= \sqrt{16} + \sqrt{9}$$
$$= 4 + 3 = 7$$

a) $(\sqrt{128} + \sqrt{50}) : \sqrt{2}$ b) $(\sqrt{80} + \sqrt{20}) : \sqrt{5}$

    $(\sqrt{48} - \sqrt{75}) : \sqrt{3}$ $(\sqrt{27} + \sqrt{12}) : \sqrt{3}$

    $(\sqrt{72} - \sqrt{98}) : \sqrt{2}$ $(\sqrt{24} - \sqrt{54}) : \sqrt{6}$

7 Wende die binomischen Formeln an und forme um.

a) $(7 + \sqrt{5}) \cdot (7 - \sqrt{5})$

b) $(\sqrt{8} + 7) \cdot (\sqrt{8} - 7)$

c) $(\sqrt{2} + \sqrt{3}) \cdot (\sqrt{2} - \sqrt{3})$

d) $(\sqrt{8} + \sqrt{50})^2$

e) $(\sqrt{12} + \sqrt{6})^2$

f) $(\sqrt{3} + \sqrt{5})^2$

g) $(\sqrt{2} - \sqrt{72})^2$

h) $(\sqrt{3} - \sqrt{12})^2$

i) $(\sqrt{14} - \sqrt{6})^2$

k) $(3\sqrt{12} + \sqrt{5})^2$

$$(10 + \sqrt{6}) \cdot (10 - \sqrt{6}) = 100 - \sqrt{6}^2$$
$$= 100 - 6$$
$$= 94$$

$$(\sqrt{2} + \sqrt{18})^2 = \sqrt{2}^2 + 2\sqrt{2}\sqrt{18} + \sqrt{18}^2$$
$$= 2 + 2\sqrt{36} + 18$$
$$= 2 + 2 \cdot 6 + 18$$
$$= 32$$

$$(3\sqrt{5} - \sqrt{7})^2 = 9\sqrt{5}^2 - 6\sqrt{5}\sqrt{7} + \sqrt{7}^2$$
$$= 45 - 6\sqrt{35} + 7$$
$$= 52 - 6\sqrt{35}$$

8 a) $(5\sqrt{7} - 6\sqrt{2})^2$ b) $(4\sqrt{8} + 3\sqrt{5}) \cdot (4\sqrt{8} - 3\sqrt{5})$

    c) $(6\sqrt{10} + 3\sqrt{2})^2$ d) $(\sqrt{5} - \sqrt{12})^2 + (\sqrt{14} - \sqrt{6})^2$

1 a) Suche eine Lösung der Gleichung, indem du für x nacheinander 1, 2, 3, ... einsetzt.

$$\sqrt{x+2} = 3$$

b) Warum kannst du für x die Zahl -3 nicht einsetzen? Gib weitere Zahlen an, die du für x nicht einsetzen kannst.

Der Radikand darf nicht negativ sein.

Alle reellen Zahlen, die für x eingesetzt werden können, bilden die Definitionsmenge der Gleichung.

Gleichung: $\sqrt{x+1} = 5$

Definitionsmenge: $D = \{x \in \mathbb{R} \mid x \geq -1\}$

(lies: Die Definitionsmenge ist die Menge aller reellen Zahlen, die größer oder gleich -1 sind.)

2 Gib den Definitionsbereich an. Beachte die Schreibweise.

a) $\sqrt{x-6} = 2$ b) $\sqrt{x+7} = 4$ c) $\sqrt{5+x} = 3$ d) $\sqrt{10-x} = 1$

Gleichung: $\sqrt{x-3} = 2$ Definitionsmenge: $D = \{x \in \mathbb{R} \mid x \geq 3\}$	Bei Gleichungen mit Wurzeln dürfen die Terme unter der Wurzel nicht negativ sein, da negative Radikanden nicht zulässig sind.

3 So kannst du die Gleichung $\boxed{7 + \sqrt{2x-6} = 9}$ lösen:

1. Gib die Definitionsmenge an.	$D = \{x \in \mathbb{R} \mid x \geq 3\}$
2. Forme so um, dass auf einer Seite der Gleichung nur die Wurzel steht.	$7 + \sqrt{2x-6} = 9 \qquad \mid -7$ $\sqrt{2x-6} = 2$
3. Quadriere beide Seiten der Gleichung.	$2x - 6 = 4$
4. Bestimme x.	$2x - 6 = 4 \qquad \mid +6$ $2x \quad = 10 \qquad \mid : 2$ $x \quad = 5$
5. Prüfe, ob das Ergebnis in der Definitionsmenge enthalten ist.	$5 \in D$
6. Führe die Probe durch.	$7 + \sqrt{2 \cdot 5 - 6} = 9$ $7 + \sqrt{4} \qquad = 9$ $7 + \quad 2 \qquad = 9 \qquad$ w
7. Gib die Lösungsmenge an.	$L = \{5\}$

Löse die Gleichungen.

a) $\sqrt{x-4} = 2$ b) $3 + \sqrt{2x-10} = 5$ c) $1 + \sqrt{3x-6} = 4$

4 Löse die Gleichungen.

a) $\sqrt{x-1}=3$ b) $2+\sqrt{x-4}=3$ c) $4+\sqrt{4x-8}=6$

   $\sqrt{x+6}=6$ $1+\sqrt{5-x}=4$ $2-\sqrt{5x-5}=2$

   $\sqrt{7-x}=4$ $5+\sqrt{9-x}=9$ $14+2\sqrt{2x-6}=22$

L -9; -7; -4; 0; 3; 11; 10; 20; 30

5 Bestimme die Definitionsmenge wie in den Beispielen. Löse dann die Gleichungen.

$\sqrt{5x+6}=4$	$5\sqrt{10-4x}=5$	$3+\sqrt{-5x+4}=10$
$5x+6\geq 0 \quad \mid -6$	$10-4x\geq 0 \quad \mid +4x$	$-5x+4\geq 0 \quad \mid -4$
$5x \quad\geq -6 \quad \mid :5$	$10 \quad\geq 4x \mid :4$	$-5x \quad\geq -4 \quad \mid :(-5)$
$x \quad\geq -\frac{6}{5}$	$2,5 \quad\geq x$	$x \quad \boxed{\leq} \frac{4}{5}$
$D=\{x\in\mathbb{R}\mid x\geq -\frac{6}{5}\}$	$D=\{x\in\mathbb{R}\mid x\leq 2,5\}$	$D=\{x\in\mathbb{R}\mid x\leq \frac{4}{5}\}$

a) $\sqrt{8x+1}=5$ b) $2\sqrt{24-1,5x}=6$ c) $3+\sqrt{5-4x}=6$

   $\sqrt{30-3x}=3$ $0,5\sqrt{5x+9}=4$ $\sqrt{13+8x}-4=-3$

   $\sqrt{3x+10}=7$ $6\sqrt{45-2,5x}=30$ $8-\sqrt{9-2x}=7$

d) $3=\sqrt{1-4x}$ e) $-4+\sqrt{4x+14}=0$ f) $6+2\sqrt{4x+9}=24$

   $7=\sqrt{4x-7}$ $11+\sqrt{5x+50}=18$ $5\sqrt{13-2x}+3=3$

   $1,5=\sqrt{5x+0,25}$ $-4-\sqrt{7+0,5x}=-6$ $3-6\sqrt{0,5x+4,75}=-6$

L -6; -5; $-0,2$; -2; $-1,5$; -1; $0,4$; $0,5$; 3; 4; $6,5$; 7; 8; 10; 11; 13; 14; 18

6 Im Beispiel wird die Gleichung $\boxed{\sqrt{5x+1}=-4}$ gelöst. Du siehst, dass die Probe bei Gleichungen mit Wurzeln unbedingt nötig ist.

$D=\{x\in\mathbb{R}\mid x\geq -\frac{1}{5}\}$ Probe:

$\sqrt{5x+1}=-4$ $\sqrt{5\cdot 3+1}=-4$

$5x+1=16 \quad \mid -1$ $\sqrt{16} \quad\quad =-4$

$5x \quad =15 \quad \mid :5$ $4 \quad\quad\quad =-4$ f

$x \quad = 3$ $L=\{\}$

$3\in D$

Die Lösungsmenge ist leer.

Bestimme die Lösungsmenge.

a) $\sqrt{x-1}=-3$ b) $2\sqrt{2x+1}=-10$ c) $2+\sqrt{2x-10}=0$

   $\sqrt{x+8}=3$ $-5\sqrt{x+6}=-20$ $7+\sqrt{x+10}=2$

   $3\sqrt{4x+8}=24$ $-3\sqrt{-4x}=-9$ $9-\sqrt{x+6}=8$

   $5-\sqrt{3x}=8$ $2+\sqrt{4-x}=1$ $4+3\sqrt{3x+12}=31$

L $\{1\}$, $\{10\}$,$\{14\}$, $\{23\}$, $\{-2,25\}$, $\{-5\}$, $\{\}$, $\{\}$, $\{\}$, $\{\}$, $\{\}$, $\{\}$

Quadratzahl

$6 \cdot 6 = 6^2 = 36$

$(-4) \cdot (-4) = (-4)^2 = 16$

$2,5 \cdot 2,5 = 2,5^2 = 6,25$

$\frac{5}{9} \cdot \frac{5}{9} = \left(\frac{5}{9}\right)^2 = \frac{25}{81}$

Wird eine Zahl mit sich selbst multipliziert, dann ist das Ergebnis das **Quadrat der Zahl.**

Diese Rechenoperation heißt **Quadrieren.**

Das Quadrat einer Zahl ist immer größer oder gleich Null.

Die Quadrate der natürlichen Zahlen heißen **Quadratzahlen.**

Quadrat-wurzel

$\sqrt{81} = 9$, denn $9 \cdot 9 = 81$

$\sqrt{0} = 0$, denn $0 \cdot 0 = 0$

$\sqrt{1,44} = 1,2$, denn $1,2 \cdot 1,2 = 1,44$

$\sqrt{\frac{49}{81}} = \frac{7}{9}$, denn $\frac{7}{9} \cdot \frac{7}{9} = \frac{49}{81}$

$\sqrt{a}$ ist die positive Zahl, deren Quadrat a ergibt. Sie heißt **Quadratwurzel aus a.**

Die Zahl unter dem Wurzelzeichen heißt **Radikand.**

Das Wurzelziehen aus einer negativen Zahl ist nicht zulässig.

Reelle Zahlen

Beispiele für irrationale Zahlen:

$\sqrt{3} = 1,732050808\ldots$

$\sqrt{6} = 2,449489743\ldots$

$-\sqrt{12} = -3,464101615\ldots$

Zahlen, die sich als unendliche, nicht periodische Dezimalbrüche darstellen lassen, heißen **irrationale Zahlen.**
Die rationalen Zahlen und die irrationalen Zahlen bilden die Menge $\mathbb{R}$ der **reellen Zahlen.**

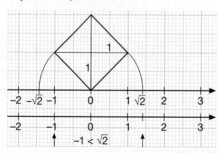

Reelle Zahlen lassen sich auf der Zahlengeraden darstellen.
Zu jedem Punkt auf der Zahlengeraden gehört eine reelle Zahl.

Von zwei Zahlen liegt die kleinere links, die größere rechts.

Für die Menge der positiven reellen Zahlen einschließlich der Null schreibt man $\mathbb{R}_+$.
Für die Menge der negativen reellen Zahlen einschließlich der Null schreibt man $\mathbb{R}_-$.

Rechnen mit Quadrat-wurzeln

$\sqrt{16} \cdot \sqrt{4} = \sqrt{16 \cdot 4}$

$\sqrt{9} \cdot \sqrt{25} = \sqrt{9 \cdot 25}$

$\sqrt{2} \cdot \sqrt{3} = \sqrt{2 \cdot 3}$

$\sqrt{6} \cdot \sqrt{5} = \sqrt{6 \cdot 5}$

Für alle a, b $\in \mathbb{R}_+$ gilt:
$\sqrt{a} \cdot \sqrt{b} = \sqrt{a \cdot b}$

$\frac{\sqrt{16}}{\sqrt{49}} = \sqrt{\frac{16}{49}}$

$\frac{\sqrt{9}}{\sqrt{100}} = \sqrt{\frac{9}{100}}$

$\frac{\sqrt{30}}{\sqrt{10}} = \sqrt{\frac{30}{10}}$

$\frac{\sqrt{7}}{\sqrt{2}} = \sqrt{\frac{7}{2}}$

Für alle a $\in \mathbb{R}_+$ und b $\in \mathbb{R}_+\backslash\{0\}$ gilt:
$\frac{\sqrt{a}}{\sqrt{b}} = \sqrt{\frac{a}{b}}$

1 Elena, Julia und Veli wollen im Schulgarten ein 8 m langes und 6 m breites rechteckiges Feld anlegen. Eine 8 m lange Strecke haben sie bereits ausgemessen und durch zwei Fluchtstäbe begrenzt.
Wie können sie den **rechten Winkel** auf der Rasenfläche markieren?

2

Pythagoras von Samos, griechischer Mathematiker und Philosoph (um 570–500 v. Chr.)

Mithilfe eines „Knotenseils" haben die Ägypter und die Babylonier schon vor 4000 Jahren zum Vermessen ihrer Felder rechtwinklige Dreiecke abgesteckt. Dieses Seil war durch einzelne Knoten in gleich lange Abschnitte unterteilt.

Auf dem Foto siehst du eine 12-Knoten-Schnur. Die Schülerinnen und Schüler haben sie über drei Stäbe zu einem rechtwinkligen Dreieck aufgespannt.
Gib an, aus wie vielen Abschnitten die einzelnen Dreiecksseiten bestehen.

Fertige selbst ein Knotenseil mit 12 (24; 30; 40) gleich langen Abschnitten an und versuche, es zu einem rechtwinkligen Dreieck aufspannen. Nenne die Anzahl der Abschnitte, aus denen die einzelnen Dreiecksseiten jeweils bestehen. Beschreibe auch die Lage des rechten Winkels. Was fällt dir auf?

3

Veli hat aus drei Leisten das abgebildete „Maurerdreieck" zusammengenagelt. Welche Länge hat die dritte Seite?

Stelle ebenfalls solch ein Dreieck her. Überprüfe damit verschiedene Winkel in deinem Klassenraum oder auf dem Schulgelände.

1 Mit vier verschiedenen Knotenseilen hat Elena jeweils rechtwinklige Dreiecke aufspannen können. Die Längen der einzelnen Dreiecksseiten hat sie in der folgenden Übersicht zusammengefasst.

Anschließend sucht sie im Internet nach Informationen über „Knotenseile". Sie wird auch zu der abgebildeten Internetseite geführt. Erläutere die Zeichnung und die Rechnung. Führe diese Rechnung auch mit den Seitenlängen der Dreiecke in der Tabelle durch. Was stellst du fest?

	Seitenlängen		
12-Knoten-Seil	3 m	4 m	5 m
24-Knoten-Seil	6 m	8 m	10 m
30-Knoten-Seil	5 m	12 m	13 m
40-Knoten-Seil	8 m	15 m	17 m

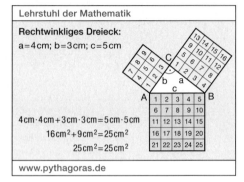

Lehrstuhl der Mathematik

Rechtwinkliges Dreieck:
a = 4 cm; b = 3 cm; c = 5 cm

$4\,cm \cdot 4\,cm + 3\,cm \cdot 3\,cm = 5\,cm \cdot 5\,cm$

$16\,cm^2 + 9\,cm^2 = 25\,cm^2$

$25\,cm^2 = 25\,cm^2$

www.pythagoras.de

2

In einem rechtwinkligen Dreieck heißen die Schenkel des rechten Winkels **Katheten.** Die dritte Seite heißt **Hypotenuse;** sie liegt dem rechten Winkel gegenüber und ist die längste Seite.

a) Zeichne ein rechtwinkliges Dreieck. Die Katheten sollen 6 cm und 4,5 cm (2,5 cm und 6 cm; 7,5 cm und 4 cm; 2,4 cm und 3,2 cm; 8 cm und 6 cm; 3,9 cm und 5,2 cm) lang sein.

b) Übertrage die Tabelle in dein Heft und fülle sie aus.

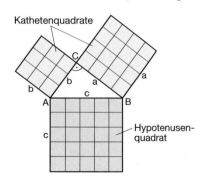

	6 cm	2,5 cm
Länge der ersten Kathete	6 cm	2,5 cm
Länge der zweiten Kathete	4,5	6 cm
Länge der Hypotenuse		
Flächeninhalt des ersten Kathetenquadrates	6 cm · 6 cm = 36 cm²	
Flächeninhalt des zweiten Kathetenquadrates	4,5 cm · 4,5 cm = 20,25 cm²	
Flächeninhalt des Hypotenusenquadrates		

c) Vergleiche den Flächeninhalt der beiden Kathetenquadrate mit dem Flächeninhalt des Hypotenusenquadrates. Was stellst du fest?

Satz des Pythagoras

In jedem rechtwinkligen Dreieck haben die beiden Kathetenquadrate zusammen den gleichen Flächeninhalt wie das Hypotenusenquadrat.

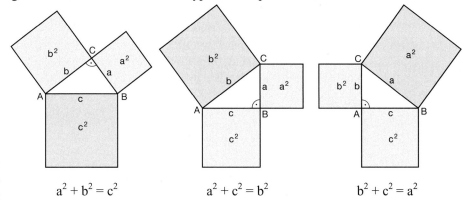

$$a^2 + b^2 = c^2 \qquad a^2 + c^2 = b^2 \qquad b^2 + c^2 = a^2$$

1

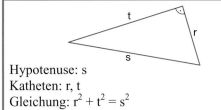

Hypotenuse: s
Katheten: r, t
Gleichung: $r^2 + t^2 = s^2$

Bestimme jeweils die Lage des rechten Winkels in den abgebildeten Dreiecken. Notiere, welche Seite Hypotenuse und welche Seiten die Katheten sind.
Formuliere anschließend für jedes Dreieck den Satz des Pythagoras als Gleichung.

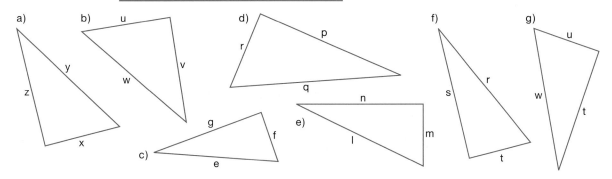

2

Gegeben:	$a = 13$ cm; $b = 8$ cm;
	$\gamma = 90°$
Gesucht:	c

$$c^2 = a^2 + b^2$$
$$c = \sqrt{a^2 + b^2}$$
$$c = \sqrt{13^2 + 8^2}$$

Tastenfolge: $\boxed{\sqrt{}}\ \boxed{(}\ \boxed{13}\ \boxed{x^2}\ \boxed{+}\ \boxed{8}\ \boxed{x^2}\ \boxed{)}\ \boxed{=}$

Anzeige: 15.26433752

$$c \approx 15{,}3$$

Die Seite c ist ungefähr 15,3 cm lang.

Berechne die fehlende Seitenlänge in einem Dreieck ABC. Runde dein Ergebnis auf eine Stelle nach dem Komma.

a)	b)	c)	d)
a = 7,4 cm	b = 4,8 cm	a = 3,2 dm	b = 14,5 m
c = 5,5 cm	c = 2,5 cm	b = 5,7 dm	c = 48,5 m
$\beta = 90°$	$\alpha = 90°$	$\gamma = 90°$	$\alpha = 90°$

e)	f)	g)	h)
a = 11,3 cm	a = 0,45 m	b = 4,6 dm	a = 7,3 cm
c = 6,8 cm	b = 0,78 m	c = 2,3 dm	c = 4,6 cm
$\beta = 90°$	$\gamma = 90°$	$\alpha = 90°$	$\beta = 90°$

3 Berechne die fehlende Seitenlänge in einem Dreieck ABC. Überlege zunächst, welche Seite des Dreiecks Hypotenuse ist. Runde dein Ergebnis auf eine Stelle nach dem Komma.

a) $a = 4{,}1$ m; $c = 0{,}9$ m; $\alpha = 90°$
b) $a = 2{,}1$ dm; $b = 7{,}5$ dm; $\beta = 90°$
c) $a = 8{,}5$ cm; $b = 4{,}0$ cm; $\alpha = 90°$
d) $b = 500$ m; $c = 140$ m; $\beta = 90°$
e) $b = 4{,}8$ m; $c = 6{,}0$ m; $\gamma = 90°$
f) $a = 135$ m; $c = 108$ m; $\alpha = 90°$
g) $a = 0{,}96$ m; $c = 1{,}04$ m; $\gamma = 90°$
h) $b = 1{,}43$ m; $c = 1{,}32$ m; $\beta = 90°$

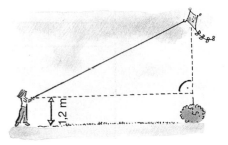

Gegeben: $b = 6$ cm; $c = 2$ cm;
$\qquad\qquad \beta = 90°$
Gesucht: a

$$b^2 = a^2 + c^2 \qquad | - c^2$$
$$b^2 - c^2 = a^2$$
$$a = \sqrt{b^2 - c^2}$$
$$a = \sqrt{6^2 - 2^2}$$
$$a \approx 5{,}7$$

Die Seite a ist ungefähr 5,7 cm lang.

L 7,5; 81; 3,6; 0,55; 7,2; 4; 0,4; 480

4 Anja lässt einen Drachen steigen. Er steht genau senkrecht über einem 50 m weit entfernten Busch. Berechne die Höhe des Drachens, wenn die straff gespannte Schnur 70 m lang ist.

5 Auf einer Karte (Maßstab 1 : 25 000) wird ein rechtwinkliges Dreieck ABC markiert. Die Länge der Hypotenuse $\overline{BC}$ beträgt 6,5 cm. Die Kathete $\overline{AB}$ wird mit 3,5 cm gemessen. Bestimme die tatsächliche Länge der Strecke $\overline{AC}$ (in m).

6

a) Mit einem Maurerdreieck kannst du vor allem größere rechte Winkel überprüfen.

Wie lang muss die dritte Latte sein?

b) Im Technikunterricht werden Latten für verschieden große Maurerdreiecke zugeschnitten. Sind die Längen richtig berechnet?

Längen der Latten				
I	II	III	IV	V
105 cm	25 cm	100 cm	45 cm	150 cm
100 cm	60 cm	230 cm	200 cm	70 cm
145 cm	75 cm	260 cm	205 cm	170 cm

Es gilt auch die Umkehrung des Satzes des Pythagoras: Wenn für die Seiten a, b, c eines Dreiecks die Gleichung $a^2 + b^2 = c^2$ gilt, dann ist das Dreieck rechtwinklig mit c als Hypotenuse.

1 Das Viereck ABCD ist ein Quadrat. Die Seiten des Quadrates sind wie abgebildet jeweils in die Abschnitte a und b eingeteilt.

a) Zeige mit Hilfe eines Kongruenzsatzes, dass die rechtwinkligen Dreiecke 1, 2, 3 und 4 kongruent sind.

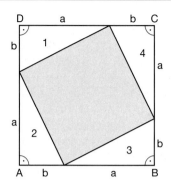

b) Beweise, dass das innere Viereck EFGH ein Quadrat ist.

Zeige dazu, dass die Winkel α und β in den einzelnen rechtwinkligen Dreiecken zusammen 90° groß sind.

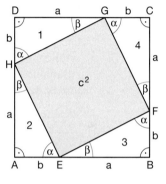

c)

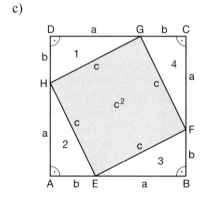

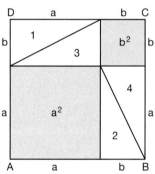

In dem rechten Bild sind die rechtwinkligen Dreiecke 1, 2, 3 und 4 innerhalb des Quadrates ABCD so umgeordnet, dass zwei Quadrate entstehen. Vergleiche die Summe ihrer Flächeninhalte mit dem Flächeninhalt des Quadrates EFGH. Was stellst du fest?

Warum ist damit der Satz des Pythagoras für beliebige rechtwinklige Dreiecke bewiesen?

2 Für den Satz des Pythagoras gibt es viele verschiedene Beweise. In der folgenden Herleitung wird der Flächeninhalt der vier rechtwinkligen Dreiecke vom Flächeninhalt des Quadrates mit der Seitenlänge a + b subtrahiert. Erläutere anhand der Abbildung die einzelnen Schritte des folgenden Beweises.

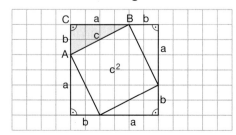

1. $(a + b)^2 - 4 \cdot \frac{a \cdot b}{2} = c^2$

2. $a^2 + 2ab + b^2 - 2ab = c^2$

3. $\qquad a^2 + b^2 = c^2$

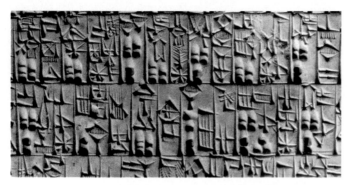

1 Die Abbildung zeigt eine Tontafel* mit Schriftzeichen in Keilschrift, die zwischen 1800 und 1650 vor Christus im alten Babylon angefertigt wurde.

Der Alterumsforscher Otto Neugebauer fand 1945 heraus, dass es sich bei den Zeichen auf der Tontafel um so genannte pythagoreische Zahlentripel handelt.

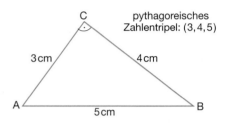

pythagoreisches Zahlentripel: (3, 4, 5)

Ein Dreieck mit den Seitenlängen 3 cm, 4 cm und 5 cm ist rechtwinklig.

Die positiven ganzen Zahlen 3, 4 und 5 erfüllen die Gleichung $a^2 + b^2 = c^2$. Derart zusammengehörige Zahlen heißen pythagoreische Zahlentripel.

Welche Zahlengruppe in der Tabelle ist ein pythagoreisches Zahlentripel?

a)	b)	c)	d)	e)	f)
(15, 8, 17)	(12, 16, 20)	(9, 40, 41)	(12, 16, 24)	(11, 60, 61)	(16, 30, 34)

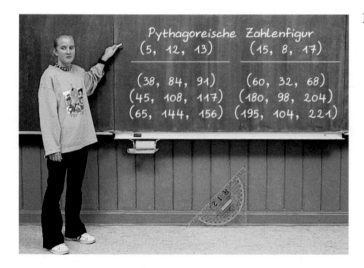

2 a) Aus den pythagoreischen Zahlentripel (5, 12, 13) und (15, 8, 17) entwickelt Laura an der Tafel jeweils weitere Zahlentripel. Überprüfe, ob sie richtig gerechnet hat. Beschreibe deinen Lösungsweg.

b) Bilde von dem pythagoreischen Zahlentripel (7, 24, 25) ausgehend drei weitere Zahlentripel.

3 Ein pythagoreisches Zahlentripel wird als **pythagoreisches Grundtripel** bezeichnet, wenn seine Zahlen teilerfremd sind.

Übertrage die Tabelle in dein Heft und ordne die angegebenen Zahlengruppen jeweils ihrem Grundtripel zu.

Grundtripel	abgeleitete Zahlentripel
(3, 4, 5)	(12, 16, 20); (39, 52, 65)
(5, 12, 13)	(35, 84, 91)
(15, 8, 17)	

(12, 16, 20); (35, 84, 91); (45, 24, 51)
(100, 240, 260); (39, 52, 65); (60, 32, 68)
(48, 64, 80); (55, 132, 143); (75, 40, 85)
(105, 56, 119); (33, 44, 55); (40, 96, 104)

* Die Tafel Plimpton 322

4 Mit den Formeln

$$a = u^2 - v^2,$$
$$b = 2uv,$$
$$c = u^2 + v^2$$

kannst du ein pythagoreisches Zahlentripel (a, b, c) finden. Wähle dazu für u und v jeweils eine beliebige natürliche Zahl (u > v).

In dem Beispiel wird gezeigt, wie für u = 4 und für v = 3 ein pythagoreisches Zahlentripel berechnet wird.

a) Zeige, dass für $a = u^2 - v^2$, $b = 2uv$ und $c = u^2 + v^2$ gilt: $a^2 + b^2 = c^2$.

b) Vervollständige die Tabelle und ergänze sie um zehn weitere Zeilen. Setze dazu für (u, v) nacheinander Paare natürlicher Zahlen (u > v) ein. Überzeuge dich, dass die Zahlen a, b und c ein pythagoreisches Zahlentripel bilden.

$a = u^2 - v^2$	$b = 2uv$	$c = u^2 + v^2$
$a = 4^2 - 3^2$	$b = 2 \cdot 4 \cdot 3$	$c = 4^2 + 3^2$
$a = 7$	$b = 24$	$c = 25$

Probe: $a^2 + b^2 = c^2$
$$7^2 + 24^2 = 25^2$$
$$625 = 625$$

Die Zahlen 7, 24 und 25 bilden ein pythagoreisches Zahlentripel.

$$(u^2 - v^2)^2 + (2uv)^2 = (u^2 + v^2)^2$$

u	v	$a = u^2 - v^2$	$b = 2uv$	$c = u^2 + v^2$
2	1	3	4	5
3	1	8	6	10
3	2	5	12	13
4	1			
4	2			
4	3			
5	1			
5	2			

c) Stelle fest, welche Zahlentripel in der Tabelle Grundtripel sind. Vergleiche die Zahlenpaare, die du dabei für (u, v) eingesetzt hast, miteinander. Welche gemeinsame Eigenschaft haben sie?

d) Lässt sich aus den Zahlenpaaren (28, 11), (44, 40), (67, 53) jeweils ein pythagoreisches Grundtripel bilden? Begründe deine Antwort.

5 Ergänze zu einem Zahlenpaar (u, v) aus dem du ein pythagoreisches Grundtripel bilden kannst.

a)	b)	c)	d)
(11, v)	(126, v)	(u, 35)	(u, 6)

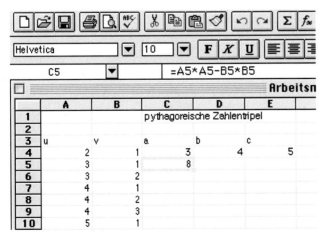

6 Mithilfe eines Tabellenkalkulationsprogramms kannst du auch pythagoreische Zahlentripel berechnen.

1 a) Passt die abgebildete runde Tischplatte durch die geöffnete Hecktür?

b) Überprüfe durch eine Rechnung, ob eine runde Tischplatte mit d = 130 cm durch eine 92 cm hohe und 106 cm breite rechteckige Heckklappenöffnung eines Autos passt.

2 Bestimme die längste Strecke, die sich auf den angegebenen Formaten zeichnen lässt.

Papier-format	Abmessung (mm)	Beispiel
DIN-A3	297 x 420	Zeichenblock
DIN-A4	210 x 297	großes Heft
DIN-A5	148 x 210	kleines Heft
DIN-A6	105 x 148	Postkarte

3

Hat Jerome Recht?

Aus einem Lexikon:
Zoll, altes Längenmaß: 2,54 cm

4 Berechne die fehlenden Größen eines Rechtecks ABCD in deinem Heft.

	a)	b)	c)	d)	e)	f)	g)
Seite a	135 cm	110 m	96 dm	40 m	▦	56 cm	▦
Seite b	72 cm	115,5 m	▦	▦	117,6 dm	▦	108 m
Diagonale e	▦	▦	120 dm	58 m	162,4 dm	▦	▦
Flächeninhalt A	▦	▦	▦	▦	▦	5040 cm²	34 020 m²

L 333; 6912; 42; 159,5; 90; 153; 112; 9720; 1680; 106; 315; 12705; 72; 13 171,2

5 So kannst du die Länge der Flächendiagonalen e eines Quadrates aus der Seitenlänge a bestimmen:

1. Zerlege das Quadrat ABCD durch die Diagonale e in zwei rechtwinklige Dreiecke.

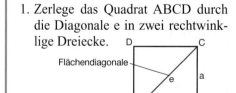

Flächendiagonale

2. Bestimme mithilfe des Satzes von Pythagoras die Länge der Diagonalen e.

$$e^2 = a^2 + a^2$$
$$e^2 = 2a^2$$
$$e = \sqrt{2a^2}$$
$$e = a\sqrt{2}$$

Berechne die fehlenden Größen in einem Quadrat ABCD.

a) a = 17,5 m;   b) a = 56,4 cm;   c) e = 18,5 cm;   d) e = 44,8 dm;   e) A = 324 cm²

6 Berechne die fehlenden Größen in einem gleichschenkligen Dreieck ABC.

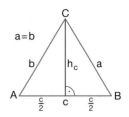

	a)	b)	c)	d)	e)
a			14,8 m	7,3 cm	24 mm
c	6 cm	5,8 dm	24,6 m	9,4 cm	
h_c	7 cm	3,6 dm			16 mm

7 a) 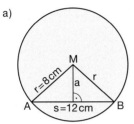 b) c)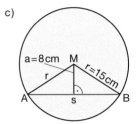

Berechne in dem Kreis die rot gekennzeichnete Strecke.

8 a) 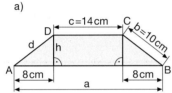 b) 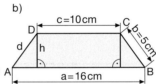 c)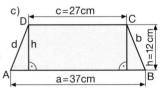

Berechne Umfang und Flächeninhalt des gleichschenkligen Trapezes ABCD.

9 So kannst du die Länge der Höhe h eines gleichseitigen Dreiecks aus der Seitenlänge a bestimmen:

1. Zerlege das gleichseitige Dreieck ABC durch die Höhe h in zwei rechtwinklige Dreiecke.

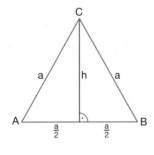

2. Bestimme mit Hilfe des Satzes von Pythagoras die Länge der Höhe h.

$$h^2 + \left(\tfrac{a}{2}\right)^2 = a^2 \qquad \left| - \left(\tfrac{a}{2}\right)^2 \right.$$

$$h^2 = a^2 - \left(\tfrac{a}{2}\right)^2$$

$$h^2 = a^2 - \tfrac{a^2}{4}$$

$$h^2 = \tfrac{3}{4}a^2$$

$$h = \sqrt{\tfrac{3}{4}a^2}$$

$$h = \sqrt{\tfrac{a^2}{4} \cdot 3}$$

$$h = \tfrac{a}{2}\sqrt{3}$$

Ersetze in der Formel für den Flächeninhalt eines Dreiecks die Variable h durch den Term $\tfrac{a}{2}\sqrt{3}$. Zeige so, dass für den **Flächeninhalt eines gleichseitigen Dreiecks** mit der Seitenlänge a gilt: $\mathbf{A = \tfrac{a^2}{4}\sqrt{3}}$.

10 Berechne die fehlenden Größen (a, h, A) in einem gleichseitigen Dreieck ABC.
a) a = 16 cm; b) a = 6,6 cm; c) h = 4 m; d) h = 5,2 dm; e) A = 36 cm²; f) A = 1 m²

1 Im abgebildeten rechtwinkligen Dreieck ABC ($\gamma = 90°$) teilt die Höhe h_c die Hypotenuse in die beiden Teilstrecken $\overline{AD}$ und $\overline{DB}$.

Diese beiden Strecken werden als **Hypotenusenabschnitte q** und **p** bezeichnet.

a) Konstruiere aus den gegebenen Seitenlängen a und b ein rechtwinkliges Dreieck ABC ($\gamma = 90°$). Zeichne die Höhe h_c und miss die Länge der einzelnen Hypotenusenabschnitte.

Ergänze die Tabelle im Heft. Was stellst du fest?

b) Konstruiere aus den in der Tabelle angegebenen Seitenlängen a und b ein rechtwinkliges Dreieck ABC ($\gamma = 90°$). Übertrage die Tabelle in dein Heft und fülle sie aus. Was stellst du fest?

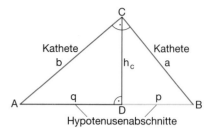

Hypotenusenabschnitte

	a	b	c	q	p	a^2	$c \cdot p$	b^2	$c \cdot q$
a)	6 cm	8 cm							
b)	3 cm	4 cm							
c)	6 cm	4,5 cm							
d)	7,5 cm	10 cm							

	a	b	q	p	h_c	$p \cdot q$	h_c^2
a)	5,4 cm	3,6 cm					
b)	9 cm	4,5 cm					
c)	7,1 cm	7,1 cm					
d)	10,8 cm	7,2 cm					

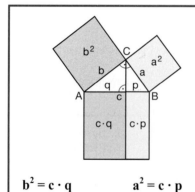

$$b^2 = c \cdot q \qquad\qquad a^2 = c \cdot p$$

Kathetensatz

Im rechtwinkligen Dreieck ist der Flächeninhalt des Quadrates über einer Kathete gleich dem Flächeninhalt des Rechtecks aus der Hypotenuse und dem der Kathete anliegenden Hypotenusenabschnitt.

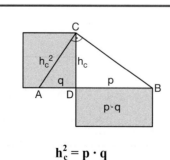

$$h_c^2 = p \cdot q$$

Höhensatz

Im rechtwinkligen Dreieck ist der Flächeninhalt des Quadrats über der Höhe gleich dem Flächeninhalt des Rechtecks aus den beiden Hypotenusenabschnitten.

1 So kannst du zeigen, dass in einem rechtwinkligen Dreieck ABC ($\gamma = 90°$) gilt:
$a^2 = c \cdot p$ und $b^2 = c \cdot q$.

1. Das rechtwinklige Dreieck ABC wird durch die Höhe h_c in die rechtwinkligen Teildreiecke ADC und DBC zerlegt.

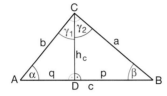 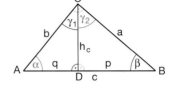

Im $\triangle$ ABC gilt: $\alpha + \boxed{\beta} = 90°$ Im $\triangle$ ABC gilt: $\boxed{\alpha} + \beta = 90°$

Im $\triangle$ ADC gilt: $\alpha + \boxed{\gamma_1} = 90°$ Im $\triangle$ DBC gilt: $\boxed{\gamma_2} + \beta = 90°$

Daraus folgt: $\boxed{\beta = \gamma_1}$ Daraus folgt: $\boxed{\alpha = \gamma_2}$

Das Dreieck ABC sowie die Teildreiecke ADC und DBC stimmen jeweils in der Größe zweier Winkel überein, sie sind demnach einander ähnlich.

2. Die Verhältnisse entsprechender Seitenlängen sind in ähnlichen Dreiecken gleich.

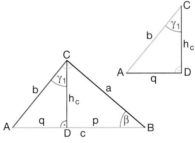

Es gilt: $\triangle$ ABC $\sim$ $\triangle$ ADC   Es gilt: $\triangle$ ABC $\sim$ $\triangle$ DBC
Also gilt: $c : b = b : q$ Also gilt: $c : a = a : p$

Daraus folgt: $b^2 = c \cdot q$ Daraus folgt: $a^2 = c \cdot p$

Erläutere die einzelnen Schritte des Beweises.

2 In der Abbildung siehst du das rechtwinklige Dreieck ABC ($\gamma = 90°$) und die durch die Höhe h_c gebildeten Teildreiecke ADC und DBC.
Zeige, dass im rechtwinkligen Dreieck ABC ($\gamma = 90°$) mit der Höhe h_c und den Hypotenusenabschnitten q und p gilt: $h_c^2 = q \cdot p$. Benutze dazu die Ähnlichkeitssätze für Dreiecke.

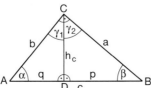 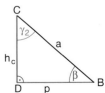

1 Der Kathetensatz, der Höhensatz und der Satz des Pythagoras werden als **Flächensätze am rechtwinkligen Dreieck** oder als die **Satzgruppe des Pythagoras** bezeichnet.
Die folgenden Beweise verdeutlichen den engen Zusammenhang zwischen den einzelnen Sätzen.

a) Der Satz des Pythagoras lässt sich mithilfe des Kathetensatzes beweisen. Erläutere die einzelnen Schritte.

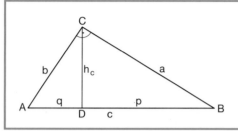

1. $a^2 = c \cdot p$
   $b^2 = c \cdot q$

2. $a^2 + b^2 = c \cdot p + c \cdot q$
   $a^2 + b^2 = c \cdot (p + q)$
   $a^2 + b^2 = c \cdot c$
   $a^2 + b^2 = c^2$

b) Aus dem Satz des Pythagoras kannst du den Höhensatz herleiten. Erläutere die einzelnen Schritte des Beweises.

1. $c^2 = (p + q)^2 \qquad c^2 = \boxed{a^2} + \boxed{b^2}$

2. $c^2 = p^2 + 2p \cdot q + q^2 \qquad c^2 = \boxed{h_c^2 + p^2} + \boxed{h_c^2 + q^2}$

3. $\qquad p^2 + 2p \cdot q + q^2 = h_c^2 + p^2 + h_c^2 + q^2$
   $\qquad\qquad 2p \cdot q = 2h_c^2$
   $\qquad\qquad p \cdot q = h_c^2$

c) Mit dem Satz des Pythagoras kannst du auch den Kathetensatz beweisen.
Übertrage zunächst die abgebildeten Schritte in dein Heft. Zeige anschließend, dass gilt:
$a^2 = c \cdot p$.
Zeige entsprechend, dass gilt:
$b^2 = c \cdot q$.

1. $h_c^2 = a^2 - p^2 \qquad h_c^2 = b^2 - q^2$

2. $\qquad a^2 - p^2 = b^2 - q^2$

3. $a^2 - p^2 = b^2 - (c - p)^2$
   $a^2 - p^2 = b^2 - (c^2 - 2cp + p^2)$
   $a^2 - p^2 = b^2 - c^2 + 2cp - p^2$
   $a^2 - b^2 + c^2 = 2cp$

4.

2 a) Den Höhensatz kannst du mithilfe des Satzes von Pythagoras und des Kathetensatzes beweisen. Ergänze den Beweis in deinem Heft.

b) Leite den Höhensatz mithilfe des Satzes von Pythagoras und des Kathetensatzes her. Gehe dazu von $h_c^2 = a^2 - p^2$ aus.

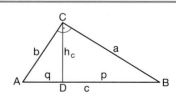

1. $h_c^2 = \boxed{b^2} - q^2 \qquad b^2 = \boxed{c \cdot q}$

2. $h_c^2 = c \cdot q - q^2$

1 Berechne mithilfe des Kathetensatzes die fehlenden Größen (a, b, c, p, q) in einem rechtwinkligen Dreieck ABC ($\gamma = 90°$).

a) a = 6,4 cm; c = 12,6 cm   b) c = 12,5 cm; p = 2 cm   c) a = 5,4 cm; p = 3,6 cm

d) c = 18 cm; q = 4,5 cm   e) b = 12,6 cm; q = 8,4 cm   f) b = 7,8 dm; c = 11,7 dm

2 Berechne mithilfe des Höhensatzes die fehlenden Größen (h_c, p, q) in einem rechtwinkligen Dreieck ABC ($\gamma = 90°$).

a) p = 29,3 cm; q = 46,5 cm   b) p = 17,5 cm; q = 0,4 dm   c) h_c = 4,5 cm; p = 2,5 cm

3 So kannst du mithilfe der Satzgruppe des Pythagoras aus den Seitenlängen a = 6 cm und
c = 9 cm die fehlenden Größen b, p, q und h_c in einem rechtwinkligen Dreieck ABC
($\gamma = 90°$) berechnen:

1. Fertige eine Planfigur an und kennzeichne in ihr alle gegebenen
Größen farbig.
Gegebene Größen: a = 6 cm;
c = 9 cm; $\gamma = 90°$

Planfigur:

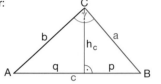

2. Berechne die Seite b nach dem Satz
des Pythagoras:
$$a^2 + b^2 = c^2 \qquad |- a^2$$
$$b^2 = c^2 - a^2$$
$$b = \sqrt{c^2 - a^2}$$
$$b = \sqrt{9^2 - 6^2} \approx 6,7$$
$$b \approx 6,7 \text{ cm}$$

3. Berechne den Hypotenusenabschnitt
p nach dem Kathetensatz:
$$a^2 = c \cdot p \qquad |: c$$
$$\frac{a^2}{c} = p$$
$$p = \frac{6^2}{9} = 4$$
$$p = 4 \text{ cm}$$

4. Berechne den Hypotenusenabschnitt
q aus: $\qquad q + p = c \qquad |- p$
$$q = c - p$$
$$q = 9 - 4 = 5$$
$$q = 5 \text{ cm}$$

5. Berechne die Höhe h_c nach dem
Höhensatz: $\quad h_c^2 = p \cdot q$
$$h_c = \sqrt{p \cdot q}$$
$$h_c = \sqrt{4 \cdot 5} \approx 4,5$$
$$h_c \approx 4,5 \text{ cm}$$

Die dargestellten Lösungsschritte der Beispielaufgabe zeigen dir eine Möglichkeit die
fehlenden Größen b, p, q und h_c zu berechnen. Löse diese Aufgabe, indem du die Flächensätze in einer anderen Reihenfolge anwendest.

4 Berechne die fehlenden Größen (a, b, c, p, q, h_c) in einem rechtwinkligen Dreieck ABC
($\gamma = 90°$).

*Wähle eine
Gleichung aus,
in der zwei Größen
gegeben
sind.*

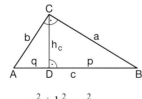

$$a^2 + b^2 = c^2$$
$$a^2 = c \cdot p$$
$$b^2 = c \cdot q$$
$$h_c^2 = p \cdot q$$
$$c = q + p$$

a) a = 8 cm; c = 12 cm   b) a = 6 dm; b = 11 dm

c) c = 85 cm; p = 35 cm   d) c = 6,2 m; q = 1,2 m

e) q = 2,5 cm; h_c = 3,5 cm   f) p = 18 cm; h_c = 26 cm

g) a = 15 m; p = 9 m   h) p = 7,5 cm; q = 4,5 cm

i) b = 4,8 cm; q = 2,4 cm   k) b = 48 cm; c = 120 cm

l) a = 11,2 cm; c = 16,8 cm   m) p = 12 cm; c = 7,2 cm

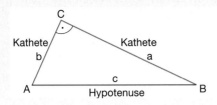

In jedem **rechtwinkligen Dreieck** heißen die Schenkel des rechten Winkels **Katheten.** Die dritte Seite heißt **Hypotenuse;** sie liegt dem rechten Winkel gegenüber und ist die längste Seite.

Satz des Pythagoras

In jedem rechtwinkligen Dreieck haben die beiden Kathetenquadrate zusammen den gleichen Flächeninhalt wie das Hypotenusenquadrat.

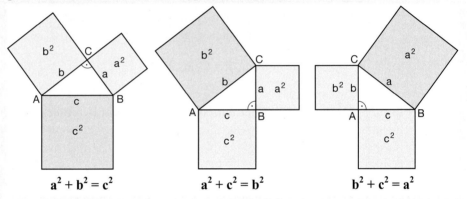

$$a^2 + b^2 = c^2 \qquad a^2 + c^2 = b^2 \qquad b^2 + c^2 = a^2$$

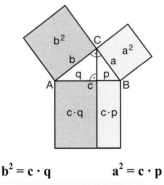

$$b^2 = c \cdot q \qquad a^2 = c \cdot p$$

Kathetensatz

Im rechtwinkligen Dreieck ist der Flächeninhalt des Quadrates über einer Kathete gleich dem Flächeninhalt des Rechtecks aus der Hypotenuse und dem der Kathete anliegenden Hypotenusenabschnitt.

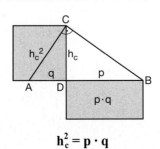

$$h_c^2 = p \cdot q$$

Höhensatz

Im rechtwinkligen Dreieck ist der Flächeninhalt des Quadrats über der Höhe gleich dem Flächeninhalt des Rechtecks aus den beiden Hypotenusenabschnitten.

1 So kannst du mithilfe des **Höhensatzes** zu einem Rechteck ABCD mit a = 4,5 cm und b = 2 cm ein flächengleiches Quadrat konstruieren:

1. Zeichne das Rechteck ABCD mit a = 4,5 cm und b = 2 cm.
2. Verlängere die Strecke $\overline{CD}$ über D hinaus und markiere 2 cm von D entfernt einen Punkt E auf der Verlängerung.
3. Konstruiere über $\overline{CE}$ den Thaleskreis.
4. Verlängere $\overline{AD}$ über D hinaus und bezeichne den Schnittpunkt mit dem Thaleskreis mit F.
5. Verbinde Punkt F mit den Punkten E und C zu dem rechtwinkligen Dreieck ECF.
6. Zeichne das Quadrat DFGH mit der Strecke $\overline{DF}$ als Quadratseite.

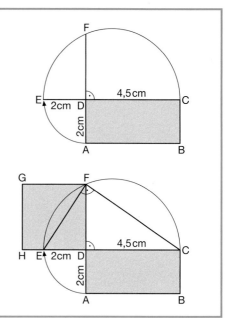

Begründe die einzelnen Schritte der Konstruktion.

2 Konstruiere zu einem Rechteck ein flächengleiches Quadrat.
Benutze dazu den Höhensatz.

	a)	b)	c)	d)
Seite a	5 cm	4,5 cm	6,3 cm	80 mm
Seite b	3 cm	3,5 cm	4,0 cm	30 mm

3

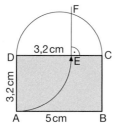

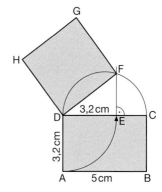

Die Abbildungen zeigen dir, wie zu dem Rechteck ABCD (a = 5 cm, b = 3,2 cm) mit Hilfe des **Kathetensatzes** das flächengleiche Quadrat DFGH konstruiert wird. Dazu wird zunächst über der Strecke $\overline{CD}$ der Thaleskreis gezeichnet und 3,2 cm von Punkt D entfernt auf $\overline{CD}$ der Punkt E markiert.
Beschreibe die weiteren Konstruktionsschritte.

4 Konstruiere zu einem Rechteck ein flächengleiches Quadrat.
Benutze dazu den Kathetensatz.

	a)	b)	c)	d)
Seite a	9 cm	8 cm	6 cm	5,5 cm
Seite b	4 cm	2 cm	3 cm	2,5 cm

5 So kannst du mithilfe des **Kathetensatzes** zu einem Quadrat ABCD mit a = 3 cm ein flächengleiches Rechteck mit einer Seitenlänge von 4,5 cm konstruieren:

Quadrat in Rechteck

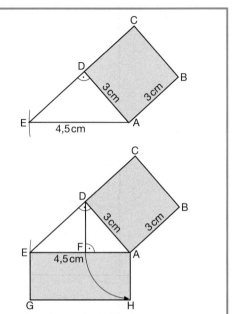

1. Zeichne das Quadrat ABCD mit a = 3 cm.
2. Verlängere die Strecke $\overline{CD}$ über Punkt D hinaus.
3. Zeichne um A einen Kreis mit dem Radius r = 4,5 cm. Der Kreis schneidet die Verlängerung von $\overline{CD}$ im Punkt E.
4. Verbinde E mit A. Du erhältst das rechtwinklige Dreieck EAD.

5. Fälle das Lot von Punkt D auf $\overline{EA}$. Bezeichne den Fußpunkt des Lotes mit F.
6. Zeichne das Rechteck AEGH mit den Strecken $\overline{AE}$ und $\overline{AF}$ als Rechteckseiten.

Begründe die einzelnen Schritte der Konstruktion.

6 Konstruiere zu einem Quadrat ein flächengleiches Rechteck. Benutze dazu den Kathetensatz.

	a)	b)	c)	d)
Quadratseite	4 cm	4 cm	4,6 cm	5,4 cm
Rechteckseite	8 cm	5 cm	9,2 cm	8,1 cm

7

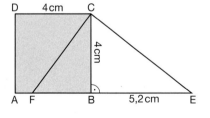

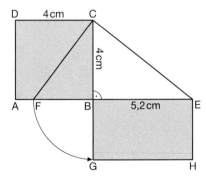

In den Abbildungen erkennst du, wie zu dem Quadrat ABCD (a = 4 cm) mithilfe des Höhensatzes ein flächengleiches Rechteck BGHE mit einer Seitenlänge von 5,2 cm konstruiert wird. Dazu wird zunächst die Quadratseite $\overline{AB}$ über Punkt B hinaus verlängert. Beschreibe die weiteren Konstruktionsschritte.

8 Konstruiere zu einem Quadrat ein flächengleiches Rechteck. Benutze dazu den Höhensatz.

	a)	b)	c)	d)
Quadratseite	3,6 cm	3,6 cm	2,8 cm	4,2 cm
Rechteckseite	4,8 cm	2,4 cm	1,4 cm	6,3 cm

1 Konstruiere ein Quadrat, dessen Flächeninhalt so groß ist wie die Summe der Flächeninhalte zweier vorgegebener Quadrate mit 3 cm bzw. 4 cm (1,6 cm bzw. 3 cm; 4,5 cm bzw. 2,4 cm) Seitenlänge. Benutze dazu den Satz des Pythagoras.

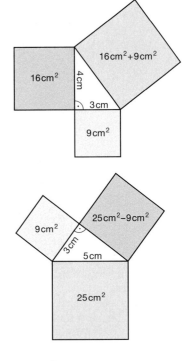

2 Zeichne mithilfe des Satzes von Pythagoras ein Quadrat, dessen Flächeninhalt gleich der Differenz der Flächeninhalte zweier Quadrate mit 5 cm bzw. 3 cm (2,5 cm bzw. 2 cm; 8,5 cm bzw. 4 cm) Seitenlänge ist.

3 Der Flächeninhalt eines Quadrates beträgt 16 cm² (6,25 cm²). Konstruiere ein Quadrat, dessen Flächeninhalt doppelt so groß ist. Bestimme aus deiner Zeichnung die Seitenlänge des neuen Quadrates.

4 Berechne in dem Dreieck ABC die rot gekennzeichnete Strecke. Überlege zunächst, welche Seite der Figur Hypotenuse ist.

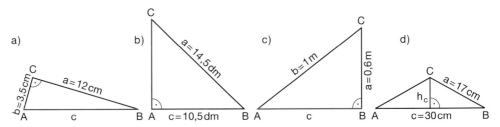

5 Berechne mithilfe des Satzes von Pythagoras die rot gekennzeichnete Strecke.

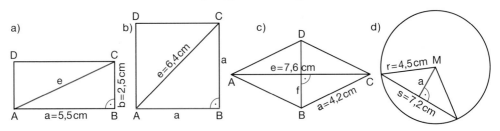

6 Ein Fußgänger läuft in einem Park über die Rasenfläche.
Um wie viel Meter verkürzt sich sein Weg?

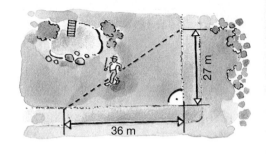

7

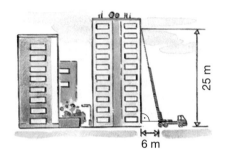

Die Feuerwehr will mithilfe einer Leiter ein 25 m hoch gelegenes Fenster erreichen. Sie stellt die Leiter in 6 m Abstand von der Hauswand auf. Wie weit muss die Leiter ausgefahren werden, wenn sie auf einem 1,60 m hohen Wagen steht?

8 Ein starker Sturm hat eine Lärche in einer Höhe von 5,50 m so abgeknickt, dass ihre Spitze 12,50 m vom Stamm entfernt den Waldboden berührt. Wie hoch war die Lärche?

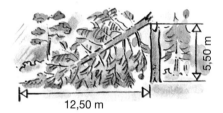

9 Die einzelnen Dachsparren des abgebildeten Gebäudes ragen 40 cm über die Traufe hinaus.
Bestimme die Länge *l* eines Dachsparrens.

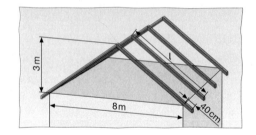

10

Die Fläche eines Satteldaches soll mit Dachziegeln eingedeckt werden. Für einen Quadratmeter der Dachfläche werden 14 Ziegel benötigt.
Wie viele Ziegel müssen für die gesamte Dachfläche mindestens eingekauft werden?

11 Das abgebildete Pultdach soll einen Belag aus Zinkblech erhalten. Der Dachdecker verlangt für das Eindecken 80 € pro Quadratmeter. Für Verschnitt müssen 10 % der Fläche hinzugerechnet werden. Wie viel € kostet das Eindecken der Dachfläche?

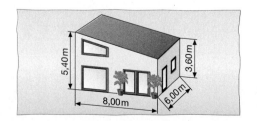

12 Berechne die fehlende Seitenlänge in einem Dreieck ABC. Fertige eine Planfigur an.

a)	b)	c)	d)	e)	f)	g)	h)
b = 5,2 m	a = 5,5 cm	a = 15 dm	a = 8,5 cm	a = 35 m	a = 5,1 m	b = 6,1 m	b = 42 cm
c = 3,9 m	c = 13,2 cm	b = 17 dm	c = 4,0 cm	b = 91 m	c = 4,5 m	c = 6,0 m	c = 58 cm
$\alpha = 90°$	$\beta = 90°$	$\beta = 90°$	$\alpha = 90°$	$\beta = 90°$	$\alpha = 90$	$\beta = 90°$	$\gamma = 90°$

L 2,4; 14,3; 40; 7,5; 8; 6,5; 84; 1,1

13 Berechne die fehlende Größen in einem gleichschenkligen Dreieck ABC.

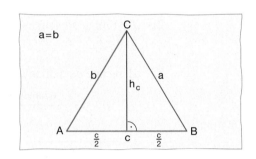

	a)	b)	c)	d)	e)
a	▨	▨	8,7 dm	175 cm	26,5 m
c	7,2 m	16,8 m	12,6 dm	336 cm	28,0 m
h_c	2,7 m	13,5 m	▨	▨	▨

L 15,9; 6; 4,5; 22,5; 49

14 a) In einer Raute ABCD ist e = 18 cm und f = 12 cm. Berechne den Flächeninhalt A und den Umfang u.

b) Bestimme den Flächeninhalt A einer Raute ABCD mit der Seitenlänge a = 8,6 cm und der Diagonalenlänge e = 10,4 cm.

15 a) Berechne jeweils Umfang und Flächeninhalt der Drachenfiguren mit den angegebenen Maßen.

b) In einem Drachen ABCD ist a = 25 cm; $\overline{AC}$ = e = 30 cm und $\overline{BD}$ = f = 14 cm. Berechne die Länge der Seite b. Fertige gegebenenfalls eine Zeichnung an.

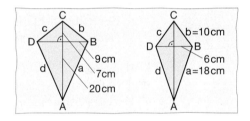

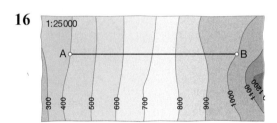

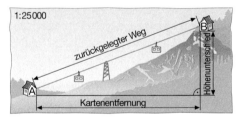

Eine Drahtseilbahn verbindet die beiden Punkte A und B. Die Entfernung der beiden Punkte beträgt auf der Karte 70 mm. Der Punkt A liegt auf der Höhenlinie 400, B auf der Höhenlinie 1000. Wie lang muss das Halteseil zwischen den Punkten A und B mindestens sein?

17 Eine Zahnradbahn überwindet einen Höhenunterschied von 300 m. Auf einer Karte (Maßstab 1:50000) beträgt die Entfernung zwischen Tal- und Bergstation 2,8 cm. Berechne die wirkliche Streckenlänge.

18 Die Länge eines geradlinigen Straßenstücks beträgt 240 m. Auf einer Karte (1:25000) werden für diesen Abschnitt 9 mm gemessen. Um wie viel Meter steigt das Straßenstück an?

19 a) Zeige, dass für die Raumdiagonale d eines Würfels mit der Kantenlänge a gilt: $d = a \cdot \sqrt{3}$.

b) Berechne die Länge der Raumdiagonalen d eines Würfels mit der Kantenlänge a = 9 cm (13 cm; 24 m; 36 m).

c) Die Länge der Raumdiagonalen eines Würfels beträgt 41,6 m (22,5 cm). Berechne die Kantenlänge a des Würfels.

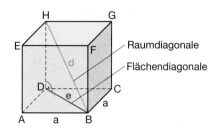

20 Bestimme die fehlenden Größen (a, e, d, O, V) eines Würfels. Runde sinnvoll.

a) a = 6,5 cm   b) e = 8,4 dm   c) d = 0,38 m   d) O = 385 cm^2; V = 216 cm^3

21 Berechne die fehlenden Größen eines Quaders ABCD.

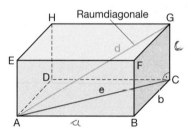

	a)	b)	c)	d)	e)
a	5 dm	8,3 dm	▦	6,4 cm	1 dm
b	7 dm	0,45 m	4 m	▦	10 cm
c	9 dm	36 cm	3 m	12,5 cm	▦
d	▦	▦	8 m	23,8 cm	10 dm

22 a) Ein Turm hat eine kegelförmiges Dach. Der Radius der Grundfläche beträgt 7,50 m. Das 12,50 m hohe Dach soll erneuert werden. Berechne die Länge eines Dachsparrens.

b) Der Radius der Grundfläche eines kegelförmigen Daches beträgt 16 m, die Länge eines Dachsparrens 20 m. Welches Volumen hat der Dachraum?

23 Berechne für das abgebildete Gebäude die Länge eines Dachsparrens. Der einzelne Dachsparren soll 40 cm überstehen.

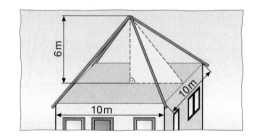

24 Ein gerades Prisma ist 12 cm hoch. Seine Grundfläche ist eine gleichseitiges Dreieck mit der Seitenlänge a = 10 cm. Berechne die Oberfläche und das Volumen des Prismas.

Ich habe den Stab in die würfelförmige Kiste eingeschlossen.

Wo ist der 30 cm lange Zauberstab? Kann er die Wahrheit gesagt haben?

25 a) Bestimme aus der Seitenlänge a eines gleichseitigen Dreiecks die Höhe h und den Flächeninhalt A.
b) Berechne die fehlenden Größen in einem gleichseitigen Dreieck.

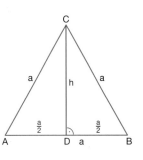

Rund ums gleichseitige Dreieck.

a	18 cm	0,45 m		
h			5,4 cm	
A				72 cm^2

26 a) Berechne den Flächeninhalt A eines regelmäßigen Sechsecks mit der Seitenlänge a = 8 cm (9,5 cm; 1 m; 0,68 dm).
b) Der Flächeninhalt eines regelmäßigen Sechsecks beträgt 120 cm^2 (210 cm^2; 37,8 cm^2; 0,6 m^2).
Bestimme seine Seitenlänge a.

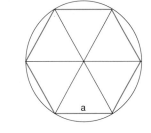

27 Im gleichseitigen Dreieck ist jede Höhe zugleich Winkel- und Seitenhalbierende. Die Seitenhalbierenden im Dreieck schneiden sich in einem Punkt. Sie teilen einander dabei im Verhältnis 2 : 1.
a) Erläutere, warum für den Radius ϱ des Inkreises gilt: $\varrho = \frac{a}{6}\sqrt{3}$.
b) Berechne die fehlenden Größen.

$h = \frac{a}{2}\sqrt{3}$

$\varrho = \frac{1}{3} \cdot \frac{a}{2}\sqrt{3}$

$\varrho = \frac{a}{6}\sqrt{3}$

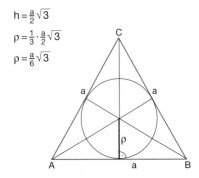

a	10 cm	5,8 cm		
ϱ			3 cm	2,6 cm

28 a) Zeige, dass für den Umkreisradius r eines gleichseitigen Dreiecks gilt:
$r = \frac{a}{3}\sqrt{3}$.
b) Berechne die fehlenden Größen eines gleichseitigen Dreiecks.

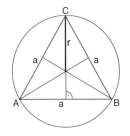

a	8 cm	0,5 dm		
ϱ			1 dm	4,6 cm

29 Bestimme die fehlenden Größen (a, h, r, A) eines gleichseitigen Dreiecks.
a) a = 4,4 cm   b) h = 1,8 dm   c) r = 7,4 cm   d) A = 96 cm^2

30 Ein **Tetraeder** ist eine von vier kongruenten gleichseitigen Dreiecken begrenzte Pyramide.
Die Kantenlänge a eines Tetraeders beträgt 16 cm.
a) Berechne die Höhe h des Tetraeders.
b) Bestimme die Größe der Oberfläche des Tetraeders.

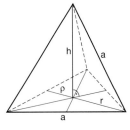

Fahrradcomputer

Einfachste
Schnellmontage

7 Funktionen

Km/h (MPA) Geschwindigkeit

TRP Tagesstrecke

DST Gesamtstrecke

STP Fahrzeit

MAX Höchstgeschwindigkeit

AVS Durchschnittsgeschwindigkeit

CLK Uhrzeit

Zoll: altes
Längenmaß

1″ = 2,54 cm

Ein
28-Zoll-Rad
hat ungefähr
einen Durchmesser
von 71 cm.

1 Lena kauft einen Fahrradcomputer. Um den Computer einzustellen, muss sie die Größe des Raddurchmessers kennen. Sie findet diese Größe auf dem Mantel des Vorderrades angegeben in Zoll.
Der Computer berechnet aus der Größe des Raddurchmessers die Länge der Strecke, die das Rad bei einer Umdrehung zurücklegt.

2 Eine Arbeitsgruppe der Klasse 9e untersucht den Zusammenhang zwischen Umfang und Durchmesser eines Rades.
Dazu bestimmen die Schülerinnen und Schüler zunächst den Umfang verschiedener Räder. Ihre Ergebnisse halten sie in einer Tabelle fest.

a) Beschreibe, wie in den Abbildungen jeweils der Umfang eines Rades bestimmt wird.

b) Ergänze die Tabelle in deinem Heft. Wie oft passt der Durchmesser in den Umfang? Was stellst du fest?

c) Kannst du den Umfang eines 28-Zoll-Rades berechnen? Erläutere deinen Lösungsweg.

Rad-größe (in Zoll)	Durch-messer (in cm)	Umfang (in cm)	u : d
18″		145	
20″		160	
24″		192	
26″		207	

Das Verhältnis des Umfangs u eines Kreises zu seinem Durchmesser d ist bei allen Kreisen gleich. Der Quotient u : d wird mit π (*lies:* pi) bezeichnet: u : d = π.

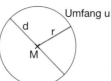

Umfang eines Kreises

$$u = \pi \cdot d$$

$$u = 2 \cdot \pi \cdot r$$

Die Kreiszahl π ist eine irrationale Zahl: π = 3,14159265358979328462643383279…

3 Berechne die fehlenden Größen (r, d, u) eines Kreises. Benutze dazu die π-Taste deines Taschenrechners. Runde sinnvoll

a) r = 4,8 cm   b) r = 0,65 m
c) r = 2,45 m   d) r = 3,5 km
e) d = 64 cm   f) d = 2,80 m
g) d = 0,5 dm   h) d = 47 m
i) u = 96 cm   k) u = 0,68 m
l) u = 0,1 m   m) u = 7,5 km

Der Taschen-rechner gibt für π einen Näherungswert an.

| Gegeben: | r = 13 cm |
| Gesucht: | u |

$$u = 2 \cdot \pi \cdot r$$
$$u = 2 \cdot \pi \cdot 13$$

Tastenfolge: 2 ⨯ π ⨯ 13 =
Anzeige: 81.68140899

$$u \approx 81,68$$

Der Umfang beträgt ungefähr 81,68 cm.

4 a) Die Räder eines Fahrrades haben einen Außendurchmesser von 52 cm. Bestimme die Länge der Strecke, die das Fahrrad bei jeweils 100 Umdrehungen der Räder zurücklegt.

b) Berechne für die in der Tabelle genannten Räder die Anzahl der Umdrehungen auf der Strecke $\overline{AB}$.

	Sportrad	Tourenrad	Autorad
Außendurchmesser d	652 mm	716 mm	553 mm
Länge der Strecke $\overline{AB}$	1 km	2,3 km	48 km

5 a) Ella legt während einer Fahrradtour eine Strecke von 16 km zurück Wie viele Umdrehungen machen dabei jeweils die beiden Räder ihres Fahrrades (Außendurchmesser: 635 mm)?

b) Wie viele Umdrehungen machen jeweils Vorder- und Hinterrad in 30 Minuten, wenn Ella in dieser Zeitspanne mit einer Durchschnittsgeschwindigkeit von 18 $\frac{km}{h}$ fährt?

6 Um 1870 wurde das Hochrad entwickelt. Einige Sammler haben das Hochrad wieder als Hobbyfahrzeug entdeckt.
Der Außendurchmesser des Vorderrades beträgt etwa 150 cm und der des Hinterrades etwa 43 cm. Welche Strecke wird nach 500 Umdrehungen des Vorderrades zurückgelegt? Wie viele Umdrehungen macht dabei das Hinterrad?

Seit jeher versuchen Gelehrte, den Zahlenwert von π immer genauer zu bestimmen. Ludolf van Ceulen gelang es 1610, die Kreiszahl π auf 35 Stellen nach dem Komma zu berechnen.

Erst mithilfe elektronischer Rechenanlagen konnten immer mehr Nachkommastellen bestimmt werden.

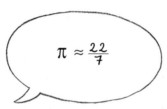

$$\pi \approx \frac{22}{7}$$

	Anzahl der bekannten Nachkommastellen von π
1949	2 000
1959	10 000
1961	100 265
1967	500 000
1983	8 388 600
1987	133 554 000
1989	1 073 740 000
1997	51 539 600 000
1999	206 158 430 000

Archimedes von Syrakus
gr. Mathematiker
(287–212 v. Chr.)

a) Wie viele Nachkommastellen sind bei dem von Archimedes benutzten Wert richtig?
b) Wie viele Nachkommastellen der Kreiszahl π sind heute bekannt? Die Antwort findest du im Internet.
c) Die Tabelle zeigt Näherungswerte, mit denen früher gerechnet wurde. Wandle die Werte jeweils in einen Dezimalbruch um.
  Vergleiche diesen Bruch anschließend mit dem Wert, den du mit der π-Taste deines Taschenrechners aufrufen kannst.
  Erläutere, warum in Überschlagsrechnungen auch heute noch 22/7 als Näherungswert für π benutzt wird.

	Näherungswert für π
Babylonier (2000 v. Chr.)	$\frac{10}{3}$
Ägypter (1650 v. Chr.)	$\left(\frac{16}{9}\right)^2$
Archimedes (287–212 v. Chr.)	$\frac{22}{7}$
Ptolemäus (85–165)	$\frac{377}{120}$
Tsu Ch'ung Chi (430–510)	$\frac{355}{113}$

2 Archimedes stellte 250 v. Chr. systemati-
sche Berechnungen an, um einen genauen
Näherungswert für die Kreiszahl π zu
erhalten.
Er berechnete den Umfang eines n-Ecks,
das einen Kreis umschreibt und eines n-
Ecks, das vom Kreis umschrieben wird.
Archimedes fing mit einem 6-Eck an. Er
verdoppelte die Eckenzahl viermal bis
zum 96-Eck. Dadurch näherte sich der
Umfang des n-Ecks immer mehr dem
Umfang des Kreises an.
Als Ergebnis seiner Berechnungen engte
er den Wert von π auf das Intervall von
$3\frac{10}{71}$ bis $3\frac{1}{7}$ ein.

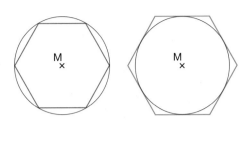

a) In der Abbildung ist einem Kreis mit dem Radius r = 1 ein regelmäßiges Sechseck einbeschrieben. Erläutere, wie im Folgenden ein Näherungswert für π berechnet wird.

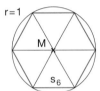

Umfang des Sechsecks	Umfang des Kreises	Berechnung von π
$u_6 = 6 \cdot s_6$	$u \approx u_6$	$\pi \approx u : d$
$u_6 = 6 \cdot 1$	$u \approx 6$	$\pi \approx 6 : 2$
$u_6 = 6$		$\pi \approx 3$

b) Im Beispiel wird gezeigt, wie du aus der Seitenlänge s_n eines einem Kreis (r = 1) einbeschriebenen regelmäßigen n-Ecks die Seitenlänge s_{2n} eines einbeschriebenen regelmäßigen Vielecks mit doppelter Eckenzahl ableiten kannst.

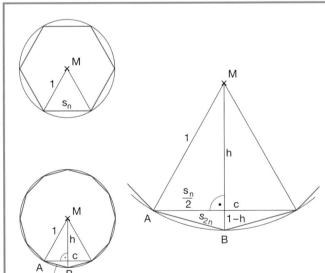

1. Bestimme h^2 und h (Dreieck ACM):
$$h^2 = 1 - \left(\tfrac{s_n}{2}\right)^2 \quad h = \sqrt{1 - \left(\tfrac{s_n}{2}\right)^2}$$

2. Bestimme s_{2n}^2 (Dreieck ABC):
$$s_{2n}^2 = \left(\tfrac{s_n}{2}\right)^2 + (1-h)^2$$
$$s_{2n}^2 = \left(\tfrac{s_n}{2}\right)^2 + 1 - 2h + h^2$$

3. $s_{2n}^2 = \left(\tfrac{s_n}{2}\right)^2 + 1 - 2\sqrt{1 - \left(\tfrac{s_n}{2}\right)^2} + 1 - \left(\tfrac{s_n}{2}\right)^2$

$s_{2n}^2 = 2 - 2\sqrt{1 - \left(\tfrac{s_n}{2}\right)^2} = 2 - 2\sqrt{1 - \left(\tfrac{s_n}{2}\right)^2}$

$s_{2n}^2 = 2 - \sqrt{4\left(1 - \tfrac{s_n2}{4}\right)} = 2 - \sqrt{4 - s_n^2}$

$s_{2n} = \sqrt{2 - \sqrt{4 - s_n^2}}$

Berechne zunächst mithilfe der Formel $s_{2n} = \sqrt{2 - \sqrt{4 - s_n^2}}$ die Seitenlänge s_{12} eines regelmäßigen 12-Ecks. Bestimme anschließend einen weiteren Näherungswert für π. Führe
diese Berechnungen auch für ein 24-Eck, 48-Eck und 96-Eck durch. Auf wie viele Nachkommastellen genau hast du π. dadurch berechnet?

	A	B	C	D
1	**Näherungsberechnung für π**			
2				
3	Eckenzahl	Seitenlänge s_n	Umfang u	Näherung für π
4	6	1	=B4*B4	=C4/2
5	=A4*2	=WURZEL(2-WURZEL(4-B4*B4))	=A5*B5	=C5/2
6	=A5*2	=WURZEL(2-WURZEL(4-B5*B5))	=A6*B6	=C6/2
7	=A6*2	=WURZEL(2-WURZEL(4-B6*B6))	=A7*B7	=C7/2

3   a) Mithilfe eines Tabellenkalkulationsprogramms kannst du schnell weitere Näherungswerte für π bestimmen. Erläutere die Eintragungen im abgebildeten Arbeitsblatt.

    b) Bestimme die Kreiszahl π auf fünf Nachkommastellen genau.

4   Archimedes' Methode stellte 2000 Jahre lang das erfolgreichste Verfahren dar, um π mit immer größerer Genauigkeit zu berechnen.

Der Franzose François Vieta benutzte das archimedische Verfahren, um den Wert für π auf neun Nachkommastellen genau zu bestimmen.

Er stellte die folgende Ungleichung auf:
$$3{,}1415926535\ldots < \pi < 3{,}1415926537\ldots$$

François Vieta (Viéte)
1540–1603

Euler verwendete erstmals den griech. Buchstaben „pi" (von perimetros, dt. Umfang).

In der zweiten Hälfte des 17. Jahrhunderts wurden Formeln erarbeitet, mit denen immer bessere Näherungswerte für π berechnet wurden.

Isaac Newton
1643–1727

$$\frac{\pi}{4} = 1 - \frac{1}{3} + \frac{1}{5} - \frac{1}{7} + \frac{1}{9} - \frac{1}{11} + \ldots$$

Leonard Euler
1707–1783

$$\frac{\pi^2}{6} = \frac{1}{1^2} + \frac{1}{2^2} + \frac{1}{3^2} + \frac{1}{4^2} + \frac{1}{5^2} + \ldots$$

Stelle die Formel von Newton und Euler jeweils nach π um. Versuche anschließend, einen auf zwei Nachkommastellen genauen Näherungswert für π zu berechnen.

1

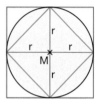

Kreis	Radius	Kreis- fläche	Kleine Kreis- steine		Große Kreis- steine		Normalsteine	
Nr.	(in cm)	(in m²)	(je Ring)	(gesamt)	(je Ring)	(gesamt)	(je Ring)	(gesamt)
1	15,5	0,08	8	8	–	–	–	–
2	27,0	0,23	–	8	14	14	–	–
3	38,5	0,47	–	8	21	35	–	–
4	50,0	0,79	–	8	13	48	13	13
5	61,5	1,19	–	8	16	64	17	30
6	73,0	1,67	–	8	20	84	20	50
7	84,5	2,24	–	8	–	84	42	92
8	96,0	2,89	–	8	–	84	48	140
9	107,5	3,63	–	8	–	84	55	195
10	119,0	4,45	–	8	–	84	61	256
11	130,5	5,35	–	8	–	84	67	323
12	142,0	6,33	–	8	–	84	73	396
13	153,5	7,40	–	8	–	84	80	476

Familie Becker möchte auf ihrem Grundstück einen Kreis mit r = 61,5 cm und einen weiteren Kreis mit r = 119 cm aus farbigen Pflastersteinen legen. Vergleiche in der abgebildeten Tabelle eines Betonwerkes die beiden Radien und die Größe der zugehörigen Flächeninhalte miteinander. Was fällt dir auf?

2 Einem Kreis ist ein Quadrat einbeschrieben und ein weiteres Quadrat umbeschrieben.
Zeige, dass für den Flächeninhalt A eines Kreises gilt:
$$2\,r^2 < A < 4\,r^2$$

3 Du kannst einen Kreis zum Beispiel in 8, 16 oder 32 gleich große Teile zerlegen und ihn wie in der Abbildung jeweils neu zusammensetzen.
Wenn du die Zerlegung in immer mehr Teile vornimmst, nähert sich die so zusammengesetzte Figur einem Rechteck. Der Flächeninhalt dieses Rechtecks ist gleich dem Flächeninhalt des Kreises.

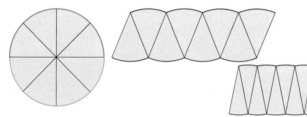

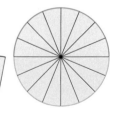

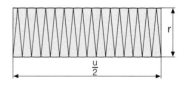

Zeige, dass für den Flächeninhalt eines Kreises mit dem Radius r gilt:
$A = \pi \cdot r^2$.

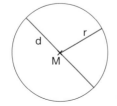

Flächeninhalt eines Kreises

$$A = \pi \cdot r^2$$

$$A = \pi \cdot \left(\frac{d}{2}\right)^2$$

4 So kannst du aus dem Flächeninhalt A = 250 cm² eines Kreises die Länge seines Radius r berechnen:

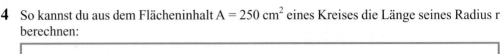

| 1. Notiere die zugehörige Formel und löse sie nach r auf. | 2. Setze für den Flächeninhalt A den gegebenen Wert ein und berechne r. |

$$A = \pi \cdot r^2 \qquad | : \pi$$

$$\frac{A}{\pi} = r^2$$

$$\sqrt{\frac{A}{\pi}} = r$$

$$r = \sqrt{\frac{250}{\pi}}$$

Tastenfolge: $\boxed{\sqrt{}}$ (250 $\boxed{\div}$ π) $\boxed{=}$

Anzeige: 8.920620581

$r \approx 8{,}92$
Der Radius beträgt ungefähr 8,9 cm.

Berechne den Radius eines Kreises. Sein Flächeninhalt beträgt 32 cm² (76 cm²; 120 cm²; 44,5 cm²; 3,14 m²; 0,075 km²).

5 Der Flächeninhalt eines Kreises beträgt 64 cm². Bestimme den Umfang des Kreises. Berechne dazu zunächst seinen Radius.

6 Die Größe des elektrischen Widerstandes eines Leiters hängt von seiner Querschnittsfläche ab. Welchen Durchmesser hat ein Draht mit einer Querschnittsfläche von 1 mm² (1,5 mm²; 4 mm²; 20 mm²)?

7 In einer Werkstatt soll ein kreisförmiges Blech mit 420 cm² (650 cm²; 945 cm²) Inhalt ausgeschnitten werden. Dafür stehen Blechplatten zur Verfügung. Gib die quadratische Seitenlänge an, die das rechteckige Blechstück mindestens haben muss.

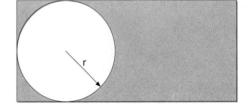

8 Ein DIN-A4-Blatt hat die Maße a = 21 cm und b = 29,7 cm. Berechne den Radius eines flächengleichen Kreises.

9 Ein zylinderförmiger Kolben soll eine Querschnittfläche von 62 cm² haben. Wie groß ist sein Durchmesser?

10 Im Stadtpark wird innerhalb einer rechteckigen Fläche (a = 27 m; b = 14 m) ein kreisförmiges Blumenbeet (d = 13,50 m) angelegt.
a) Fertige eine Skizze an.
b) Wie viele Blumen werden benötigt, wenn eine Pflanze eine Fläche von 0,3 m² beansprucht?
c) Die restliche Fläche um das Beet wird mit Gras eingesät. Wie viel Grassamen wird dazu benötigt, wenn 3 kg Grassamen für 100 m² berechnet werden?

1 Berechne die fehlenden Größen eines Kreises in deinem Heft. Runde sinnvoll.

	a)	b)	c)	d)	e)	f)	g)	h)	i)	k)
r	6 cm	1,5 dm						37,2 m		
d			68 m	3,2 m					0,49 km	
u					26,6 mm					28,12 m
A						62 m²	82,4 dm²			

2 a) Der Umfang eines Quadrates und eines Kreises beträgt jeweils 120 cm. Vergleiche die Flächeninhalte der beiden Figuren miteinander.
   b) Ein Quadrat und ein Kreis haben jeweils einen Flächeninhalt von 1000 cm². Vergleiche die Umfänge der beiden Figuren.

3 a) Ein Rotor einer Windkraftanlage besitzt einen Durchmesser von 27 m. Berechne die sogenannte Winderntefläche, die von dem Rotor überstrichen wird.
   b) Ein Rotor überstreicht eine Fläche von 531 m². Berechne den Durchmesser des Rotors.

4 Wie viel Zentimeter Aluminiumband sind für die Einfassung einer Wurfscheibe mit einem Flächeninhalt von 900 cm² erforderlich?

5 Für den Neubau eines Schwimmbeckens soll die Bodenfläche mit blauen Fliesen belegt werden.
   a) Berechne die Bodenfläche des Schwimmbeckens.
   b) Für Verschnitt und Bruch werden von dem Fliesenleger 15 % hinzugerechnet.
   c) Was kosten die Fliesen, wenn für 1 m² 14,75 EUR berechnet werden?

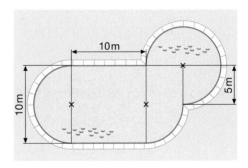

6 Berechne den Flächeninhalt und den Umfang der farbig markierten Flächen.

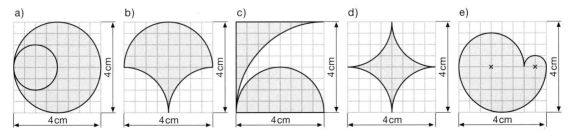

a) 4 cm / 4 cm b) 4 cm / 4 cm c) 4 cm / 4 cm d) 4 cm / 4 cm e) 4 cm / 4 cm

7 Ein Auto fährt mit einer Geschwindigkeit von 90 km/h. Der Raddurchmesser beträgt 700 mm.
a) Wie oft haben sich die Räder in 1,5 Stunden gedreht?
b) Wie lange dauert eine Radumdrehung?

8 Wie viele Meter Rohrleitung wurden hier verlegt?

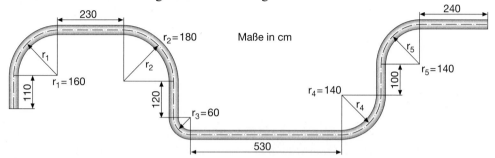

9 Der Durchmesser des Londoner Riesenrades (Golden Eye) beträgt 135 m.
a) Wie viele Meter legt eine Gondel bei einer Umdrehung zurück?
b) Eine Umdrehung mit dem Riesenrad dauert 30 Minuten. Welche Durchschnittsgeschwindigkeit hat die Gondel?

10 Ein Verkaufstisch soll mit einer Holzplatte abgedeckt werden. Berechne den Flächeninhalt und die Länge der Umrandung.

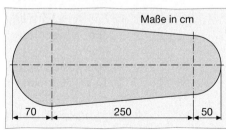

11

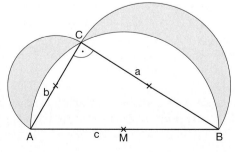

Zeige durch Rechnung, dass die farbig markierten Flächen den gleichen Flächeninhalt wie das rechtwinklige Dreieck ABC haben.

Die nebenstehende Figur (Möndchen) geht auf den griechischen Mathematiker Hippokrates (um 440 v. Chr.) zurück.

1 Um einen kreisrunden Brunnen ist ein 2,40 m breiter Streifen gepflastert worden.

a) Wie viel Quadratmeter Fläche mussten gepflastert werden? Beschreibe deinen Lösungsweg.

b) Für 1 m² Fläche wurden 66 Steine gebraucht. Wie viele Steine wurden insgesamt benötigt?

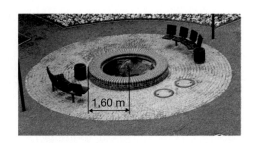

2 a) Zeichne um den Mittelpunkt M einen Kreis mit dem Radius 2 cm und einen weiteren Kreis mit dem Radius 3,5 cm. Färbe den entstandenen Kreisring und berechne seinen Flächeninhalt.

b) Zeige, dass für den Flächeninhalt A eines Kreisrings mit $r_i < r_a$ gilt: $A = \pi\,(r_a^2 - r_i^2)$.

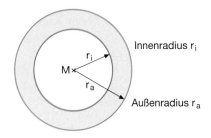

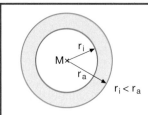

Flächeninhalt eines Kreisringes

$$A = \pi \cdot r_a^2 - \pi \cdot r_i^2$$

$$A = \pi \cdot (r_a^2 - r_i^2)$$

3

Gegeben:	$r_a = 7$ cm; $r_i = 5$ cm
Gesucht:	A

$$A = \pi \cdot (r_a^2 - r_i^2)$$
$$A = \pi \cdot (7^2 - 5^2)\ \text{cm}^2$$

Tastenfolge: $\boxed{\pi}\,\boxed{\times}\,\boxed{(}\,\boxed{7}\,\boxed{x^2}\,\boxed{-}\,\boxed{5}\,\boxed{x^2}\,\boxed{)}\,\boxed{=}$

Anzeige: 75.39822369

$$A \approx 75{,}40\ \text{cm}^2$$

Berechne den Flächeninhalt eines Kreisringes. Runde sinnvoll.

	a)	b)	c)	d)	e)
r_a	3,6 cm	58 mm	0,87 m	375 cm	4,8 m
r_i	2,2 cm	53 mm	0,78 m	368 cm	3,7 m

	f)	g)	h)	i)	j)
d_a	10 mm	5,4 cm	78,8 cm	0,56 m	7,7 cm
d_i	6 mm	3,6 cm	54,2 m	0,24 m	5,5 cm

4 Aus dem abgebildeten quadratischen Blechstück soll ein möglichst großer 1,5 cm breiter Kreisring ausgeschnitten werden.
Wie viel Quadratzentimeter Blech bleiben als Verschnitt übrig?

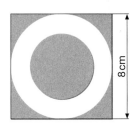

5 Ein Brunnen hat eine kreisringförmige Querschnittsfläche. Die Brunnenwand hat einen äußeren Umfang von 12,60 m und einen inneren Umfang von 9,50 m. Berechne die Stärke der Brunnenwand und die Querschnittsfläche des Mauerwerks.

1

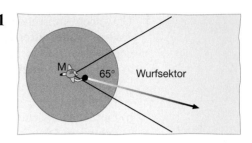

Beim Kugelstoßen muss die Kugel innerhalb eines markierten Wurfsektors landen.

In einem Kreis sind ein Kreisausschnitt und der zugehörige Kreisbogen farbig gekennzeichnet.
Wovon hängen die Größe des Flächeninhalts und die Länge des Kreisbogens ab?

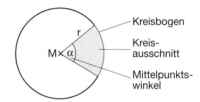

2 a)

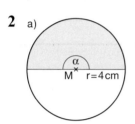

b)

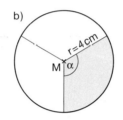

c)

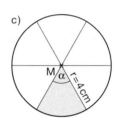

d)

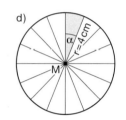

a) Die abgebildeten Kreise sind in gleich große Ausschnitte geteilt. Bestimme jeweils die Größe des Mittelpunktswinkels α, den Flächeninhalt und die Länge des Kreisbogens.

b) Wie verändert sich der Flächeninhalt A_s des Kreisausschnitts bzw. die Länge b des Bogens, wenn du den zugehörigen Mittelpunktswinkel α verdoppelst oder verdreifachst (halbierst, drittelst)?

3 In einem Kreis mit festem Radius r sind die Zuordnungen „Mittelpunktswinkel $\alpha \rightarrow$ Flächeninhalt A_s" und „Mittelpunktswinkel $\alpha \rightarrow$ Bogenlänge b" jeweils proportional.

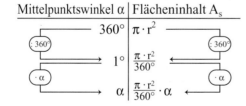

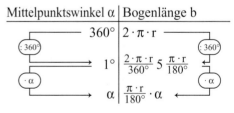

Begründe anhand der entsprechenden Zuordnungstabelle die Formel für den Flächeninhalt des Kreisausschnitts ($A_s = \frac{\pi \cdot r^2}{360°} \cdot \alpha$) und für die Länge des Kreisbogens (b = $\frac{\pi \cdot r}{180°} \cdot \alpha$).

Flächeninhalt eines Kreisausschnitts
$$A_s = \frac{\pi \cdot r^2}{360°} \cdot \alpha$$

Länge eines Kreisbogens
$$b = \frac{\pi \cdot r}{180°} \cdot \alpha$$

1 Berechne den Flächeninhalt A_s und die Bogenlänge b eines Kreisausschnitts.

	a)	b)	c)	d)	e)
α	72°	120°	270°	300°	315°
r	16 cm	48 mm	1 m	0,56 dm	2,6 m

2 Ein Baukran besitzt einen 14 m langen Tragarm.
a) Der Kran schwenkt um 55° (130°; 240°). Berechne die Länge der Strecke, die die Spitze des Tragarms dabei zurücklegt.
b) Der Kran schwenkt um 270°. Bestimme den Inhalt der Fläche, die dabei vom Tragarm überstrichen wird.

3 Zur Überwachung eines Eingangsbereiches wird eine schwenkbare Videokamera eingesetzt. Die Kamera kann um 140° geschwenkt werden und kann auf 12 m genaue Aufnahmen liefern. Bestimme die Größe der Fläche, die von der Kamera erfasst wird.

4 Für die Neugestaltung eines Parks soll ein kreisförmiges Beet mit einem ringförmigen Rasen eingefasst werden.
a) Die Gärtner setzen auf einen Quadratmeter 15 Blumen. Wie viele Blumen können auf dem Beet gepflanzt werden?
b) Wie groß ist die Rasenfläche?

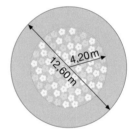

4,20 m
12,60 m

5

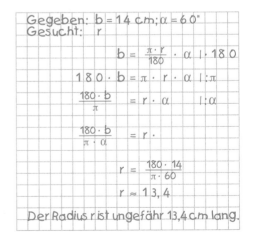

Der Heckscheibenwischer eines Autos hat eine Länge von 470 mm. Der Abstand vom Drehpunkt des Wischerarmes bis zum unteren Ende des Wischerblattes beträgt 24 cm. Der Scheibenwischer schwenkt in einem Winkel von 120°. Berechne die Fläche, die von dem Wischer erfasst wird.

6 Berechne die fehlenden Größen eines Kreisausschnittes. Runde sinnvoll.

	a)	b)	c)	d)	e)
r	12,5 m				
α	36°	40°	90°	120°	27°
A_s				25 m²	4,2 dm²
b		48 mm	100 cm		

	f)	g)	h)	i)	k)
r	1,5 cm	0,84 m			
α	105°	108°	216°	285°	312°
A_s					1 m²
b			4,6 dm	0,8 km	

Gegeben: $b = 14$ cm; $α = 60°$
Gesucht: r

$$b = \frac{\pi \cdot r}{180} \cdot α \quad | \cdot 180$$

$$180 \cdot b = \pi \cdot r \cdot α \quad | : \pi$$

$$\frac{180 \cdot b}{\pi} = r \cdot α \quad | : α$$

$$\frac{180 \cdot b}{\pi \cdot α} = r$$

$$r = \frac{180 \cdot 14}{\pi \cdot 60}$$

$$r \approx 13,4$$

Der Radius r ist ungefähr 13,4 cm lang.

7 Einem Kreis (r = 6,5 cm) ist ein gleichseitiges Dreieck ABC einbeschrieben.
Berechne die Länge des Bogens, der zu
einer Seite des einbeschriebenen Dreiecks ABC gehört.

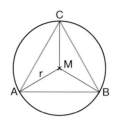

8 Aus den Formeln für den Flächeninhalt A_s
eines Kreisausschnittes und der Bogenlänge b lässt sich die folgende Formel
ableiten: $A_s = \frac{b \cdot r}{2}$.
Erläutere die nebenstehende Ableitung.
Berechne die fehlenden Größen eines
Kreisausschnittes. Runde sinnvoll.

$$A_s = \frac{\pi \cdot r^2}{360°} \cdot \alpha$$

$$A_s = \frac{\pi \cdot r \cdot r}{2 \cdot 180°} \cdot \alpha$$

$$A_s = \frac{r}{2} \cdot \frac{\pi \cdot r}{180°} \cdot \alpha$$

$$A_s = \frac{r \cdot b}{2}$$

$$\mathbf{A_s = \frac{b \cdot r}{2}}$$

	a)	b)	c)	d)	e)
r	1,4 m	▓	16 mm	7,5 m	▓
α	216°	60°	▓	▓	▓
A_s	▓	▓	▓	120 m²	6,5 m²
b	▓	4,3 km	28 mm	▓	5,2 m

9 Berechne die Entfernung zweier Punkte A
und B auf dem Äquatorkreis (r = 6378 km).
Der Winkel zwischen den beiden Längen-
kreisen beträgt 1°.

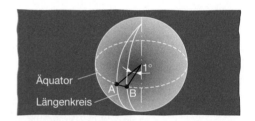

10 Der Grieche Eratosthenes (220 v. Chr.)
stellte am Tag des Sommeranfangs fest,
dass die Sonne in Assuan senkrecht in
einen tiefen Brunnen schien.
Im etwa 800 km weiter nördlich auf ungefähr demselben Längenkreis gelegenen
Alexandria bildete das parallel einfallen-
de Sonnenlicht mit einem senkrechten
Stab jedoch einen Winkel von α = 7,2°.
Aus der Bogenlänge b und dem Winkel α
berechnete Eratosthenes einen sehr
genauen Wert für den Erdradius.

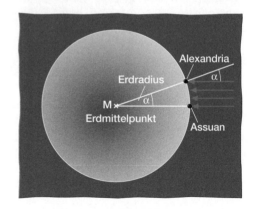

11 Einem Kreis (r = 8 cm) ist ein regelmäßi-
ges Sechseck einbeschrieben.
Berechne den Flächeninhalt des farbig
markierten **Kreisabschnitts,** der zum
Mittelpunktswinkel α gehört.
Subtrahiere dazu vom Flächeninhalt des
Kreisausschnittes AMB den Flächenin-
halt des Dreiecks AMB.

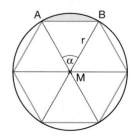

Für jeden Kreis ist das Verhältnis des Umfangs u zu seinem Durchmesser d gleich. Der Quotient u : d ist bei allen Kreisen konstant. Diese Zahl wird Kreiszahl genannt und mit dem griechischen Buchstaben π (lies: pi) bezeichnet: u : d = π

Umfang und Flächeninhalt

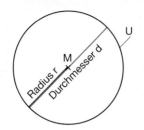

Umfang eines Kreises

$$u = \pi \cdot d$$

$$u = 2 \cdot \pi \cdot r$$

Flächeninhalt eines Kreises

$$A = \pi \cdot r^2$$

$$A = \pi \cdot \left(\frac{d}{2}\right)^2$$

Die Kreiszahl π lässt sich nicht als abbrechender oder periodischer Dezimalbruch darstellen: π = 3,141592653589793284626433832 79… .

Kreisring

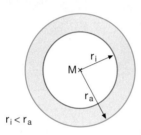

$r_i < r_a$

Flächeninhalt eines Kreisringes

$$A = \pi \cdot r_a^2 - \pi \cdot r_i^2$$

$$A = \pi \cdot (r_a^2 - r_i^2)$$

Kreisaus-schnitt Kreisbogen

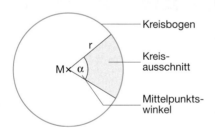

Kreisbogen

Kreis-ausschnitt

Mittelpunkts-winkel

Flächeninhalt eines Kreisausschnitts

$$A_s = \frac{\pi \cdot r^2}{360°} \cdot \alpha$$

Länge eines Kreisbogens

$$b = \frac{\pi \cdot r}{180°} \cdot \alpha$$

Ein Unternehmen stellt Konservendosen aus Weißblech her.

Die erlaubte Zuladung des Lastwagens beträgt nur 6 t.

Das Turmdach erhält einen neuen Belag aus Kupferblech.

Betonrohre werden für den Bau von Wasser- und Abwasserleitungen verwendet.

Formuliere zu jedem Beispiel eine geeignete Aufgabe. Überlege zunächst, wo das Volumen, der Mantel oder der Oberflächeninhalt eines Körpers berechnet werden muss.

1

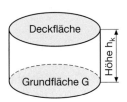

Die Abbildung zeigt einen Zylinder. Beschreibe die Form der Grund- und Deckfläche und deren Lage zueinander.

2

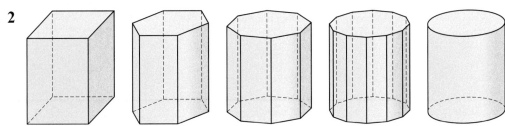

Für das Volumen eines Prismas gilt: $V = G \cdot h_k$. Begründe anhand der abgebildeten Körper, warum diese Formel auch für das Volumen eines Zylinders gilt.

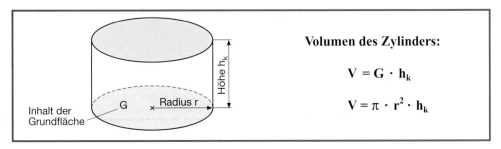

Volumen des Zylinders:

$$V = G \cdot h_k$$

$$V = \pi \cdot r^2 \cdot h_k$$

3 Berechne das Volumen des Zylinders in deinem Heft.
Achte auf die Einheiten.

	a)	b)	c)	d)
r	14 mm	1,8 m	▨	▨
d	▨	▨	1240 mm	37,6 cm
h_k	5000 mm	4,8 dm	2 mm	6,4 dm

4 Ein 4,20 m hoher zylinderförmiger Vorratsbehälter eines Wasserturms hat einen Innendurchmesser von 8,50 m. Wie viel Liter Wasser kann der Behälter fassen?

5 Einer der größten zylindrischen Getreidesilos hat einen Innendurchmesser von 9 m und eine Höhe von 37 m. Berechne das Fassungsvermögen in Hektoliter.

6 Entspricht das angegebene Volumen dem Fassungsvermögen der Konservendose?

1 Die Abbildung zeigt das Netz eines Zylinders. Die Oberfläche setzt sich aus dem Mantel und zwei gleich großen Kreisflächen zusammen.

a) Welche Form hat der Mantel? Begründe, warum für den Flächeninhalt M des Mantels gilt:

$M = 2 \cdot \pi \cdot r \cdot h_k$.

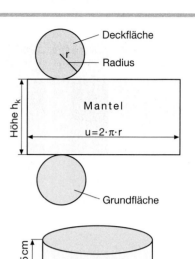

b) Berechne den Oberflächeninhalt des abgebildeten Zylinders.

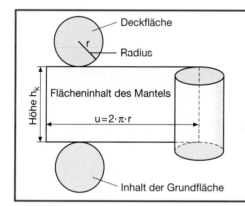

Flächeninhalt des Mantels

$$M = u \cdot h_k$$

$$M = 2 \cdot \pi \cdot r \cdot h_k$$

Oberflächeninhalt des Zylinders

$$O = 2 \cdot G + M$$

$$O = 2 \cdot \pi \cdot r^2 + 2 \cdot \pi \cdot r \cdot h_k$$

$$O = 2 \cdot \pi \cdot r \cdot (r + h_k)$$

2 Berechne den Flächeninhalt des Mantels und den Oberflächeninhalt des Zylinders mit den angegebenen Maßen. Runde sinnvoll.

	a)	b)	c)	d)	e)	f)	g)
Radius r	10,6 cm	0,48 m	▧	▧	12,5 cm	▧	▧
Durchmesser d	▧	▧	37 dm	4,28 m	▧	14,5 dm	886 mm
Körperhöhe h_k	21,2 cm	1,20 m	48 dm	2,32 m	3,6 cm	63,8 dm	124 mm

3 Eine Firma wird beauftragt für 80 000 zylindrische Dosen jeweils einen Papiermantel anzufertigen. Der Durchmesser einer Dose beträgt 7,8 cm, ihre Höhe misst 10,6 cm. Wie viel Quadratmeter Papier müssen insgesamt bedruckt werden?

4 Olaf baut in einem Einkaufszentrum 385 Blechdosen zu einer Pyramide auf. Wie viel Quadratmeter Blech sind zum Herstellen dieser Dosen verarbeitet worden? Addiere für Verschnitt 12 % hinzu.

1 Der Hubraum eines Verbrennungsmotors ist der Raum, den der Kolben im Zylinder durchläuft (s. Abbildung).
Berechne jeweils die Größe des Hubraumes in Liter. Runde dein Ergebnis auf eine Stelle nach dem Komma.

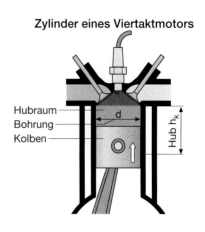

Zylinder eines Viertaktmotors

	4-Zylinder-Ottomotor	
	Bohrung	Hub
a)	75,0 mm	72,0 mm
b)	79,5 mm	95,5 mm
c)	81,0 mm	90,3 mm

2 Ein 48 m tiefer Brunnen (d = 1,8 m) ist zu zwei Drittel mit Wasser gefüllt. Wie viel Kubikmeter Wasser sind in dem Brunnen?

3 Durch ein Gebirge soll ein 7,2 km langer zylindrischer Stollen mit einem Durchmesser von 6,0 m getrieben werden. Die Leistung der eingesetzten Tunnelbohrmaschine wird mit 30 m Vortrieb pro Tag angenommen.
a) Wie viel Kubikmeter Gestein werden von der Maschine täglich losgebrochen?
b) Wie viel Kubikmeter Abbruchgestein müssen für die gesamte Tunnellänge abtransportiert werden?

4 Aus dem abgebildeten Kantholz soll ein Rundstab mit der größtmöglichen Querschnittfläche gedrechselt werden.
Wie viel Kubikzentimeter Holzabfall entstehen dabei? Gib diesen Abfall auch in Prozent an.

Abmessungen in mm:
80 × 80 × 1250

5 In der Tabelle sind die Dichten einiger Stoffe angegeben. Bestimme die Masse des abgebildeten Körpers. Berechne dazu zunächst das Volumen.

Material	Dichte $\frac{g}{cm^3}$
Gold	19,3
Kupfer	8,9
Eisen	7,8
Kork	0,2

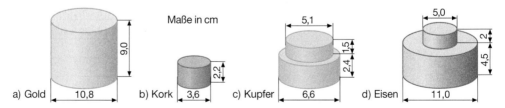

Maße in cm

a) Gold   9,0   10,8
b) Kork   2,2   3,6
c) Kupfer   5,1   1,5   2,4   6,6
d) Eisen   5,0   2   4,5   11,0

6 Ein Lastwagen soll mit 2 m langen Eisenstangen beladen werden. Der Durchmesser einer Stange beträgt 40 mm. Wie viele Stangen dürfen höchstens aufgeladen werden, wenn der Wagen nur mit 3,5 t beladen werden darf?

7 So kannst du aus dem Volumen $V = 532\ cm^3$ und der Höhe $h_k = 8\ cm$ eines Zylinders den Radius r der Grundfläche bestimmen:

1. Notiere Formel für das Volumen und löse sie nach r auf.	2. Setze für V und h_k jeweils den gegebenen Wert ein und berechne r.

1. Notiere Formel für das Volumen und löse sie nach r auf.

$$V = \pi \cdot r^2 \cdot h_k \qquad | : (\pi \cdot h_k)$$

$$\frac{V}{\pi \cdot h_k} = r^2$$

$$r = \sqrt{\frac{V}{\pi \cdot h_k}}$$

2. Setze für V und h_k jeweils den gegebenen Wert ein und berechne r.

$$r = \sqrt{\frac{532}{\pi \cdot 8}}\ cm$$

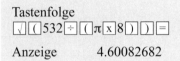

Tastenfolge

√ ((532 ÷ ((π × 8)))) =

Anzeige   4.60082682

$$r \approx 4{,}6\ cm$$

Das Volumen eines Zylinders beträgt $16\,964{,}6\ cm^3$ und seine Höhe 24 cm. Berechne den Radius.

8 Berechne die fehlenden Größen eines Zylinders (r, d, h_k, O, V).
a) $r = 7{,}4\ cm$; $h_k = 12{,}5\ cm$ b) $V = 10\,000\ cm^3$; $h_k = 25{,}3\ cm$
c) $V = 1379{,}10\ m^3$; $r = 7{,}60\ m$ d) $V = 2827{,}43\ cm^3$; $h_k = 225\ cm$
e) $V = 3{,}80\ m^3$; $d = 1{,}10\ m$ f) $G = 24{,}6\ cm^2$; $h_k = 13{,}5\ cm$

9 a) Ein neuer zylinderförmiger Gasbehälter soll ein Fassungsvermögen von $17\,241\ m^3$ erhalten. An seinem zukünftigen Standort steht eine $616\ m^2$ große Grundfläche zur Verfügung. Berechne den Radius und die Höhe des Behälters.
b) Der Umfang eines zylinderförmigen Klärschlammbehälters beträgt 51,50 m. Der Behälter kann $920\ m^3$ Klärschlamm aufnehmen. Berechne seine Höhe.

10 a) In einem Zylinder ist die Höhe h_k doppelt so groß wie der Radius r. Der Oberflächeninhalt O beträgt $1444\ cm^2$ $(193{,}02\ dm^2)$. Bestimme r und h_k. Benutze dazu die Formel $O = 2 \cdot \pi \cdot r \cdot (r + h_k)$.
b) Die Höhe h_k ist in einem Zylinder halb so groß wie der Radius r. Der Oberflächeninhalt beträgt $3769{,}91\ m^2$ $(2064{,}40\ cm^2)$. Berechne r und h_k.

11 Dorothea will eine zylinderförmige Teedose anfertigen. Das Volumen des Zylinders soll $785\ cm^3$ betragen, der Oberflächeninhalt soll so klein wie möglich sein. Ergänze die Tabelle im Heft. Was stellst du fest? Überprüfe deine Vermutung an weiteren Beispielen.

r	d	h_k	V	O
1 cm	2 cm	249,9 cm	$785\ cm^3$	$1576{,}45\ cm^2$
2 cm	4 cm	62,5 cm	$785\ cm^3$	$810{,}54\ cm^2$
3 cm			$785\ cm^3$	
4 cm			$785\ cm^3$	
5 cm			$785\ cm^3$	
6 cm			$785\ cm^3$	
7 cm			$785\ cm^3$	

1

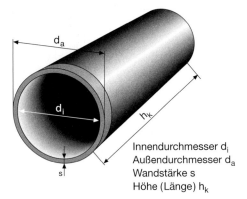

Innendurchmesser d_i
Außendurchmesser d_a
Wandstärke s
Höhe (Länge) h_k

Die abgebildeten Betonrohre haben jeweils die Form eines Hohlzylinders. Ein Hohlzylinder entsteht z. B. dadurch, dass aus einem größeren Zylinder ein Zylinder mit kleinerem Durchmesser herausgeschnitten wurde.

a) Erläutere, wie im Beispiel das **Volumen V** eines **Hohlzylinders** berechnet wird.

$d_a = 3{,}6$ m; $d_i = 2{,}8$ m; $h_k = 4{,}0$ m

1. Volumen V_a des äußeren Zylinders:

$$V_a = \pi \cdot r_a^2 \cdot h_k$$
$$V_a = \pi \cdot \left(\tfrac{3{,}6}{2} \text{ m}\right)^2 \cdot 4{,}0 \text{ m}$$
$$V_a \approx 40{,}72 \text{ m}^3$$

2. Volumen V_i des inneren Zylinders:

$$V_i = \pi \cdot r_i^2 \cdot h_k$$
$$V_i = \pi \cdot \left(\tfrac{2{,}8}{2} \text{ m}\right)^2 \cdot 4{,}0 \text{ m}$$
$$V_i \approx 24{,}63 \text{ m}^3$$

3. Volumen V des Hohlzylinders:

$$V = V_a - V_i$$
$$V = 40{,}72 \text{ m}^3 - 24{,}63 \text{ m}^3$$
$$V = 16{,}09 \text{ m}^3$$

b) Begründe die Formel für das Volumen des Hohlzylinders.

> **Volumen des Hohlzylinders**
> $$V = \pi \cdot r_a^2 \cdot h_k - \pi \cdot r_i^2 \cdot h_k$$
> $$V = \pi \cdot h_k (r_a^2 - r_i^2)$$

2 Berechne die Masse eines Betonrohres in Tonnen (Stahlbeton: $\varrho = 2{,}7 \tfrac{t}{m^3}$). Ermittle zunächst das Volumen des Hohlzylinders.

	a)	b)	c)	d)	e)	f)
Außendurchmesser d_a	2040 mm	2240 mm	3000 mm	3080 mm		
Innendurchmesser d_i	1700 mm	1800 mm			3200 mm	2200 mm
Wandstärke s			300 mm	240 mm	300 mm	215 mm
Länge h_k	5000 mm	4000 mm	3500 mm	4000 mm	3500 mm	4500 mm

3 Ein 5 m langes Betonrohr hat außen einen Umfang von 16,84 m. Der Innendurchmesser des Rohres beträgt 4400 mm. Berechne seine Masse in Tonnen (Beton: $\varrho = 2{,}7 \tfrac{t}{m^3}$).

4 a) Ein Stahlrohr mit einem Außendurchmesser von 508 mm und einer Wandstärke von 11 mm ist 6000 mm lang. Berechne die Masse des Rohres in Kilogramm (Stahl: $\varrho = 7{,}85 \tfrac{t}{m^3}$).

b) Das Rohr soll außen mit einer Kunststoffumhüllung versehen werden. Wie groß ist die Fläche, die beschichtet werden muss?

1

In der Abbildung wird Sand zu einem Kegel aufgeschüttet. Nenne weitere Schüttgüter, die ähnlich gleichmäßige Schüttkegel bilden.
Welche Gegenstände in deiner Umwelt haben ebenfalls die Form eines Kegels?

2 Die abgebildeten Körper sind **gerade Kreiskegel.**
Beschreibe die Begrenzungsflächen des Kegels.

3 Zeigen die Zeichnungen jeweils das Netz eines Kegels? Übertrage die einzelnen Netze in doppelter Größe in dein Heft, schneide sie aus und versuche daraus einen Kegel zu bilden.
Beschreibe die entstandenen Körper.

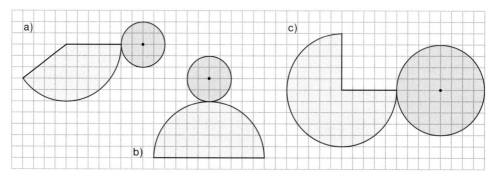

a)

c)

b)

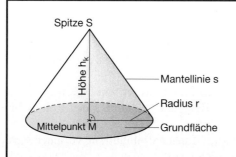

Spitze S

Höhe h_k

Mantellinie s

Radius r

Mittelpunkt M

Grundfläche

Die Grundfläche eines **geraden Kreiskegels** ist eine **Kreisfläche.**
Die Strecke, die die Spitze S mit einem Punkt des Grundkreises verbindet, heißt **Mantellinie s.**
Der Abstand zwischen der Spitze S und dem Mittelpunkt M des Grundkreises heißt **Höhe h_k** des Kegels.

1 Die Grundfläche und die Höhe des Kegels und des Zylinders sind jeweils gleich groß. Der Kegel wird mit Wasser gefüllt. Danach wird das Wasser in den Zylinder gegossen. Um den Zylinder vollständig zu füllen, muss dieser Vorgang zweimal wiederholt werden.

Vergleiche das Volumen des Kegels mit dem Volumen des Zylinders. Stelle eine Formel für das Volumen des Kegels auf.

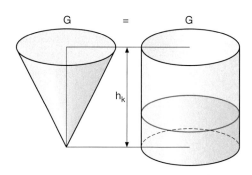

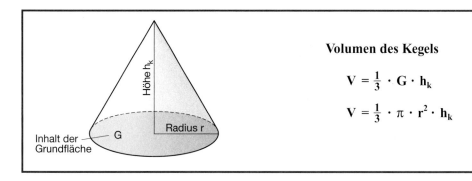

Volumen des Kegels

$$V = \frac{1}{3} \cdot G \cdot h_k$$

$$V = \frac{1}{3} \cdot \pi \cdot r^2 \cdot h_k$$

2 Berechne das Volumen des Kegels mit den angegebenen Größen. Achte auf die Einheiten.
a) $r = 12{,}80$ m; $h_k = 15{,}60$ m   b) $d = 56$ cm; $h_k = 34$ cm
c) $r = 2800$ mm; $h_k = 280$ cm   d) $d = 7{,}80$ m; $h_k = 1560$ cm
e) $r = 25{,}4$ cm; $h_k = 628$ mm   f) $d = 128$ m; $h_k = 940$ dm

3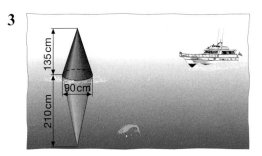

Das abgebildete schwimmende Seezeichen begrenzt die Steuerbordseite eines Fahrwassers.
Berechne das Volumen dieser Spitztonne.

4

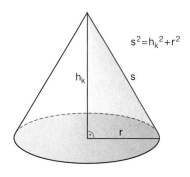

$s^2 = h_k^2 + r^2$

a) Ein Turm hat ein kegelförmiges Dach. Der Radius der Grundfläche beträgt 7,50 m. Das 12,50 m hohe Dach soll erneuert werden. Berechne die Länge eines Dachsparrens.
b) Der Radius der Grundfläche eines kegelförmigen Daches beträgt 16 m, die Länge eines Dachsparrens 20 m. Welches Volumen hat der Dachraum?

1 Wird der **Mantel** eines Kegels längs einer Mantellinie aufgeschnitten und abgerollt, so entsteht ein **Kreisausschnitt.**

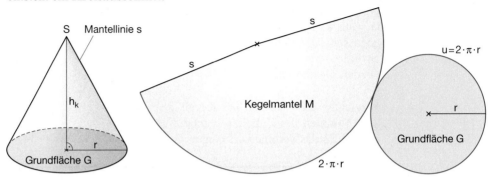

a) Beschreibe, wie in den folgenden Abbildungen der Mantel eines Kegels zerlegt und anschließend wieder zusammengesetzt wird.

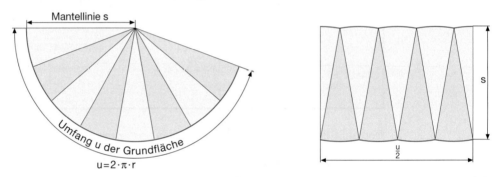

b) Wenn du diese Zerlegung des Mantels in immer mehr Teile vornimmst, so nähert sich die zusammengesetzte Figur einem Rechteck. Leite eine Formel für den Flächeninhalt des Mantels her.

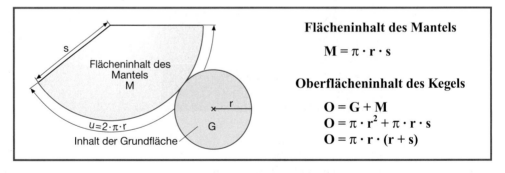

Flächeninhalt des Mantels

$$M = \pi \cdot r \cdot s$$

Oberflächeninhalt des Kegels

$$O = G + M$$
$$O = \pi \cdot r^2 + \pi \cdot r \cdot s$$
$$O = \pi \cdot r \cdot (r + s)$$

2 Berechne den Flächeninhalt des Kegelmantels und den Oberflächeninhalt des Kegels.

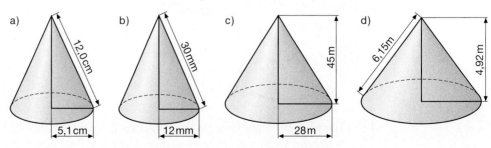

1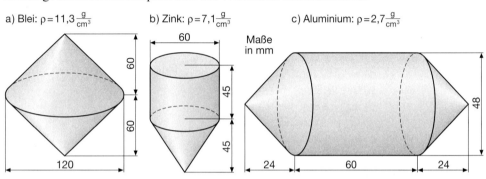

In südlichen Ländern wird Salz durch Verdunsten von Meerwasser gewonnen.

a) Der Durchmesser eines Salzkegels beträgt 5,40 m, seine Höhe 1,90 m. Berechne sein Volumen.

b) Bestimme die Masse des Salzkegels (Salz: $\varrho = 2,16 \frac{g}{cm^3}$).

2 Ein Sandkegel ist 5 m hoch. Sein Umfang beträgt 61 m. Berechne das Volumen des Kegels.

3 Berechne die Masse des abgebildeten Werkstücks. Überlege zunächst, aus welchen einzelnen geometrischen Körpern sich das Werkstück zusammensetzt.

a) Blei: $\rho = 11,3 \frac{g}{cm^3}$ b) Zink: $\rho = 7,1 \frac{g}{cm^3}$ c) Aluminium: $\rho = 2,7 \frac{g}{cm^3}$

Maße in mm

4 Ein Turm hat die Form eines Zylinders mit aufgesetztem Dach.

Das Dach soll einen Belag aus Kupferblech erhalten. Der Dachdecker verlangt für das Eindecken 140 Euro pro Quadratmeter. Für Verschnitt müssen 15 % hinzugerechnet werden.

Wie viel Euro kostet das Eindecken der gesamten Dachfläche?

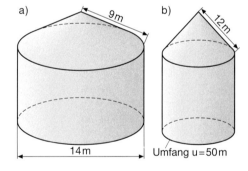

a) 9 m / 14 m

b) 12 m / Umfang u = 50 m

5 a) Berechne die Masse des abgebildeten Schüttkegels (Sand: $\varrho = 1,6 \frac{t}{m^3}$).

b) Der Umfang eines aufgeschütteten Kieshaufens wird mit 22,0 m gemessen. Sein Volumen beträgt 24,4 m³. Welche Höhe hat der Schüttkegel?

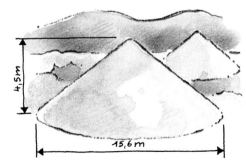

4,5 m / 15,6 m

6 Berechne das Volumen und den Oberflächeninhalt des Kegels.

a) $r = 57,6$ dm; $h_k = 108,0$ dm   b) $h_k = 51,2$ m; $s = 108,8$ m

c) $h_k = 4,5$ cm; $s = 5,1$ cm   d) $r = 61,5$ m; $h_k = 82,0$ m

7 Berechne die fehlenden Größen (r, s, h_k, O, V) eines Kegels.
  a) $V = 314{,}16$ m³; $h_k = 12{,}0$ m
  b) $V = 249{,}38$ cm³; $h_k = 6{,}0$ cm
  c) $G = 289{,}53$ m²; $s = 20{,}4$ m
  d) $G = 4{,}52$ dm²; $h_k = 3{,}5$ dm
  e) $M = 19\,687{,}98$ m²; $s = 81{,}6$ m
  f) $M = 45\,075{,}06$ m²; $r = 84{,}0$ m
  g) $V = 36{,}95$ cm³; $r = 2{,}8$ cm
  h) $O = 16\,031{,}55$ cm²; $r = 42$ cm

8 Das rechtwinklige Dreieck ABC ($\beta = 90°$) mit den gegebenen Maßen rotiert um die Seite a. Berechne den Oberflächeninhalt und das Volumen des Drehkörpers.
  a) $b = 252$ mm; $c = 105$ mm
  b) $b = 13{,}2$ cm; $c = 5{,}5$ cm
  c) $a = 7{,}8$ dm; $c = 10{,}4$ dm
  d) $a = 49{,}0$ cm; $b = 127{,}4$ cm
  e) $a = 11{,}2$ cm; $b = 23{,}8$ cm
  f) $a = 2{,}4$ m; $c = 4{,}5$ m

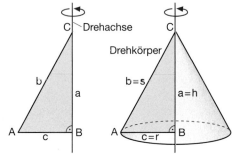

9

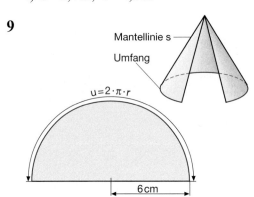

Ein offener Kegel wird längs einer Mantellinie aufgeschnitten. Die abgebildete Halbkreisfläche zeigt den Mantel des Kegels.
  a) Bestimme den Umfang der Kegelgrundfläche. Berechne anschließend den Radius der Grundfläche.
  b) Wie groß ist der Flächeninhalt des Mantels und der Oberflächeninhalt des Kegels?
  c) Berechne das Volumen des Kegels.

10 Das Bild zeigt die Abwicklung eines Kegelmantels. Berechne das Volumen und den Oberflächeninhalt des zugehörigen Kegels.

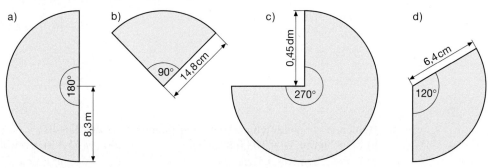

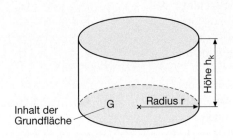

Volumen des Zylinders:

$$V = G \cdot h_k$$

$$V = \pi \cdot r^2 \cdot h_k$$

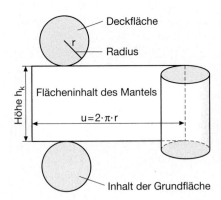

Flächeninhalt des Mantels

$$M = u \cdot h_k$$

$$M = 2 \cdot \pi \cdot r \cdot h_k$$

Oberflächeninhalt des Zylinders

$$O = 2 \cdot G + M$$

$$O = 2 \cdot \pi \cdot r^2 + 2 \cdot \pi \cdot r \cdot h_k$$

$$O = 2 \cdot \pi \cdot r \cdot (r + h_k)$$

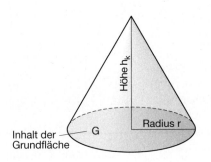

Volumen des Kegels

$$V = \frac{1}{3} \cdot G \cdot h_k$$

$$V = \frac{1}{3} \cdot \pi \cdot r^2 \cdot h_k$$

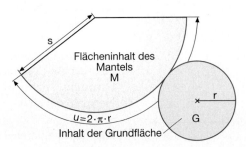

Flächeninhalt des Mantels

$$M = \pi \cdot r \cdot s$$

Oberflächeninhalt des Kegels

$$O = G + M$$

$$O = \pi \cdot r^2 + \pi \cdot r \cdot s$$

$$O = \pi \cdot r \cdot (r + s)$$

1 In der Tabelle wird der Seitenlänge des Quadrats der Flächeninhalt zugeordnet: Seitenlänge → Flächeninhalt.
   a) Übertrage die Tabelle in dein Heft und vervollständige sie.
   b) Gib die Zuordnungsvorschrift an.
   c) Handelt es sich bei dieser Zuordnung um eine Funktion? Begründe.

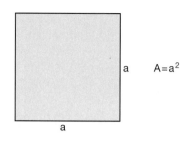

Seitenlänge (cm)	0	0,5	1,0	1,5	2,0	2,5	3,0	3,5	4,0	4,5	5,0	5,5
Flächeninhalt (cm^2)												

2 Die Funktionsgleichung der Funktion f lautet $f(x) = x^2$ oder $y = x^2$.
   a) Übertrage die Wertetabelle in dein Heft und vervollständige sie.

x	−4	−3,5	−3	−2,5	−2	−1,5	−1	−0,5	0	0,5	1	1,5	2	2,5	3	3,5	4
f(x)																	

   b) Vergleiche $f(4)$ mit $f(-4)$, $f(2,5)$ mit $f(-2,5)$, $f(1,5)$ mit $f(-1,5)$. Was fällt dir auf?

Normal-parabel

3 Der Graph der quadratischen Funktion f mit der Funktionsgleichung $y = x^2$ und der Definitionsmenge $D = \mathbb{R}$ heißt Normal-parabel.
   In der Abbildung siehst du, wie mithilfe einer Schablone zur Normalparabel ein Ausschnitt des Graphen gezeichnet wird. Diese Ausschnitte werden ebenfalls als Funktionsgraphen bezeichnet.
   a) Zeichne mithilfe deiner Schablone den Funktionsgraphen in ein Koordinaten-system.
   b) Markiere auf dem Graphen die Punkte $P(3|\blacksquare)$, $Q(-1|\blacksquare)$ und $R(0|\blacksquare)$. Spiegele die Punkte an der y-Achse. Was stellst du fest?

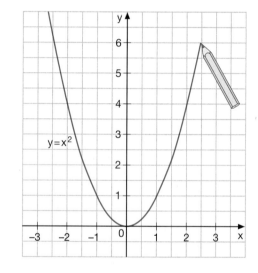

Symmetrie-achse

Scheitelpunkt

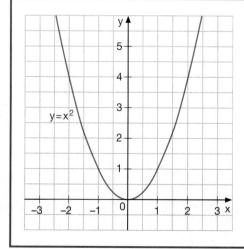

Der Graph der quadratischen Funktion f mit der Funktionsgleichung $y = x^2$ ($D = \mathbb{R}$) heißt **Normalparabel.**

Die Normalparabel ist **symmetrisch zur y-Achse.**

Der Funktionsgraph und seine Symmetrieachse schneiden sich im Ursprung, dem **Scheitelpunkt** der Normalparabel.

Die Normalparabel ist **nach oben geöffnet.**

Nullstelle

4 a) Zeichne mithilfe deiner Schablone die Normalparabel in ein Koordinatensystem. Bestimme anhand des Graphen den x-Wert, für den der zugehörige Funktionswert 0 ist.

b) Warum hat die Funktion f mit der Funktionsgleichung $f(x) = x^2$ keine kleineren Funktionswerte als 0? Begründe mithilfe des Funktionsterms.

> Die Funktion f hat an der Stelle x eine **Nullstelle,** wenn der zugehörige Funktionswert 0 ist.
>
> Für eine Nullstelle x der Funktion f gilt die Gleichung: $f(x) = 0$.

x	-0,7	-0,6	-0,5	-0,4	-0,3	-0,2	-0,1	0	0,1	0,2	0,3	0,4	0,5	0,6	0,7	0,8
f(x)																

5 a) Übertrage die Wertetabelle der Funktion f mit der Funktionsgleichung $f(x) = x^2$ in dein Heft und vervollständige sie.

b) Vergleiche $f(0,1)$ mit $f(0,2)$, $f(0,2)$ mit $f(0,3)$, $f(0,3)$ mit $f(0,4)$ und $f(0,4)$ mit $f(0,5)$. Was stellst du fest?

c) Vergleiche ebenso $f(-0,1)$ mit $f(-0,2)$, $f(-0,2)$ mit $f(-0,3)$ und $f(-0,3)$ mit $f(-0,4)$.

6 In dem Koordinatensystem sind die x-Werte 0,5 und 1,5 eingetragen. Es gilt: $0,5 < 1,5$.

a) Lies die zugehörigen Funktionswerte $f(0,5)$ und $f(1,5)$ ab und vergleiche diese.

b) Wähle rechts vom Scheitelpunkt zwei weitere x-Werte. Bestimme mithilfe des Graphen die zugehörigen Funktionswerte und vergleiche diese. Was fällt dir auf?

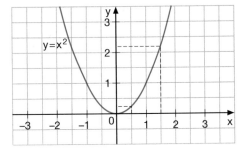

$0,5 < 1,5$

$f(0,5) \ \blacksquare \ f(1,5)$

7 a) Zeichne die Normalparabel in ein Koordinatensystem und trage die x-Werte $-3,5$ und $-2,5$ ein. Es gilt: $-3,5 < -2,5$. Bestimme mithilfe des Graphen die zugehörigen Funktionswerte $f(-3,5)$ und $f(-2,5)$ und vergleiche diese. Was stellst du fest?

b) Wähle links vom Scheitelpunkt zwei weitere x-Werte. Bestimme die zugehörigen Funktionswerte und vergleiche diese.

Wertemenge

Steigungsverhalten

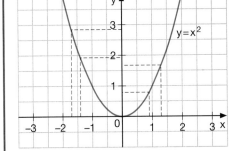

$-1,7 < -1,4$
$f(-1,7) > f(-1,4)$

$0,9 < 1,3$
$f(0,9) < f(1,3)$

Im Scheitelpunkt $(0|0)$ der Normalparabel nimmt die Funktion f ihren kleinsten Funktionswert 0 an.
$$f(0) = 0$$

Die **Wertemenge W** besteht aus allen nichtnegativen reellen Zahlen.

$$W = \mathbb{R}_+$$

Die Normalparabel steigt rechts vom Scheitelpunkt und fällt links vom Scheitelpunkt.

1 Die quadratischen Funktionen f und g haben folgende Funktionsgleichungen:
$f(x) = x^2 + 4$; $g(x) = x^2 + 2{,}5$; $D = \mathbb{R}$.

a) Lege für jede Funktion eine Wertetabelle mit x-Werten zwischen 24 und 4 an und trage die Wertepaare als Punkte in ein Koordinatensystem ein. Zeichne dann mithilfe deiner Schablone die Funktionsgraphen.

b) Zeichne in das gleiche Koordinatensystem die Normalparabel. Vergleiche jeweils die Lage der Graphen von f und g mit der Lage der Normalparabel. Was fällt dir auf?

c) Bestimme für jeden Graphen die Symmetrieachse und den Scheitelpunkt.

d) Warum haben die Funktionen f und g keine Nullstellen? Begründe mithilfe der beiden Funktionsgleichungen.

2 a) Die quadratische Funktion g hat die Funktionsgleichung $y = x^2 - 2{,}25$.
Vergleiche die Lage des Graphen von g mit der Normalparabel. Bestimme dazu den Scheitelpunkt von g.

b) Bestimme anhand des Graphen die Nullstellen von g.

c) Zeichne mithilfe deiner Schablone den Graphen der Funktion h mit der Funktionsgleichung $y = x^2 - 1$ in ein Koordinatensystem ($D = \mathbb{R}$).
Bestimme anhand des Graphen Scheitelpunkt und Nullstellen von h.

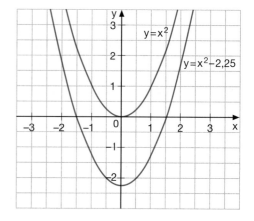

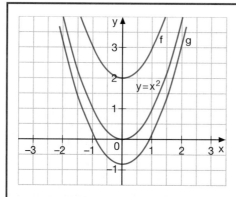

f: $y = x^2 + 2$; e = 2 (e > 0)
Graph: 2 Einheiten nach oben verschobene Normalparabel
Scheitelpunkt: S (0|2)
Nullstellen: –

g: $y = x^2 - 0{,}81$; e = – 0,81 (e < 0)
Graph: 0,81 Einheiten nach unten verschobene Normalparabel
Scheitelpunkt: S (0|–0,81)
Nullstellen: $x_1 = 0{,}9$: $x_2 = -0{,}9$

Der Graph einer quadratischen Funktion mit der Funktionsgleichung **$y = x^2 + e$** ist eine **in Richtung der y-Achse verschobene Normalparabel.** Der Scheitelpunkt hat die Koordinaten S (0|e).
Wird die Definitionsmenge einer Funktion nicht angegeben, so vereinbaren wir:
$D = \mathbb{R}$.

3 Zeichne den Graphen der angegebenen Funktion. Bestimme zunächst den Scheitelpunkt.

a) $y = x^2 + 3$ b) $y = x^2 - 2$ c) $y = x^2 + 1{,}5$ d) $y = x^2 - 5{,}5$

4 Zeichne den Graphen der angegebenen Funktion. Ermittle anhand des Graphen, an welchen Stellen die Funktion den angegebenen Funktionswert annimmt.

a) $y = x^2 + 5$; Funktionswert 9   b) $y = x^2 + 2$; Funktionswert 6   c) $y = x^2 - 9$; Funktionswert 0

1 a) Lege zu der angegebenen Funktion g eine Wertetabelle mit x-Werten zwischen -2 und 6 an. Berechne die Funktionswerte wie im Beispiel.

    b) Zeichne mithilfe deiner Schablone den Graphen von g und bestimme den Scheitelpunkt.

    c) Vergleiche die Lage des Graphen mit der Lage der Normalparabel.

> $g(x) = (x - 2)^2$
> $g(-1,5) = (-1,5 - 2)^2$
>
> Tastenfolge: $\boxed{(}\,\boxed{-}1.5\,\boxed{-}2\,\boxed{)}\,\boxed{x^2}\,\boxed{=}$
> Anzeige: 12.25
>
> $g(1,5) = 12,25$

2 a) Zeichne die Graphen der Funktionen f und g mit den Funktionsgleichungen $f(x) = (x - 3)^2$ und $g(x) = (x + 2)^2$ in ein Koordinatensystem. Erstelle zunächst jeweils eine Wertetabelle.

    b) Vergleiche die Lage beider Graphen mit der Lage der Normalparabel.

    c) Bestimme anhand der Graphen Scheitelpunkt und Nullstellen von f und g.

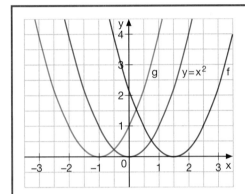

f: $y = (x - 1,5)^2$; d = 1,5 (d > 0)
Graph: 1,5 Einheiten nach rechts verschobene Normalparabel
Scheitelpunkt: S (1,5|0)
Nullstelle: x = 1,5

g: $y = (x + 1)^2$; d = −1 (d < 0)
Graph: 1 Einheit nach links verschobene Normalparabel
Scheitelpunkt: S (−1|0)
Nullstelle: x = −1

Der Graph einer quadratischen Funktion mit der Funktionsgleichung **$y = (x - d)^2$** ist eine **in Richtung der x-Achse verschobene Normalparabel.** Der Scheitelpunkt hat die Koordinaten S (d|0).

3 Zeichne den Graphen der angegebenen Funktion. Bestimme zunächst den Scheitelpunkt.

    a) $y = (x - 4)^2$ b) $y = (x + 5)^2$ c) $y = (x - 3,5)^2$ d) $y = (x + 1,5)^2$

4 a) Bestimme jeweils den Scheitelpunkt der eingezeichneten Parabeln.

    b) Gib die Funktionsgleichungen der eingezeichneten Parabeln an.

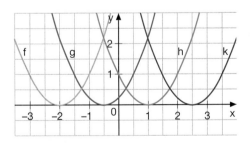

5 Zeichne den Graphen der angegebenen Funktion. Ermittle anhand des Graphen, an welchen Stellen die Funktion den angegebenen Funktionswert annimmt.

	a)	b)	c)	d)
Funktionsgleichung	$y = (x - 5)^2$	$y = (x + 6)^2$	$y = (x - 4,5)^2$	$y = (x + 2,5)^2$
Funktionswert	16	0	6,25	11,25

1 a) Lege zu der angegebenen Funktion f eine Wertetabelle an mit x-Werten zwischen −1 und 7. Berechne die Funktionswerte wie im Beispiel.

b) Trage die Wertepaare als Punkte in ein Koordinatensystem ein und zeichne mithilfe deiner Schablone den Funktionsgraphen. Bestimme den Scheitelpunkt von f.

> $f(x) = (x - 3)^2 + 2$
> $f(-0,5) = (-0,5 - 3)^2 + 2$
>
> Tastenfolge: $\boxed{(}\,\boxed{-}\,0.5\,\boxed{-}\,3\,\boxed{)}\,\boxed{x^2}\,\boxed{+}\,2\,\boxed{=}$
> Anzeige: 14.25
>
> $f(-0,5) = 14,25$

2 a) Die Funktionen f und g haben die Funktionsgleichungen $f(x) = (x + 3)^2 - 1$ und $g(x) = (x - 2)^2 - 4$. Lege für jede Funktion eine Wertetabelle an und zeichne mithilfe deiner Schablone die Graphen von f und g in ein Koordinatensystem.

b) Bestimme die Scheitelpunkte von f und g und untersuche die Graphen auf Nullstellen.

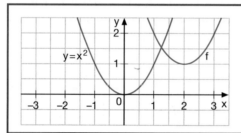

f: $y = (x - 2)^2 + 1$; d = 2; e = 1
Graph: 1 Einheit nach oben und 2 Einheiten nach rechts verschobene Normalparabel
Scheitelpunkt: S (2 | 1)
Nullstellen: –

Scheitelpunkt-form

Der Graph einer quadratischen Funktion mit der Funktionsgleichung **$y = (x - d)^2 + e$** ist eine **verschobene Normalparabel** mit dem **Scheitelpunkt S (d | e)**. Diese Darstellung einer quadratischen Funktion heißt **Scheitelpunktform.**

3 Zeichne den Graphen der angegebenen Funktion. Bestimme zunächst den Scheitelpunkt.

a) $y = (x - 2)^2 + 3$ b) $y = (x + 2)^2 + 1$ c) $y = (x - 3)^2 - 2$ d) $y = (x + 4)^2 - 3$

4 a) Bestimme jeweils den Scheitelpunkt der eingezeichneten Parabeln.

b) Gib die Funktionsgleichungen der eingezeichneten Parabeln an.

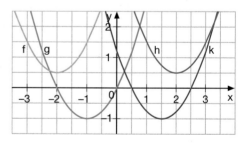

5 Zeichne den Graphen der angegebenen Funktion und bestimme anhand des Graphen die Nullstellen. Mache die Probe, indem du die gefundenen x-Werte in die Funktionsgleichung einsetzt.

a) $y = (x - 3)^2 - 4$ b) $y = (x + 2,5)^2 - 9$ c) $y = (x - 5)^2 - 6,25$ d) $y = (x + 4)^2 - 12,25$

6 Zeichne den Graphen der angegebenen Funktion. Ermittle anhand des Graphen, an welchen Stellen die Funktion den angegebenen Funktionswert annimmt.

	a)	b)	c)	d)
Funktionsgleichung	$y = (x - 2,5)^2 + 3$	$y = (x + 3,5)^2 + 1,5$	$y = (x - 4)^2 - 7$	$y = (x + 5)^2 - 9$
Funktionswert	12	17,5	−3	−2,75

1 Bestimme jeweils den Scheitelpunkt der angegebenen Funktionen. Zeichne die Graphen.

a) f: $y = x^2 - 5$ b) f: $y = (x + 3)^2 + 4$ c) f: $y = x^2 + 1,5$ d) f: $y = (x + 5)^2$

g: $y = (x - 2)^2$ g: $y = (x - 1)^2 - 3$ g: $y = (x + 1)^2 - 4$ g: $y = (x + 2)^2 - 6$

2 Gegeben ist der Scheitelpunkt einer verschobenen Normalparabel. Gib die zugehörige Funktionsgleichung an.

a) S (9|0) b) S (0|−15) c) S (13|14) d) S (−4|5) e) S (8|−9) f) S (0|0) g) S (−17|−28)

3 a) Bestimme jeweils den Scheitelpunkt der eingezeichneten Parabeln.

b) Gib die zugehörigen Funktionsgleichungen an.

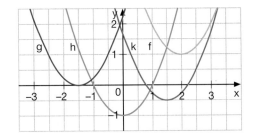

4 Eine Normalparabel wird wie angegeben verschoben. Gib die Funktionsgleichung der verschobenen Normalparabel in der Scheitelpunktform an.

a) 12 Einheiten nach rechts

b) 12,5 Einheiten nach links

c) 18 Einheiten nach unten

d) 26 Einheiten nach oben

e) 14 Einheiten nach rechts und 7 Einheiten nach oben

f) 30 Einheiten nach links und 20 Einheiten nach unten

5 Zeichne den Graphen der angegebenen Funktion. Ermittle anhand des Graphen, an welchen Stellen die Funktion den angegebenen Funktionswert annimmt.

	Funktionsgleichung	Funktionswert
a)	$y = (x + 4,5)^2$	4
b)	$y = (x - 2,5)^2 + 1,5$	6,75
c)	$y = (x + 1,5)^2 - 9$	0
d)	$y = x^2 + 5,75$	12

	Funktionsgleichung	Funktionswert
e)	$y = (x + 3,5)^2 + 1$	1,25
f)	$y = x^2 - 12,25$	0
g)	$y = (x + 4)^2 - 8,5$	−4,5
h)	$y = (x - 6)^2 + 1,75$	8

6

Funktionsgleichung:	$f(x) = (x - 2,5)^2 + 3,6$	$f(x) = (x - 2,5)^2 + 3,6$
Punkte:	P (9,5 | 52,6)	Q (−1,5 | 18,6)
Berechnen des Funktionswertes:	$f(9,5) = (9,5 - 2,5)^2 + 3,6$ $f(9,5) = 52,6$	$f(−1,5) = (−1,5 - 2,5)^2 + 3,6$ $f(−1,5) = 19,6$
Vergleich des Funktionswertes mit der y-Koordinate des Punktes:	52,6 = 52,6 (w)	18,6 = 19,6 (f)
Ergebnis:	P liegt auf dem Graphen.	Q liegt nicht auf dem Graphen.

Überprüfe wie im Beispiel, ob die Punkte P und Q auf dem Graphen von f liegen.

a) $f(x) = x^2 + 18$; P (−0,5|18,25), Q (7|67)   b) $f(x) = (x - 27)^2$; P (24|9), Q (33|36)

c) $f(x) = (x + 25)^2 - 14$; P (1|670), Q (23|10) d) $f(x) = (x - 30)^2 - 21$; P (27|−12), Q (30|−21)

1 a) Zeichne den Graphen der angegebenen quadratischen Funktion. Lege zunächst eine Wertetabelle mit x-Werten zwischen -4 und 2 an.

x	-4	$-3,5$	-3	$-2,5$	-2	$-1,5$
f(x)	▨	▨	▨	▨	▨	$-0,75$

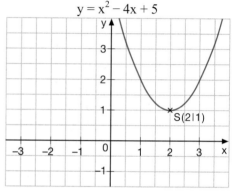

$$f(x) = x^2 + 4x + 3$$
$$f(-1,5) = (-1,5)^2 + 4 \cdot (-1,5) + 3$$

Tastenfolge: $\boxed{(}\,\boxed{-}\,1.5\,\boxed{)}\,\boxed{x^2}\,\boxed{+}\,4\,\boxed{x}$
$\boxed{(}\,\boxed{-}\,1.5\,\boxed{)}\,\boxed{+}\,3\,\boxed{=}$

Anzeige: -0.75

$$f(-1,5) = -0,75$$

b) Bestimme anhand des Graphen den Scheitelpunkt der Parabel.

c) Kannst du die Lage des Scheitelpunktes auch schon an der Wertetabelle erkennen? Begründe.

2 Lege eine Wertetabelle an und zeichne den Graphen der angegebenen quadratischen Funktion.
Bestimme den Scheitelpunkt der Parabel und gib die Funktionsgleichung in der Scheitelpunktform an.
Forme um wie im Beispiel und überprüfe, ob du wieder die ursprüngliche Funktionsgleichung erhältst.

a) $y = x^2 - 4x + 6$ b) $y = x^2 + 6x + 6$

c) $y = x^2 + 4x + 5$ d) $y = x^2 + 8x + 13$

e) $y = x^2 + 6x + 11$ f) $y = x^2 - 2x - 3$

g) $y = x^2 - 2x - 4$ h) $y = x^2 + 4x + 4$

i) $y = x^2 - 6x + 7$ k) $y = x^2 - 6x + 9$

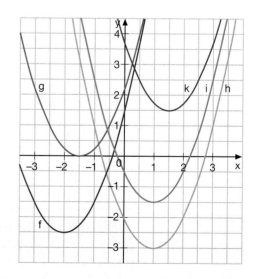

$$y = x^2 - 4x + 5$$

Scheitelpunkt: $S(2|1)$

Scheitelpunktform: $y = (x - 2)^2 + 1$

Umformen: $y = x^2 - 4x + 4 + 1$
                $y = x^2 - 4x + 5$

Der Graph einer quadratischen Funktion mit der Funktionsgleichung $y = x^2 + px + q$ ist eine verschobene Normalparabel.

---

3 Ordne jeder Funktionsgleichung die zugehörige Parabel zu.
Gib dazu die Funktionsgleichungen der dargestellten Funktionen zunächst in der Scheitelpunktform an. Forme die Funktionsgleichung dann in die Form $y = x^2 + px + q$ um.

Funktionsgleichung	Parabel
$y = x^2 - 2x - 2$	▨
$y = x^2 + 3x + 2,25$	▨
$y = x^2 - 3x + 3,75$	▨
$y = x^2 - 2x - 0,5$	▨
$y = x^2 + 4x + 1,5$	▨

4 So kannst du bei einer quadratischen Funktion mit der Funktionsgleichung $y = x^2 + px + q$ die Koordinaten des Scheitelpunktes bestimmen:

	$y = x^2 + 6x + 11$	$y = x^2 + px + q$
1. Bestimme den Faktor p vor x.	$p = 6$	p
2. Berechne die quadratische Ergänzung, indem du $\frac{p}{2}$ quadrierst.	$\left(\frac{p}{2}\right)^2 = \left(\frac{6}{2}\right)^2$ $\left(\frac{p}{2}\right)^2 = 9$	$\left(\frac{p}{2}\right)^2 = \frac{p^2}{4}$
3. Addiere und subtrahiere die quadratische Ergänzung auf der rechten Seite der Gleichung.	$y = x^2 + 6x + 9 - 9 + 11$	$y = x^2 + p + \frac{p^2}{4} - \frac{p^2}{4} + q$
4. Forme mithilfe der 1. bzw. 2. binomischen Formel um und fasse zusammen.	$y = x^2 + 6x + 9 - 9 + 11$ $y = (x + 3)^2 - 9 + 11$ $y = (x + 3)^2 + 2$	$y = x^2 + p + \frac{p^2}{4} - \frac{p^2}{4} + q$ $y = \left(x + \frac{p}{2}\right)^2 - \frac{p^2}{4} + q$
5. Gib die Koordinaten des Scheitelpunktes an.	$S\,(-3\,|\,2)$	$S\left(-\frac{p}{2}\,\middle|\,-\frac{p^2}{4} + q\right)$

Bestimme den Scheitelpunkt der Parabel.

a) $y = x^2 + 10x + 15$ b) $y = x^2 + 2x + 3$ c) $y = x^2 + 12x + 39$ d) $y = x^2 + 4x - 1$

e) $y = x^2 - 2x + 3$ f) $y = x^2 - 6x + 4$ g) $y = x^2 - 10x + 30$ h) $y = x^2 - 8x$

i) $y = x^2 + 14x + 49$ k) $y = x^2 - 4x - 6$ l) $y = x^2 + 6x$ m) $y = x^2 - 2x - 1$

5 Zeichne die Graphen der angegebenen quadratischen Funktionen in ein Koordinatensystem.
Bestimme zunächst die Koordinaten des Scheitelpunktes.

a) f: $y = x^2 + 8x + 12$

    g: $y = x^2 - 6x + 8$

    h: $y = x^2 + 2x - 10$

b) f: $y = x^2 - 5x + 7,75$

    g: $y = x^2 + 5x + 6,25$

    h: $y = x^2 - 8x + 13,25$

> $y = x^2 + px + q$
>
> $S\left(-\frac{p}{2}\,\middle|\,-\frac{p^2}{4} + q\right)$
>
> Beispiel: $y = x^2 + 6x + 4$
> $p = 6$ $q = 4$
>
> x-Koordinate $-\frac{p}{2}$: $-\frac{6}{2} = -3$
>
> y-Koordinate $-\frac{p^2}{4} + q$: $-\frac{36}{4} + 4 = -5$
>
> Scheitelpunkt: $S\,(-3\,|\,-5)$

6 Zeichne den Graphen der angegebenen quadratischen Funktion in ein Koordinatensystem.
Bestimme anhand des Graphen die Nullstellen der Funktion.

a) $y = x^2 - 4x + 3$ b) $y = x^2 + 2x$ c) $y = x^2 - 6x + 5$

d) $y = x^2 - 5x + 6,25$ e) $y = x^2 - 3x - 1,25$ f) $y = x^2 - 2,25$

g) $y = x^2 + 5x + 2,25$ h) $y = x^2 - 6x + 10$ i) $y = x^2 + x - 6$

1

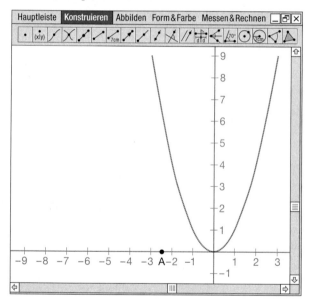

Maik möchte die Funktionsgraphen quadratischer Funktionen mithilfe eines Geometrieprogramms zeichnen lassen. Er hat dazu im Menü „Konstruieren"
– **einen Basispunkt gezeichnet,**
– **den Punkt an die x-Achse gebunden,**
– **den Punkt „A" genannt.**
Anschließend wählt er den Menüpunkt **„Punkt mit Koordinaten (x; y) eingeben"** und gibt als x-Koordinate des zu zeichnenden Punktes die x-Koordinate des Punktes A **„cx(A)"** und als y-Koordinate deren Quadrat **„cx(A)^2"** ein.

Maik lässt dann im Menü „Zeichnen" **die Ortslinie eines Punktes aufzeichnen.**
Er markiert dazu den Punkt mit den Koordinaten (cx(A)|cx(A)^2) über Punkt A, bewegt dann im Zugmodus den Punkt A und erhält so den Graphen der Normalparabel.
Im Menü „Form und Farbe" kann Maik anschließend den Linienstil und die Farbe des Graphen verändern.

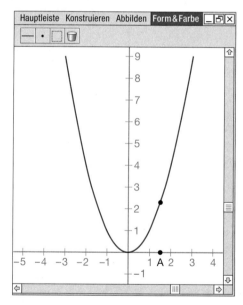

Zeichne wie Maik mithilfe eines Geometrieprogrammes die Normalparabel.

2 Zeichne die Graphen der quadratischen Funktion. Ersetze dazu die y-Koordinate des zu zeichnenden Punktes durch die Funktionsgleichung.
Lies die Koordinaten des Scheitelpunktes ab und überprüfe dein Ergebnis durch eine Rechnung.

$$y = x^2 - 4x + 7$$

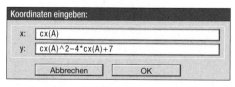

a) $y = x^2 - 4x + 7$ b) $y = x^2 - 6x + 3$ c) $y = x^2 + 4x - 7$ d) $y = x^2 - 6x - 11$

3

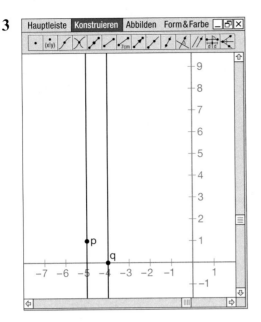

Anna möchte die Möglichkeiten des Geometrieprogramms noch besser nutzen als Maik.

Sie möchte gleich den Graphen einer verschobenen Normalparabel mit der Funktionsgleichung $y = x^2 + px + q$ zeichnen lassen und p und q dann anschließend verändern.

Dazu hat sie durch zwei Punkte, die sie mit „**p**" und „**q**" bezeichnet hat, Lotgeraden zur x-Achse konstruiert.

Anschließend verfährt sie so wie Maik:

1. **Sie zeichnet einen weiteren Basispunkt, bindet diesen an die x-Achse und nennt ihn „A".**

2. **Sie gibt die Koordinaten eines neuen Punktes wie abgebildet ein.**

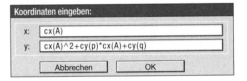

3. **Sie lässt die Ortslinie dieses Punktes aufzeichnen und verändert anschließend den Linienstil.**

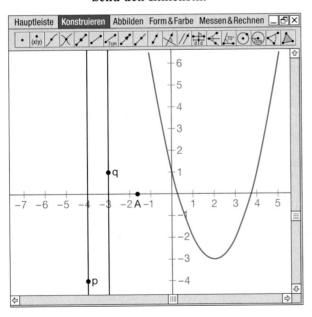

Nun kann Anna im Zugmodus die y-Koordinaten der Punkte „**p**" und „**q**" verändern.

Abhängig davon verändert sich auch die Ortslinie des Punktes mit den eingegebenen Koordinaten. So kann Anna durch die entsprechende Verschiebung von „**p**" und „**q**" den Funktionsgraphen zu $y = x^2 + px + q$ zeichnen lassen.

a) Gib die Funktionsgleichung der dargestellten quadratischen Funktion an.

b) Zeichne wie Anna mithilfe eines Geometrieprogramms den Graphen einer quadratischen Funktion mit der Funktionsgleichung $y = x^2 + px + q$. Wähle als y-Koordinate des Punktes „**p**" zunächst 0 und verändere nur die y-Koordinate von „**q**". Verändere dann nur die y-Koordinate von „**p**". Wie verändert sich die Lage der Parabel und ihres Scheitelpunktes?

c) Überprüfe die Formel für die Koordinaten des Scheitelpunktes $S\left(-\frac{p}{2} \mid -\frac{p^2}{4} + q\right)$.

a > 0

1 a) Übertrage die Wertetabelle zu der angegebenen Funktion g in dein Heft und vervollständige sie. Zeichne den Graphen von g.

$g(x) = 2x^2$

x	−3	−2,5	−2	−1,5	−1	−0,5	0	0,5	1	1,5
g(x)	18									

b) Zeichne auch die Normalparabel in das Koordinatensystem. Vergleiche die Lage beider Parabeln zueinander.

2 a) Zeichne die Graphen der Funktionen f und g mit den Funktionsgleichungen $f(x) = 1,4x^2$ und $g(x) = 1,8x^2$ in ein Koordinatensystem. Lege zunächst für jede Funktion eine Wertetabelle an.

b) Gib für beide Graphen Symmetrieachse und Nullstellen an.

c) Vergleiche das Steigungsverhalten beider Parabeln. Was stellst du fest?

3 Die quadratische Funktion g hat die Funktionsgleichung $y = 0,6x^2$.

a) Gib die Symmetrieachse und die Nullstelle an.

b) Vergleiche das Steigungsverhalten des Graphen mit dem Steigungsverhalten der Normalparabel.

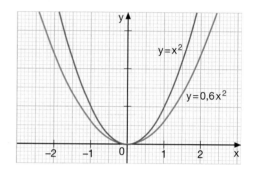

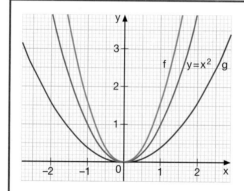

f: $y = 1,6x^2$; a = 1,6 (a > 1)
Graph: gestreckte Normalparabel
Scheitelpunkt: S (0|0)
Nullstelle: x = 0

g: $y = 0,4x^2$; a = 0,4 (0 < a < 1)
Graph: gestauchte Normalparabel
Scheitelpunkt: S (0|0)
Nullstelle: x = 0

Der Graph einer quadratischen Funktion mit der Funktionsgleichung **$y = ax^2$ (a > 0)** ist eine **nach oben geöffnete Parabel** mit den gleichen Eigenschaften wie die Normalparabel.

Für a > 0 gilt: Je größer a ist, desto steiler verläuft die Parabel.

Hier kannst du auch ein Geometrieprogramm einsetzen!

4 Zeichne die Graphen der angegebenen Funktionen in ein Koordinatensystem. Lege zuerst jeweils eine Wertetabelle an. Nutze dabei die Symmetrieeigenschaft.

a) f: $y = 2,5x^2$
   g: $y = 1,9x^2$

b) f: $y = 1,2x^2$
   g: $y = 0,8x^2$

c) f: $y = 0,2x^2$
   g: $y = 0,5x^2$

d) f: $y = 0,7x^2$
   g: $y = 1,3x^2$

e) f: $y = 0,1x^2$
   g: $y = 0,3x^2$

f) f: $y = 2,8x^2$
   g: $y = 3,2x^2$

g) f: $y = 5x^2$
   g: $y = 6x^2$

h) f: $y = 0,05x^2$
   g: $y = 0,02x^2$

a < 0

5 Die quadratische Funktion g hat die Funktionsgleichung $g(x) = -x^2$.

a) Vergleiche die Lage dieser Parabel mit der Lage der Normalparabel.

b) Bestimme Symmetrieachse, Scheitelpunkt und Nullstelle des Graphen von g.

c) Begründe mithilfe der Funktionsgleichung, dass g keine Funktionswerte größer als 0 annehmen kann.

d) Vergleiche das Steigungsverhalten beider Parabeln.

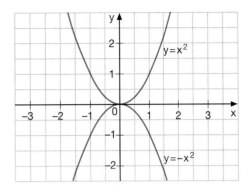

6 a) Zeichne die Graphen der angegebenen Funktionen in ein Koordinatensystem. Lege zunächst für jede Funktion eine Wertetabelle an.

b) Vergleiche die Lage der Funktionsgraphen zueinander. Was stellst du fest?

c) Vergleiche das Steigungsverhalten der Parabeln.

$$f(x) = -x^2$$
$$g(x) = -0{,}6^2$$
$$h(x) = -1{,}8^2$$

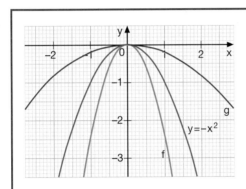

f: $y = -2{,}4x^2$; $a = -2{,}4$ **(a < -1)**
Graph: gestreckte, an der x-Achse gespiegelte Normalparabel
Scheitelpunkt: S (0|0)
Nullstelle: x = 0

g: $y = -0{,}2x^2$; $a = -0{,}2$ **(-1 < a < 0)**
Graph: gestauchte, an der x-Achse gespiegelte Normalparabel
Scheitelpunkt: S (0|0)
Nullstelle: x = 0

Der Graph einer quadratischen Funktion mit der Funktionsgleichung $y = ax^2$ **(a < 0)** ist eine **nach unten geöffnete Parabel** mit den gleichen Eigenschaften wie die an der x-Achse gespiegelte Normalparabel.
Für a < 0 gilt: Je größer a ist, desto flacher verläuft die Parabel.

Hier kannst du auch ein Geometrieprogramm einsetzen!

7 Zeichne die Graphen der angegebenen Funktionen in ein Koordinatensystem. Lege zuerst jeweils eine Wertetabelle an. Nutze dabei die Symmetrieeigenschaft.

a) f: $y = -0{,}8x^2$
   g: $y = -1{,}2x^2$

b) f: $y = -2x^2$
   g: $y = -2{,}6x^2$

c) f: $y = -0{,}1x^2$
   g: $y = -0{,}3x^2$

d) f: $y = -1{,}6x^2$
   g: $y = -0{,}9x^2$

8 Ordne jeder Funktionsgleichung die zugehörige Parabel zu.

Funktionsgleichung	Parabel
$y = -0{,}7x^2$	
$y = -1{,}4x^2$	
$y = -x^2$	
$y = -\frac{1}{3}x^2$	

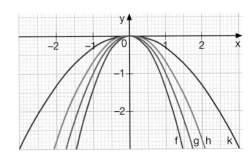

1 Bestimme zu den angegebenen quadratischen Funktionen den Faktor vor x^2, den Faktor vor x und die Konstante.
Forme dazu, wenn nötig, die Funktionsgleichung um. Vervollständige die Tabelle.

d) $y = (x + 6)^2 - 14$ e) $y = 4x^2$
f) $y = x^2 - 12{,}25$ g) $y = (x - 5)^2 + 25$
h) $y = -2{,}5x^2$ i) $y = (x - 3{,}5)^2$

$$y = (x + 4)^2 - 16$$
$$y = x^2 + 8x + 16 - 16$$
$$y = x^2 + 8x$$

	Funktions-gleichung	Faktor vor x^2	Faktor vor x	Kons-tante
a)	$y = x^2 + 8x$	1	8	0
b)	$y = x^2 - 4{,}5$	1	0	$-4{,}5$
c)	$y = 2x^2$	2	0	0

> Die Funktionsgleichung einer quadratischen Funktion lautet in ihrer **allgemeinen Form: $y = ax^2 + bx + c$.**
> Die Variablen a, b, c heißen die Koeffizienten der quadratischen Funktion. Sie sind Platzhalter für reelle Zahlen. Der Koeffizient a darf nicht Null sein.

2 Handelt es sich jeweils um die Funktionsgleichung einer quadratischen Funktion? Wenn ja, gib die Koeffizienten a, b, c an.

a) f: $y = 2x^2 - 7x + 8$ b) f: $y = 0{,}8x^2 + 9x$ c) f: $y = x^2 + \frac{1}{x}$ d) f: $y = 4x + 19$

g: $y = -3x^2 + 11x - 6$ g: $y = \sqrt{2}x^2 + 7{,}3$ g: $y = -2x^2 + \frac{1}{2}$ g: $y = -x^2 + 5x - \sqrt{6}$

h: $y = 1{,}6\,x^2 + 0{,}2x - 1$ h: $y = \frac{1}{2}x^2 + \frac{1}{3}x - \frac{1}{7}$ h: $y = x^3 + x^2$ h: $y = 8 - 3x + x^2$

3 a) Zeichne den Graphen der angegebenen quadratischen Funktion. Lege zunächst eine Wertetabelle mit x-Werten zwischen 0 und 6 an. Berechne die Funktionswerte wie im Beispiel.
b) Bestimme anhand des Graphen den Scheitelpunkt und die Nullstellen.

$$f(x) = 2x^2 - 12x + 14$$
$$f(0{,}5) = 2 \cdot 0{,}5^2 - 12 \cdot 0{,}5 + 14$$

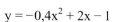

Tastenfolge: $2\,\boxed{x}\,0.5\,\boxed{x^2}\,\boxed{-}\,12\,\boxed{x}\,0.5$
$\boxed{+}\,14\,\boxed{=}$

Anzeige: 8.5

$$f(0{,}5) = 8{,}5$$

4 Zeichne den Funktionsgraphen. Bestimme wie im Beispiel den x-Wert, für den die Funktion ihren kleinsten beziehungsweise größten Funktionswert annimmt. Beschreibe das Steigungsverhalten links und rechts von diesem Wert.

a) $y = x^2 + 4x$
b) $y = -x^2 + 6x - 4$
c) $y = 0{,}6x^2 - 4{,}8x + 3{,}6$
d) $y = -1{,}2x^2 - 7{,}2x - 3{,}8$
e) $y = 1{,}2x^2 - 8{,}4x + 14{,}7$
f) $y = -1{,}6x^2 - 8x$
g) $y = -0{,}8x^2 + 7{,}2x - 4{,}2$

$$y = -0{,}4x^2 + 2x - 1$$

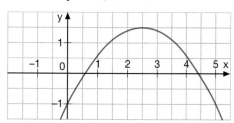

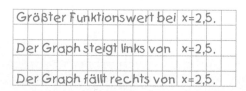

Größter Funktionswert bei $x \doteq 2{,}5$.

Der Graph steigt links von $x \doteq 2{,}5$.

Der Graph fällt rechts von $x \doteq 2{,}5$.

5 Zeichne den Graphen der angegebenen quadratischen Funktion. Lege zunächst eine Wertetabelle an. Bestimme anhand des Graphen den Scheitelpunkt der Parabel. Gib, wenn vorhanden, die Nullstellen der Funktion an.

a) $y = x^2 - 4x + 7$ b) $y = x^2 + 8x + 17$ c) $y = 2x^2 - 12x + 19$

d) $y = 2x^2 + 8x + 8$ e) $y = 0,5x^2 - 2x$ f) $y = 1,5x^2 + 9x + 14,5$

6 a) Zeichne den Graphen der angegebenen quadratischen Funktion. Lege zunächst eine Wertetabelle mit x-Werten zwischen -2 und 8 an. Berechne die Funktionswerte wie im Beispiel.

b) Bestimme anhand des Graphen den Scheitelpunkt und die Nullstellen.

> $f(x) = -0,5x^2 + 3x - 4$
>
> $f(-2) = -0,5 \cdot (-2)^2 + 3 \cdot (-2) - 4$
>
> Tastenfolge: $\boxed{-}0.5\,\boxed{x}\,\boxed{(}\,\boxed{(}\,\boxed{-}2\,\boxed{)}\,\boxed{x^2}$ $\boxed{+}3\,\boxed{x}\,\boxed{(}\,\boxed{(}\,\boxed{-}2\,\boxed{)}\,\boxed{-}4\,\boxed{=}$
>
> Anzeige: -12
>
> $f(-2) = -12$

7 Zeichne den Funktionsgraphen. Lege zunächst eine Wertetabelle an. Bestimme anhand des Graphen den Schnittpunkt der Parabel. Gib, wenn vorhanden, die Nullstellen der Funktion an.

a) $y = -x^2 + 6x - 11$ b) $y = -x^2 - 8x - 17$ c) $y = -2x^2 + 8x - 8$

d) $y = -x^2 + 10x - 25$ e) $y = -0,5x^2 + 2x$ f) $y = -1,5x^2 - 9x - 7,5$

8 Zeichne den Funktionsgraphen. Bestimme anhand des Graphen den Scheitelpunkt der Parabel und ihren Scheitelpunkt mit der y-Achse.

a) $y = x^2 - 6x + 4$ b) $y = -x^2 - 4x - 1$ c) $y = 0,5x^2 + 3x + 5$

d) $y = -2x^2 + 10x - 16$ e) $y = x^2 - 5x + 6,25$ f) $y = -0,5x^2 + 6$

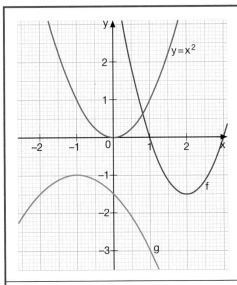

f: $y = 1,5x^2 - 6x + 4,5$
$a = 1,5; b = -6; c = 4,5$
Graph: nach oben geöffnete Parabel $(a > 0)$, gestreckte Normalparabel $(a > 1)$
Scheitelpunkt: S $(2|-1,5)$
Nullstellen: $x_1 = 1; x_2 = 3$
Schnittpunkt mit der y-Achse: P $(0|4,5)$

g: $y = -0,5x^2 - x - 1,5$
$a = -0,5; b = -1; c = -1,5$
Graph: nach unten geöffnete Parabel $(a < 0)$, gestauchte, an der x-Achse gespiegelte Normalparabel $(-1 < a < 0)$
Scheitelpunkt: S $(-1|-1)$
Schnittpunkt mit der y-Achse: P $(0|-1,5)$

Der Graph einer quadratischen Funktion mit der Funktionsgleichung **$y = ax^2 + bx + c$** ist eine Parabel.
Der Koeffizient **a** bestimmt die **Öffnung** und die **Steigung** der Parabel.
Der Koeffizient **c** bestimmt den **Schnittpunkt P(0|c) mit der y-Achse.**
Eine quadratische Funktion hat entweder keine, eine oder zwei Nullstellen.

$y = x^2$

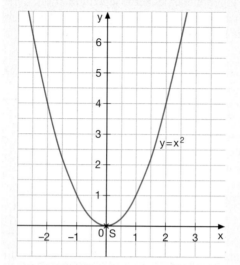

Der Graph der quadratischen Funktion f mit der Funktionsgleichung $y = x^2$ heißt Normalparabel.

Definitionsmenge: $D = \mathbb{R}$
Wertemenge: $W = \mathbb{R}_+$

Die Normalparabel ist symmetrisch zur y-Achse.

Im Scheitelpunkt $S\,(0|0)$ der Normalparabel nimmt die Funktion f ihren kleinsten Funktionswert an.

Die Normalparabel ist nach oben geöffnet.

$y = x^2 + px + q$

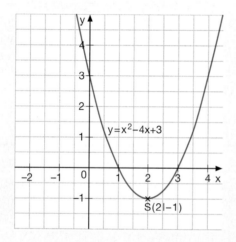

Der Graph einer quadratischen Funktion mit der Funktionsgleichung $y = x^2 + px + q$ ist eine verschobene Normalparabel.

Scheitelpunkt: $S\left(-\frac{p}{2}\, \middle|\, -\frac{p^2}{4} + q\right)$

Die Funktionsgleichung einer quadratischen Funktion kann auch in der Scheitelpunktform angegeben werden.

Funktionsgleichung: $y = x^2 - 4x + 3$
Scheitelpunkt: $S\,(2|-1)$
Scheitelpunktform: $y = (x - 2)^2 - 1$

$y = ax^2 + bx + c$

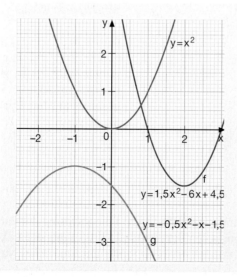

Der Graph einer quadratischen Funktion mit der Funktionsgleichung $y = ax^2 + bx + c$ ist eine Parabel.

Der Koeffizient a bestimmt die Öffnung und die Steigung der Parabel. Der Koeffizient c bestimmt den Schnittpunkt $P\,(0|c)$ mit der y-Achse.

Eine quadratische Funktion hat entweder keine, eine oder zwei Nullstellen.

1

Wenn im Straßenverkehr plötzlich ein Hindernis oder eine Gefahr auftaucht, muss der Fahrer eines Fahrzeugs eine Vollbremsung durchführen. Vom Erkennen der Gefahr bis zum Stillstand des Fahrzeugs vergeht eine bestimmte Zeit. Der Weg, den das Fahrzeug in dieser Zeit zurücklegt, heißt **Anhalteweg.**

Die Länge des Anhalteweges ist von der Geschwindigkeit des Fahrzeugs abhängig.

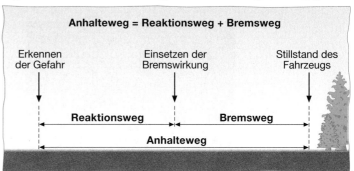

Der **Reaktionsweg** ist die Strecke, die das Fahrzeug zwischen dem ersten Sehen eines Hindernisses und dem Betätigen der Bremse zurücklegt. Die durchschnittliche Reaktionszeit beträgt eine Sekunde. Der **Bremsweg** ist die Strecke, die das Fahrzeug vom Betätigen der Bremse bis zum Stillstand zurücklegt.

Faustregel zur Berechnung des Reaktionsweges (in m):	**Faustregel zur Berechnung des Bremsweges für einen Pkw (in m):**
Dividiere die Geschwindigkeit $\left(\text{in } \frac{km}{h}\right)$ durch 10 und multipliziere das Ergebnis mit 3.	Dividiere die Geschwindigkeit $\left(\text{in } \frac{km}{h}\right)$ durch 10 und quadriere das Ergebnis. (Das gilt nur bei trockener Fahrbahn!)

Berechne Reaktions-, Brems- und Anhalteweg für ein Auto, das bei der angegebenen Geschwindigkeit eine Vollbremsung durchführen muss. Vervollständige die Tabelle in deinem Heft.

Geschwindigkeit $\left(\frac{km}{h}\right)$	5	10	20	30	40	50	70	90	100	110	130	150	180
Reaktionsweg (m)													
Bremsweg (m)													
Anhalteweg (m)													

2 Die Faustregeln zur Berechnung des Reaktionsweges und des Bremsweges können auch mithilfe von Funktionsgleichungen ausgedrückt werden.

a) Zeichne die Graphen der Funktionen $y = 0{,}3x$ und $y = 0{,}01x^2$ in ein Koordinatensystem. Lege zunächst eine Wertetabelle mit x-Werten zwischen 0 und 100 $\frac{km}{h}$ an (x-Achse: 1 cm $\triangleq$ 10 $\frac{km}{h}$; y-Achse: 1 cm $\triangleq$ 10 m).

b) Wie verändern sich Reaktionsweg und Bremsweg, wenn sich die Geschwindigkeit verdoppelt (verdreifacht)? Begründe dein Ergebnis.

Geschwindigkeit $\left(\text{in } \frac{km}{h}\right)$: x

Reaktionsweg (in m): y

$$y = \frac{x}{10} \cdot 3$$
$$y = 0{,}3x$$

Bremsweg (in m): y

$$y = \left(\frac{x}{10}\right)^2$$
$$y = 0{,}01\, x^2$$

---

c) Gib mithilfe der Funktionsgleichungen für den Reaktionsweg und den Bremsweg eine Funktionsgleichung für den Anhalteweg an. Vervollständige die Tabelle in deinem Heft und zeichne den zugehörigen Funktionsgraphen.

Geschwindigkeit $\left(\frac{km}{h}\right)$	0	5	10	15	20	30	40	50	60	70	80	90	100
Anhalteweg (m)													

d) Auf nasser Fahrbahn ist der Bremsweg viermal so lang wie auf trockener Fahrbahn, auf vereister Fahrbahn zehnmal so lang. Gib die Funktionsgleichung an, mit der du für jede Geschwindigkeit x den Anhalteweg y auf nasser (vereister) Fahrbahn berechnen kannst. Zeichne die Graphen beider Funktionen.

e) Der Anhalteweg eines Autos soll nicht mehr als 50 m betragen. Wie schnell darf das Auto bei trockener (nasser, vereister) Fahrbahn höchstens fahren?

3 Da ein Fahrrad eine geringere Bremsverzögerung als ein Auto hat, lautet die Funktionsgleichung für den Bremsweg anders. Die Funktionsgleichung für den Reaktionsweg ist unabhängig vom Fahrzeug.

a) Stelle die Funktionsgleichung für den Anhalteweg bei einem Fahrrad auf.

b) Lege eine Wertetabelle mit x-Werten zwischen 0 und 30 $\frac{km}{h}$ an und zeichne den Funktionsgraphen.

Bremsweg auf trockener Fahrbahn: $y = 0{,}15\, x^2$

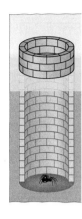

1 Der Weg s, den ein Stein im freien Fall nach der Falldauer t zurückgelegt hat, lässt sich näherungsweise mithilfe folgender Gleichung berechnen: $s = 5\,t^2$.
a) Übertrage die Wertetabelle in dein Heft und vervollständige sie.

t (s)	0	0,5	1	1,5	2	2,5	3	3,5	4	4,5	5	5,5	6	6,5
s (m)	0	1,25	5	▦	▦	▦	▦	▦	▦	▦	▦	▦	▦	▦

b) Zeichne den Graphen dieser Funktion in ein Koordinatensystem (x-Achse: 1cm $\triangleq$ 0,5 s; y-Achse: 1 cm $\triangleq$ 10 m).
c) Ermittle anhand des Graphen, nach welcher Zeit der Stein einen Weg von 50 m (100 m, 150 m) zurückgelegt hat.
d) Du lässt einen Stein in einen Brunnen fallen und misst eine Falldauer von 3,2 s. Wie tief ist der Brunnen?

2 Der Bogen, den das Wasser aus der Düse eines Gartenschlauchs beschreibt, ist eine Parabel. Sie hat die Funktionsgleichung
$$y = -0,2x^2 + x + 1,4.$$
a) Zeichne den Graphen der Funktion (x-Achse: 1cm $\triangleq$ 0,5m; y-Achse: 1cm $\triangleq$ 0,5m).
b) Ermittle anhand des Graphen die größte Höhe des Wasserstrahls.
c) Bestimme mithilfe des Graphen, nach welcher Entfernung das Wasser auf die Erde trifft.

3 Die Form der Parabel ist bei gleicher Ausströmungsgeschwindigkeit und gleicher Höhe der Schlauchdüse vom Steigungswinkel abhängig.
a) Zeichne die Funktionsgraphen in ein Koordinatensystem.
b) Bestimme für jeden Wasserbogen die größte Höhe und die Entfernung, nach der das Wasser auf die Erde trifft.

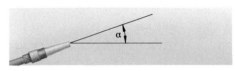

Steigungswinkel	Funktionsgleichung
$\alpha = 30°$	$f(x) = -0,1x^2 + 0,6x + 1,5$
$\alpha = 45°$	$g(x) = -0,15x^2 + x - 1,5$
$\alpha = 60°$	$h(x) = -0,3x^2 + 1,7x + 1,5$

4 Wird eine Kugel geworfen, bewegt sie sich wie die Teilchen des Wasserstrahls auf einer Parabel.
Diese Bewegung wird **schiefer Wurf** genannt. Die Wurfbahnen hängen von der Anfangsgeschwindigkeit v und dem Abwurfwinkel α ab.
a) Zeichne die angegebenen Wurfbahnen in ein Koordinatensystem. Lege zunächst eine Wertetabelle mit x-Werten zwischen 0 und 200 m an.
b) Bestimme anhand der Graphen Wurfweite und Wurfhöhe. Was stellst du fest?

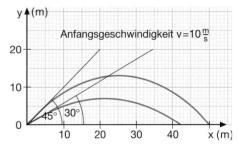

Wurfbahnen für $v = 20\ \frac{m}{s}$	
$\alpha = 30°$	$y = -0,0033x^2 + 0,577x$
$\alpha = 45°$	$y = -0,0050x^2 + 1,000x$
$\alpha = 60°$	$y = -0,0100x^2 + 1,732x$

1 Bestimme in den folgenden Aufgaben jeweils die gesuchte Zahl oder Größe. Stelle dazu eine Gleichung auf. Versuche durch Probieren, die Zahl oder Größe zu finden.

a)

Kannst du eine Gleichung aufstellen?

Hier kommt das Quadrat von x vor.

1. Subtrahierst du vom Quadrat einer Zahl 17, so erhältst du 64. Wie heißt die Zahl?

2. Multiplizierst du das Quadrat einer Zahl mit 8, so erhältst du 392. Welche natürliche Zahl ist gemeint?

3. Addierst du zum Quadrat einer Zahl das Fünffache dieser Zahl, so erhältst du die Zahl 0. Wie heißt die Zahl?

b) Um ein Schwimmbecken werden 530 gleich große, quadratische Platten verlegt.
Die Platten bedecken insgesamt eine Fläche von 47,7 m². Wie lang ist eine Platte?

c)

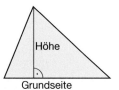

Höhe

Grundseite

Die Grundseite eines Dreiecks ist um 5 cm länger als die zugehörige Höhe. Der Flächeninhalt des Dreiecks beträgt 18 cm².
Berechne die Höhe und die Länge der Grundseite.

d) Der Flächeninhalt eines Rechtecks beträgt 165 cm². Die Länge des Rechtecks ist um 4 cm größer als die Breite. Wie lang sind die Seiten des Rechtecks?

e) Von einem Quadrat mit der Seitenlänge a wird eine Seite um 5 cm verlängert, die andere Seite um 3 cm verkürzt.

Der Flächeninhalt des so entstandenen Rechtecks beträgt 105 cm². Wie lang ist eine Seite des Quadrats?

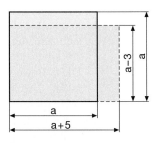

$a-3$

a

a

$a+5$

$$2x^2 + 12x + 16 = 0$$
$$x^2 - 12x = 0$$
$$x^2 = 144$$
$$x^2 + 7x + 10 = 0$$

Eine Gleichung der Form

$$ax^2 + bx + c = 0; \ a, b, c \in \mathbb{R}; \ a \neq 0$$

heißt quadratische Gleichung.

1 a) Alev und Jonas lösen Zahlenrätsel.

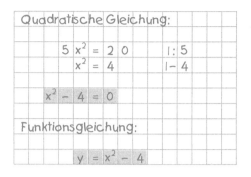

Jonas zeichnet den Graphen der Funktion mit der Funktionsgleichung $y = x^2 - 4$ in ein Koordinatensystem.
Bestimme anhand des Graphen die Nullstellen der Funktion. Erläutere, warum die Nullstellen Lösungen der quadratischen Gleichung $x^2 - 4 = 0$ sind.

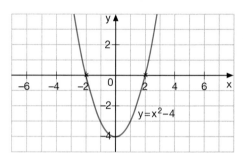

b) Bestimme grafisch die Lösungen der quadratischen Gleichung $x^2 - 16 = 0$. Überprüfe anschließend deine Lösungen durch Einsetzen in die Gleichung.

Quadratische Gleichungen:

$$x^2 - 36 = 0$$
$$x^2 + 4 = 0$$
$$x^2 = 0$$
$$x^2 + 16 = 0$$
$$x^2 - 49 = 0$$

c) Welche der aufgeführten quadratischen Gleichungen hat genau zwei Lösungen, genau eine Lösung oder keine Lösung? Begründe deine Antwort. Denke dazu jeweils an die Lage des zugehörigen Funktionsgraphen.

2 Quadratische Gleichungen der Form $x^2 + q = 0$ kannst du durch das Bestimmen der Nullstellen der zugehörigen quadratischen Funktion lösen. Dieses Verfahren ist oft aufwendig und die Nullstellen sind nicht immer genau ablesbar. In den folgenden Beispielen wird in zwei unterschiedlichen Verfahren eine Gleichung der Form $x^2 + q = 0$ rechnerisch gelöst.

Welche binomische Formel wird hier benutzt?

| $x^2 - 25 = 0$ |
| $(x + 5)(x - 5) = 0$ |
| $x + 5 = 0 \quad \vee \quad x - 5 = 0$ |
| $x_1 = -5 \qquad\qquad x_2 = 5$ |
| $L = \{-5; 5\}$ |

Ein Produkt aus zwei Faktoren ist immer dann gleich Null, wenn mindestens einer der Faktoren Null ist.

$x^2 - 25 = 0$	$\mid + 25$
$x^2 = 25$	
$x = \sqrt{25} \quad \vee \quad x = -\sqrt{25}$	
$x_1 = 5 \qquad\qquad x_2 = -5$	
$L = \{5; -5\}$	

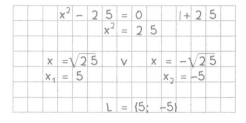

$x = \sqrt{25} \quad \vee \quad x = -\sqrt{25}$
Lies: x gleich Wurzel aus 25 **oder**
       x gleich minus Wurzel aus 25.

Erläutere jeweils die einzelnen Schritte der rechnerischen Lösungsverfahren.

Lösungsmengen quadratischer Gleichungen der Form $x^2 + q = 0$

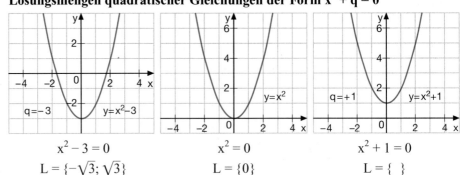

$$x^2 - 3 = 0$$
$$L = \{-\sqrt{3}; \sqrt{3}\}$$

$$x^2 = 0$$
$$L = \{0\}$$

$$x^2 + 1 = 0$$
$$L = \{\ \}$$

Eine quadratische Gleichung der Form $x^2 + q = 0$ hat für $q < 0$ zwei Lösungen, für $q = 0$ eine Lösung und für $q > 0$ keine Lösung.
Wird die Grundmenge nicht angegeben, so vereinbaren wir: $G = \mathbb{R}$.

3   Bestimme die Lösungsmenge.

$$3x^2 = 75 \quad | : 3$$
$$x^2 = 25$$

$$x_1 = 5$$
$$x_2 = -5$$

$$L = \{5; -5\}$$

a) $x^2 - 16 = 0$

$x^2 - 81 = 0$

$x^2 - 36 = 0$

$x^2 - 169 = 0$

$x^2 - 225 = 0$

$x^2 - 289 = 0$

b) $x^2 \ 2,25 = 0$

$x^2 - 6,25 = 0$

$x^2 - 4,41 = 0$

$x^2 - 4,84 = 0$

$x^2 - 3,61 = 0$

$x^2 - 0,25 = 0$

c) $4 + x^2 = 20$

$8 + x^2 = 152$

$x^2 + 11 = 207$

$4,5 + x^2 = 7,39$

$x^2 + 1,2 \doteq 1,2064$

$13,6 + x^2 = 169,85$

d) $3x^2 - 27 - 0$

$5x^2 - 605 = 0$

$9x^2 = 1521$

$-6x^2 + 121,5 = 0$

$-0,25x^2 + 6,25 = 0$

$-1,2x^2 = -634,8$

4   Bestimme die Lösungsmenge.

a) $\frac{x^2}{4} = 6,25$ b) $\frac{x^2}{3} = 1,08$ c) $\frac{2x^2}{3} = 216$ d) $\frac{3x^2}{7} = 336$ d) $\frac{x^2}{2} - 5 = 13$

5   Fasse zusammen und bestimme die Lösungsmenge.

a) $36x^2 - 234 - 8x^2 = 2x^2$

$60x^2 - 157,2 - 12x^2 = 34,8$

$27x^2 - 24 - 10,5x^2 = 192 + 3x^2$

b) $34x^2 - 128 = 26x^2 + 30 - 2x^2 + 92$

$9x^2 - 35 + 4x^2 = 93 + 6x^2 - 28 + 3x^2$

$10x^2 + 17,5 = 4,5x^2 - 27,5 + 3x^2$

$$5x^2 = 15 \quad | : 5$$
$$x^2 = 3$$

$$x_1 = \sqrt{3}$$
$$x_2 = -\sqrt{3}$$

$$L = \{\sqrt{3}; -\sqrt{3}\}$$

$$(x + 3)^2 = 6x + 18$$
$$x^2 + 6x + 9 = 6x + 18 \quad | - 6x \quad | - 9$$
$$x^2 = 9$$

$$x = \sqrt{9} \quad \vee \quad x = -\sqrt{9}$$
$$x_1 = 3 \qquad\qquad x_2 = -3$$

$$L = \{\sqrt{3}; -\sqrt{3}\}$$

6   Bestimme die Lösungsmenge.

a) $(5x + 10)(5x - 10) = 0$

b) $(7x + 28)(7x - 28) = 0$

c) $(3x + 5)^2 = 169 + 30x$

d) $(2x - 3)^2 - 2x^2 = 59 - 12x$

e) $(x + 7)(2x + 1) = 15x + 79$

f) $576 + 18x = (6x - 3)(2x + 4)$

g) $(x + 7)(x - 7) - 12x = (x - 6)^2 + 15 - x^2$

7   Multiplizierst du das Siebenfache einer Zahl mit ihrer Hälfte, so erhältst du 8064. Wie heißt die Zahl?

8   Eine Seite eines Quadrats wird um 12 m gekürzt, die andere um 12 m verlängert. Das entstandene Rechteck hat einen Flächeninhalt von 756 m^2. Welche Seitenlänge hat das Quadrat?

1 Das abgebildete Zahlenrätsel führt auf eine **quadratische Gleichung** der Form $x^2 + px = 0$:

$$x^2 - 4x = 0$$

Die Abbildung zeigt den Graphen der zugehörigen quadratischen Funktion mit der **Funktionsgleichung:**

$$y = x^2 - 4x$$

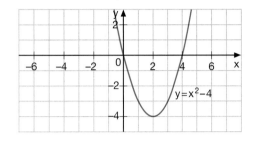

a) Lies die Nullstellen ab und setze die Werte in die quadratische Gleichung $x^2 - 4x = 0$ ein. Was stellst du fest?

b) Bestimme grafisch die Lösungen der quadratischen Gleichung $x^2 + 6x = 0$. Überprüfe anschließend deine Lösungen durch Einsetzen in die Gleichung.

2 Du kannst die quadratische Gleichung der Form $x^2 + px = 0$ lösen, indem du den Term $x^2 + px$ in Faktoren zerlegst. Klammere dazu x aus. Bestimme die Lösungsmenge.

$$x^2 + 6x = 0$$
$$x(x + 6) = 0$$

$$x = 0 \quad \vee \quad x + 6 = 0$$
$$x_1 = 0 \qquad x_2 = -6$$
$$L = \{0; -6\}$$

$$x^2 - 5x = 0$$
$$x(x - 5) = 0$$

$$x = 0 \quad \vee \quad x - 5 = 0$$
$$x_1 = 0 \qquad x_2 = 5$$
$$L = \{0; 5\}$$

a) $x^2 - 9x = 0$
$x^2 - 16x = 0$
$x^2 + 25x = 0$
$x^2 - 14x = 0$
$x^2 + 35x = 0$
$x^2 - 89x = 0$

b) $x^2 - 2{,}5x = 0$
$x^2 + 11x = 0$
$x^2 + 12x = 0$
$x^2 - 3{,}5x = 0$
$-4x + x^2 = 0$
$7{,}5x + x^2 = 0$

> Eine quadratische Gleichung der Form $x^2 + px = 0$ ($p \in \mathbb{R}$) hat die Lösungen $x_1 = 0$ und $x_2 = -p$.

3 Löse die quadratischen Gleichungen.

a) $3x^2 = 9x$
$2x^2 = 10x$
$4x^2 = 8x$
$12x^2 = 48x$

b) $1{,}5x^2 - 15x = 0$
$5x^2 - 15x = 0$
$0{,}1x^2 + 3x = 0$
$7x^2 - 28x = 0$

c) $2{,}5x^2 = 20x$
$7{,}5x^2 = 30x$
$2{,}2x^2 = 11x$
$2{,}7x^2 = 8{,}1x$
$0{,}4x^2 = 2{,}8x$

d) $\frac{1}{2}x^2 - 2\frac{1}{2}x = 0$
$\frac{1}{5}x^2 + \frac{2}{5}x = 0$
$\frac{1}{4}x^2 - \frac{3}{4}x = 0$
$\frac{1}{4}x^2 + \frac{3}{4}x = 0$
$\frac{1}{3}x^2 + \frac{2}{3}x = 0$

$$\frac{1}{2}x^2 = 1{,}5x \qquad |-1{,}5x$$
$$\frac{1}{2}x^2 - 1{,}5x = 0 \qquad |\cdot 2$$
$$x^2 - 3x = 0$$
$$x(x - 3) = 0$$
$$x = 0 \quad \vee \quad x - 3 = 0$$
$$x_1 = 0 \qquad x_2 = 3$$
$$L = \{0; 3\}$$

4 Bestimme die Lösungsmenge.

a) $7x - 12x^2 = 20x - 14x^2 + 3x$
$5x^2 - 3x = 2x^2 + 6x^2$
$20x^2 - 10x + 8 = 24x^2 - 34x + 8$

b) $11x^2 + 48 = (x - 8)(x - 6)$
$(x + 4)(x + 8) = (2x + 4)(2x + 8)$
$x^2 + (x - 5)^2 = (x + 5)^2$

Quadratische Gleichung	Zugehörige Funktionsgleichung	Gleichung in Scheitelpunktform
$x^2 + 8x + 16 = 0$	$y = x^2 + 8x + 16$	$y = (x + 4)^2$
$x^2 + 2x + 1 = 0$	$y = x^2 + 2x + 1$	$y = (x + 1)^2$
$x^2 - 6x + 9 = 0$	$y = x^2 - 6x + 9$	$y = (x - 3)^2$

1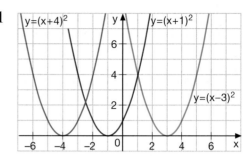

a) Beschreibe, wie in dem Beispiel die quadratischen Gleichungen $x^2 + 8x + 16 = 0$, $x^2 + 2x + 1 = 0$ und $x^2 - 6x + 9 = 0$ grafisch gelöst werden.

b) Lies jeweils aus dem Graphen die Nullstelle der Funktion ab. Setze den so bestimmten x-Wert in die zugehörige quadratische Gleichung ein.

c) Bestimme grafisch die Lösung der quadratischen Gleichung $x^2 + 10x + 25 = 0$. Überprüfe anschließend deine Lösung durch Einsetzen in die Gleichung.

2 Manche quadratische Gleichungen der Form $x^2 + px + q = 0$ kannst du lösen, indem du den Term $x^2 + px + q$ mithilfe der 1. oder der 2. binomischen Formel als Produkt schreibst. Bestimme die Lösungsmenge.

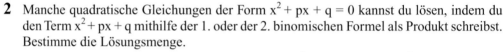

Der Term $x^2 + 14x + 49$ wird in das Quadrat $(x + 7)^2$ verwandelt.

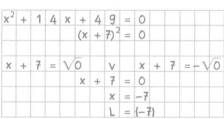

a) $x^2 + 6x + 9 = 0$ b) $x^2 + 26x + 169 = 0$
$x^2 - 6x + 9 = 0$ $x^2 + 34x + 289 = 0$
$x^2 + 10x + 25 = 0$ $x^2 + 0,2x + 0,01 = 0$
$x^2 - 8x + 16 = 0$ $x^2 - 0,8x + 0,16 = 0$
$x^2 - 12x + 36 = 0$ $x^2 - 1,4x + 0,49 = 0$

3 Bestimme die Lösungsmenge.

a) $(x+5)^2 - 9 = 0$ b) $(x+1)^2 - 25 = 0$
$(x-4)^2 - 36 = 0$ $(x-5)^2 - 144 = 0$
$(x+3)^2 - 16 = 0$ $(x+0,5)^2 - 81 = 0$
$(x+1)^2 - 64 = 0$ $(x+0,75)^2 - 49 = 0$

c) $(x-2,5)^2 - 121 = 0$ d) $\left(x+\frac{1}{2}\right)^2 - 6,25 = 0$

$(x+1,1)^2 - 169 = 0$ $\left(x-\frac{1}{4}\right)^2 - 3,24 = 0$

$(x-0,4)^2 - 100 = 0$ $\left(x+\frac{1}{3}\right)^2 - 4,41 = 0$

$(x+0,1)^2 - 225 = 0$ $\left(x-\frac{1}{5}\right)^2 - 2,56 = 0$

$$(x - 1)^2 - 4 = 0 \qquad | + 4$$
$$(x - 1)^2 = 4$$

Es gibt eine negative und eine positive Zahl, deren Quadrat 4 ist.

$$x - 1 = \sqrt{4} \qquad \vee \qquad x - 1 = -\sqrt{4}$$
$$x_1 = 2 + 1 \qquad\qquad\qquad x_2 = -2 + 1$$
$$x_1 = 3 \qquad\qquad\qquad\qquad x_2 = -1$$
$$L = \{3; -1\}$$

Für jede positive reelle Zahl gilt:
$(\sqrt{a})^2 = a$ und $(-\sqrt{a})^2 = a$

4 Bestimme die Lösungsmenge. Verwandle die linke Seite der Gleichung erst in ein Quadrat.

a) $x^2 + 8x + 16 = 9$ b) $x^2 - 6x + 9 = 25$ c) $x^2 + 10x + 25 = 4$ d) $x^2 + 0,2x + 0,01 = 1,69$
$x^2 + 4x + 4 = 1$ $x^2 - 12x + 36 = 49$ $x^2 - 18x + 81 = 64$ $x^2 + 0,5x + 0,0625 = 2,25$

$(x+2)^2 + 16 = 0$
$(x+2)^2 = -16$

$L = \{\}$

5 Bestimme die Lösungsmenge.

a) $x^2 + 12x + 36 = 0$ b) $(x + 5)^2 + 25 = 0$ c) $x^2 + 0,4x + 0,04 = 0$ d) $(x-1)^2 = 0$

$(x-8)^2 - 121 = 0$ $x^2 - 14x + 49 = -15$ $(x + 1,5)^2 - 2,25 = 0$ $\left(x + \frac{1}{2}\right)^2 = \frac{1}{9}$

1

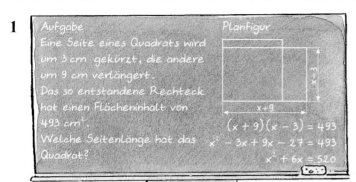

Ersetze zunächst die Platzhalter in der Gleichung $x^2 + 6x + \blacksquare = 520 + \blacksquare$, sodass sich die linke Seite der Gleichung als vollständiges Quadrat schreiben lässt. Löse anschließend die Gleichung.

2 Ersetze zunächst auf beiden Seiten der Gleichung die Platzhalter, sodass du mithilfe der 1. oder der 2. binomischen Formel die linke Seite der Gleichung in ein Quadrat umwandeln kannst. Bestimme anschließend die Lösungsmenge.

a) $x^2 + 6x + \blacksquare = -5 + \blacksquare$

$x^2 + 8x + \blacksquare = 9 + \blacksquare$

$x^2 - 2x + \blacksquare = 8 + \blacksquare$

$x^2 - 4x + \blacksquare = -3 + \blacksquare$

$x^2 + 10x + \blacksquare = -9 + \blacksquare$

$x^2 + 10x + \blacksquare = -9 + \blacksquare$

b) $x^2 - 7x + \blacksquare = -6 + \blacksquare$

$x^2 + 11x + \blacksquare = -30 + \blacksquare$

$x^2 - 13x + \blacksquare = -6{,}25 + \blacksquare$

$x^2 + x + \blacksquare = 3{,}75 + \blacksquare$

$x^2 - 5x + \blacksquare = 6 + \blacksquare$

$x^2 - 5x + \blacksquare = 6 + \blacksquare$

3 In dem Beispiel wird die quadratische Gleichung $x^2 + 6x + 8 = 0$ mithilfe der **quadratischen Ergänzung** $\left(\frac{6}{2}\right)^2$ gelöst. Bestimme die Lösungsmenge

a) $x^2 + 9x + 8 = 0$

$x^2 + 8x + 12 = 0$

$x^2 + 6x + 5 = 0$

$x^2 - 2x - 8 = 0$

$x^2 + 20x + 19 = 0$

$x^2 - 8x + 16 = 0$

$x^2 + 8x - 9 = 0$

b) $x^2 - 10x + 9 = 0$

$x^2 - 9x + 8 = 0$

$x^2 + 5x + 4 = 0$

$x^2 - 3x - 10 = 0$

$x^2 + 17x - 60 = 0$

$x^2 - 5x - 6 = 0$

$x^2 - x - 2 = 0$

$$x^2 + 6x + 8 = 0 \qquad | -8$$
$$x^2 + 6x = -8$$
$$x^2 + 6x + \left(\tfrac{6}{2}\right)^2 = -8 + \left(\tfrac{6}{2}\right)^2$$
$$\underline{x^2 + 6x + 3^2} = -8 + 3^2$$
$$(x + 3)^2 = 1$$

$x + 3 = \sqrt{1}$ $\qquad$ $x + 3 = -\sqrt{1}$

$x + 3 = 1$ $\qquad$ $x + 3 = -1$

$x_1 = -2$ $\qquad$ $x_2 = -4$

$$L = \{-2; -4\}$$

4

Dividierst du beide Seiten der quadratischen Gleichung
$$ax^2 + bx + c = 0 \quad (a \neq 0)$$
durch a, so erhältst du
$$x^2 + \tfrac{b}{a}x + \tfrac{c}{a} = 0$$

Setzt du $\frac{b}{a} = p$ und $\frac{c}{a} = q$, so erhältst du die **Normalform** der **quadratischen Gleichung**
$$\mathbf{x^2 + px + q = 0} \quad (p, q \in \mathbb{R})$$

Forme die Gleichung zunächst in die Normalform um, sodass vor x^2 der Faktor 1 steht. Bestimme die Lösungsmenge.

a) $3x^2 + 6x - 24 = 0$

$5x^2 - 30x + 40 = 0$

$2x^2 - 8x - 24 = 0$

$4x^2 - 32x + 60 = 0$

$2x^2 + 36x + 34 = 0$

$3x^2 - 54x - 57 = 0$

$5x^2 - 85x - 300 = 0$

b) $2x^2 + 4x - 30 = 0$

$4x^2 - 8x - 60 = 0$

$3x^2 - 12x + 9 = 0$

$5x^2 - 50x + 120 = 0$

$8x^2 - 216x + 400 = 0$

$3x^2 + 57x - 60 = 0$

$4x^2 - 8x - 32 = 0$

1 Löst du die quadratische Gleichung in Normalform $x^2 + px + q = 0$, so erhältst du eine Lösungsformel. Mit dieser Lösungsformel lässt sich die Lösungsmenge einer quadratischen Gleichung in Normalform bestimmen.

$$x^2 + 7x + 10 = 0 \qquad\qquad |-10$$
$$x^2 + 7x = -10$$
$$x^2 + 7x + \left(\tfrac{7}{2}\right)^2 = -10 + \left(\tfrac{7}{2}\right)^2$$
$$\left(x + \tfrac{7}{2}\right)^2 = \tfrac{9}{4}$$
$$x + \tfrac{7}{2} = \sqrt{\tfrac{9}{4}} \quad \vee \quad x + \tfrac{7}{2} = -\sqrt{\tfrac{9}{4}}$$
$$x_1 = \tfrac{3}{2} - \tfrac{7}{2} \qquad\qquad x_2 = -\tfrac{3}{2} - \tfrac{7}{2}$$
$$x_1 = -\tfrac{4}{2} \qquad\qquad\qquad x_2 = -\tfrac{10}{2}$$
$$x_1 = -2 \qquad\qquad\qquad x_2 = -5$$
$$L = \{-2; -5\}$$

$$x^2 + px + q = 0 \qquad\qquad |-q$$
$$x^2 + px = -q$$
$$x^2 + px + \left(\tfrac{p}{2}\right)^2 = -q + \left(\tfrac{p}{2}\right)^2$$
$$\left(x + \tfrac{p}{2}\right)^2 = \left(\tfrac{p}{2}\right)^2 - q$$
$$x + \tfrac{p}{2} = \sqrt{\left(\tfrac{p}{2}\right)^2 - q} \quad \vee \quad x + \tfrac{p}{2} = -\sqrt{\left(\tfrac{p}{2}\right)^2 - q}$$
$$x_1 = -\tfrac{p}{2} + \sqrt{\left(\tfrac{p}{2}\right)^2 - q}; \qquad x_2 = -\tfrac{p}{2} - \sqrt{\left(\tfrac{p}{2}\right)^2 - q}$$
$$L = \left\{ -\tfrac{p}{2} + \sqrt{\left(\tfrac{p}{2}\right)^2 - q}; \quad -\tfrac{p}{2} - \sqrt{\left(\tfrac{p}{2}\right)^2 - q} \right\}$$
$$\text{für } \left(\tfrac{p}{2}\right)^2 - q \geq 0$$

a) Setze die Werte für p und q aus der Gleichung $x^2 + 7x + 10 = 0$ in die Lösungsterme ein und berechne die Lösungen.

b) Der Radikand $\left(\tfrac{p}{2}\right)^2 - q$ aus der Lösungsformel heißt Diskriminante* von $x^2 + px + c = 0$. Welchen Wert muss die Diskriminate annehmen, damit die quadratische Gleichung $x^2 + px + q = 0$ zwei Lösungen, eine Lösung oder keine Lösung hat? Begründe.

$$x^2 + 2x + 5 = 0$$
$$p = 2; \ q = 5$$
$$\left(\tfrac{p}{2}\right)^2 - q$$
$$= \left(\tfrac{2}{2}\right)^2 - 5$$
$$= 1 - 5$$
$$= -4$$
$$L = \{\}$$

2 Bestimme jeweils zunächst den Wert der Diskriminante und gib die Anzahl der Lösungen an. Sind Lösungen vorhanden, so berechne diese.

a) $x^2 + 10x + 42 = 0$ b) $x^2 + 6x + 5 = 0$ c) $x^2 - 34x + 289 = 0$ d) $x^2 + 4x + 5 = 0$
    $x^2 + 8x - 20 = 0$ $x^2 - 14x - 32 = 0$ $x^2 - 68x + 1156 = 0$ $x^2 - 9x + 25 = 0$
    $x^2 + 0{,}6x + 0{,}9 = 0$ $x^2 - 68x + 67 = 0$ $x^2 - 0{,}2x + 0{,}01 = 0$ $x^2 - 2x - 3 = 0$
    $x^2 - 1{,}3x + 0{,}4 = 0$ $x^2 - 2{,}4x + 1{,}44 = 0$ $x^2 + 30x + 216 = 0$ $x^2 - 14x - 95 = 0$

3 Forme die Gleichung in die Normalform $x^2 + px + q = 0$ um. Überprüfe zunächst, ob $\left(\tfrac{p}{2}\right)^2 - q \geq 0$ gilt. Bestimme anschließend die Lösungsmenge.

a) $2x^2 - 8x = 10$ b) $3x^2 - 18x = 48$ c) $5x^2 - 5x = 30$ d) $2{,}5\,x^2 + 17{,}5x = -15$
    $5x^2 - 25x = -30$ $4x^2 + 18x = -20$ $8x^2 - 6x = -1$ $1{,}5\,x^2 - 3x = 4{,}5$
    $2x^2 - 11x = -60$ $4x^2 - 6x = 4$ $2x^2 + 4x = 30$ $0{,}5\,x^2 - 0{,}25x = 0{,}75$

Die Lösungen der quadratischen Gleichung in der Normalform $x^2 + px + q = 0$ ($p, q \in \mathbb{R}$) ergeben sich aus der Lösungsformel:

$$x_1 = -\tfrac{p}{2} + \sqrt{\left(\tfrac{p}{2}\right)^2 - q} \qquad\qquad\qquad x_2 = -\tfrac{p}{2} - \sqrt{\left(\tfrac{p}{2}\right)^2 - q}$$

Die Anzahl der Lösungen hängt ab vom Wert der **Diskriminante** $\left(\tfrac{p}{2}\right)^2 - q$.

Zwei Lösungen	**Eine Lösung**	**Keine Lösung**
$\left(\tfrac{p}{2}\right)^2 - q > 0$	$\left(\tfrac{p}{2}\right)^2 - q = 0$	$\left(\tfrac{p}{2}\right)^2 - q < 0$

Die Lösungsformel kannst du nur anwenden, wenn $\left(\tfrac{p}{2}\right)^2 - q \geq 0$ ist.

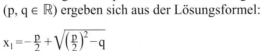

* discriminare (lat): trennen, unterscheiden

1 Bestimme die Lösungsmenge

a) $x^2 + 5x + 6 = 0$ b) $x^2 - 4x - 32 = 0$
    $x^2 + x - 12 = 0$ $x^2 + 7x + 10 = 0$

c) $x^2 + 10x - 24 = 0$ d) $x^2 + 12x - 85 = 0$
    $x^2 + 10x - 56 = 0$ $x^2 - x - 12 = 0$

e) $x^2 + 3x - 10 = 0$ f) $x^2 + 8x - 48 = 0$
    $x^2 - 12x - 45 = 0$ $x^2 + 3x - 18 = 0$

g) $x^2 - 6x - 27 = 0$ h) $x^2 - 2,5x - 21 = 0$
    $x^2 + 7x - 78 = 0$ $x^2 - 5x + 3,36 = 0$

i) $x^2 + 2x + 0,75 = 0$ k) $x^2 + 4,5x + 2 = 0$
    $x^2 - 0,5x - 3 = 0$ $x^2 - x + 0,16 = 0$

l) $x^2 - 3x - 10 = 0$ m) $x^2 + 0,5x - 0,36 = 0$
    $x^2 + 7x - 120 = 0$ $x^2 + 11x + 24 = 0$

n) $x^2 - 2x - 3 = 0$ o) $x^2 - 3,25x + 2,5 = 0$
    $x^2 + 1,4x - 4,8 = 0$ $x^2 + 2x - 3 = 0$

$$x^2 + 7x - 98 = 0$$
$$p = 7 \qquad q = -98$$
$$x_{1,2} = -\frac{p}{2} \pm \sqrt{\left(\frac{p}{2}\right)^2 - q}$$
$$x_{1,2} = -\frac{7}{2} \pm \sqrt{\left(\frac{7}{2}\right)^2 + 98}$$
$$x_{1,2} = -\frac{7}{2} \pm 10,5$$
$$x_1 = 7 \qquad x_2 = -14$$

Probe: $7^2 + 7 \cdot 7 - 98 = 0$
$$0 = 0 \ \ (w)$$
$$(-14)^2 + 7 \cdot (-14) - 98 = 0$$
$$196 \quad - 98 \quad - 98 = 0$$
$$0 = 0 \ \ (w)$$

$L = \{7; -14\}$

L $\{1; -3\}$; $\{8; -4\}$; $\{1,6; -3\}$; $\{-2; -3\}$; $\{3, -4\}$; $\{4; -12\}$; $\{2; -12\}$; $\{-2; -5\}$; $\{2; -5\}$; $\{4,2; 0,8\}$; $\{2; -1,5\}$; $\{0,4; -0,9\}$; $\{5; -17\}$; $\{15; -3\}$; $\{4; -14\}$; $\{6; -13\}$; $\{3; -6\}$; $\{2; 1,25\}$; $\{3; -1\}$; $\{-3; -8\}$; $\{6; -3,5\}$; $\{9; -3\}$; $\{-0,5; -1,5\}$; $\{-0,5; -4\}$; $\{8; -15\}$; $\{0,8; 0,2\}$; $\{-3; 4\}$; $\{5; -2\}$

2 Forme die Gleichung zunächst in die Normalform um. Bestimme die Lösungsmenge.

a) $4x^2 + 80x - 176 = 0$ b) $1,5x^2 + 12x + 10,5 = 0$ c) $1,5x^2 - 3x - 12 = 0$
   $12x^2 - 96x - 240 = 0$ $9x^2 - 0,9x - 0,18 = 0$ $0,7x^2 - 1,4x - 56 = 0$
   $1,2x^2 - 6x - 7,2 = 0$ $4,4x^2 - 22x - 105,6 = 0$ $0,1x^2 - 1,8x + 1,7 = 0$
   $5x^2 - 50x + 120 = 0$ $3x^2 + 30x + 75 = 0$ $4,5x^2 + 45x + 108 = 0$

3 Forme um und bestimme die Lösungsmenge.

a) $x^2 - 7x + 8 = -4$ b) $x^2 - 18x + 26 = -30$ c) $x^2 - 10x + 19 = 10$ d) $x^2 - 2,5x - 4 = 8,5$
   $x^2 + 9x + 20 = 6$ $x^2 - 8x - 62 = 66$ $x^2 + 11x + 12 = 2$ $x^2 - 1,5x - 3,5 = -1$
   $x^2 - 5x - 10 = -14$ $x^2 + 12x - 30 = 15$ $x^2 - x + 2,25 = 2$ $x^2 + 0,2x - 0,1 = 0,14$
   $x^2 - 4x + 15 - 12$ $x^2 - 12x + 20 = 14$ $x^2 - 6x - 24 = 3$ $x^2 - 20x - 18 = 82$

4

$$x^2 + \frac{1}{3}x - \frac{20}{9} = 0$$
$$x_{1,2} = -\frac{1}{6} \pm \sqrt{\left(\frac{1}{6}\right)^2 + \frac{20}{9}}$$
$$x_{1,2} = -\frac{1}{6} \pm \sqrt{\frac{1}{36} + \frac{80}{36}}$$
$$x_{1,2} = -\frac{1}{6} \pm \frac{9}{6}$$
$$x_1 = \frac{8}{6} \qquad x_2 = -\frac{10}{6}$$
$$L = \{1\tfrac{1}{3}; -1\tfrac{2}{3}\}$$

Bestimme die Lösungsmenge.

a) $x^2 + \frac{1}{2}x - \frac{1}{2} = 0$ b) $x^2 - \frac{2}{3}x - \frac{1}{3} = 0$
   $x^2 + \frac{4}{5}x - \frac{1}{5} = 0$ $x^2 - \frac{6}{5}x - \frac{27}{25} = 0$
   $x^2 + \frac{6}{4}x - \frac{10}{4} = 0$ $x^2 - \frac{4}{3}x - \frac{4}{3} = 0$

c) $3x^2 - 5x = \frac{11}{12}$ d) $2x^2 - \frac{6}{4}x = \frac{10}{8}$
   $\frac{1}{6}x^2 + \frac{1}{4}x = \frac{1}{6}$ $x^2 - \frac{8}{9}x = \frac{1}{9}$
   $x^2 + \frac{4}{7}x = \frac{12}{49}$ $\frac{1}{2}x^2 - \frac{3}{10}x = \frac{9}{25}$

5 Forme die Gleichung zunächst in die Normalform um. Bestimme die Lösungsmenge.

a) $-4x^2 + 44x = 96$ b) $12{,}6x^2 - 126x = -302{,}4$ c) $12x - 8 + 2x^2 = 4x - 14$

$\quad 1{,}2x^2 + 2{,}4x = 18$ $\qquad 13{,}5x^2 - 81x = 216$ $\qquad\quad 8{,}4x + 19{,}2 + 3{,}6x^2 = 9{,}6 - 2{,}4x + 2{,}4x^2$

$\quad 8x^2 + 104x = -288$ $\qquad -9{,}6x^2 + 7{,}2x = 1{,}2$ $\qquad\quad -3{,}6x + 6 + 1{,}2x^2 = 0{,}9x^2 + 0{,}6x - 6$

$\quad 1{,}8x^2 - 36x = -172{,}8$ $\quad 0{,}25x^2 - 0{,}125x = 0{,}375$ $\qquad -3x^2 + 15x - 21 = -15x + 42$

6 Bestimme die Lösungsmenge.

a) $(x+5)(x-4) = 20$ $\qquad\qquad$ b) $(2x+4)(x+0{,}5) = 3x^2 - 4$

$\quad (x-5)(x-2) = 2x(x-8)$ $\qquad\quad (x+3)(x-2) + (x-1)(x+5) = (x+4)(x+2) + 1$

$\quad (2x+4)(x-5) = (x-8)(3x+9)$ $\qquad (2x+8)(x-3) = 76 + (2x+4)(5-x)$

$\quad (2x+2)(x-2) = (x+1)(x+2)$ $\qquad -41 + (6x+2)(4x-1) + (2x+3)(8x+5) = 0$

7 Bestimme die Lösungsmenge.

a) $(x+4)^2 = (2x-4)(x+4)$ $\qquad\qquad$ b) $(x-14)^2 = (x-6)^2 + (x-13)^2$

$\quad (2x+1)^2 = x(3x+5) + 3$ $\qquad\qquad\quad (x-2)^2 - 3(x-2) = 10$

$\quad (x+4)^2 + (x+5)^2 = (x+6)^2$ $\qquad\quad (x+2)^2 - (x+4)^2 = (x+6)^2$

$\quad 3(x+5)^2 = 1 + 2(x+3)^2$ $\qquad\qquad (3x+1)^2 - (x+1)^2 = (2x+4)^2$

8 Gleichungen, bei denen Variablen im Nenner auftreten, heißen **Bruchgleichungen.** Beim Bestimmen der Lösungsmenge einer Bruchgleichung sind zunächst aus der Grundmenge die Elemente auszuschließen, für die beim Einsetzen der Nenner Null wird.

So kannst du die Lösungsmenge der Bruchgleichung $\frac{x}{x+3} = \frac{3x+2}{5x}$ bestimmen:

1. Bestimme die Definitionsmenge D der Gleichung.	Nenner: $x + 3$ $\qquad$ $5x$ Definitionsmenge: $D = \mathbb{R} \setminus \{0; -3\}$
2. Multipliziere die Gleichung mit dem Hauptnenner.	$\frac{x}{x+3} = \frac{3x+2}{5x} \qquad \vert \cdot 5x(x+3)$ $\frac{5x\,\cancel{(x+3)} \cdot x}{\cancel{(x+3)}} = \frac{\cancel{5x}(x+3)(3x+2)}{\cancel{5x}}$
3. Forme um in die Normalform und bestimme die Lösungsmenge.	$5x^2 = (x+3)(3x+2)$ $x^2 - 5{,}5x - 3 = 0$ $L = \{6; -0{,}5\}$

Bestimme zunächst die Definitionsmenge, danach die Lösungsmenge.

a) $\frac{2}{x} - 2x = 3$ $\qquad\qquad$ b) $3x - \frac{30}{x} = 9$ $\qquad\qquad$ c) $\frac{x-10}{x} + \frac{3}{x-2} = 0$

$\quad x - \frac{24}{x} = 5$ $\qquad\qquad\quad\; x + \frac{5}{x} - 6 = 0$ $\qquad\qquad\quad \frac{x+11}{x+3} = \frac{2x+1}{x+5}$

$\quad 2x + \frac{16}{x} = 12$ $\qquad\qquad\; 4x + \frac{10}{x} = 22$ $\qquad\qquad\quad \frac{x+5}{12} = 0{,}5 + \frac{4}{x+1}$

9 Bestimme die Lösungsmenge.

a) $\frac{3}{2x+2} + 2{,}5 = \frac{5}{x+1}$ $\qquad$ b) $\frac{30}{x} = \frac{13}{x-2} + \frac{16}{x+1}$ $\qquad$ c) $\frac{7-x}{11-2x} + \frac{4x-5}{3x-1} = 2$

1

Mit meinem Satz kannst du zu vorgegebenen Lösungen quadratische Gleichungen aufstellen ...

... und überprüfen, ob zwei Zahlen Lösungen einer Gleichung sind.

$$(x-2) \cdot (x-4) = 0$$
$$x-2=0 \quad x-4=0$$
$$x_1=2 \quad x_2=4$$
$$L = \{2; 4\}$$

$$(x+3) \cdot (x+5) = 0$$
$$x+3=0 \quad x+5=0$$
$$x_1=-3 \quad x_2=-5$$
$$L = \{-3; -5\}$$

a) Bestimme jeweils die Lösungen der quadratischen Gleichungen
$$(x - 7) \cdot (x - 10) = 0,$$
$$(x + 4) \cdot (x + 8) = 0.$$
Beschreibe deinen Lösungsweg.

b) Gib eine quadratische Gleichung an, die die Lösungen $x_1 = 3$ und $x_2 = 5$ ($x_1 = -7$; $x_2 = -9$) hat. Begründe deine Antwort.

c) Erläutere, wie im Beispiel zu der vorgegebenen Lösungsmenge $L = \{4; 6\}$ die quadratische Gleichung in der Normalform aufgestellt wird.

d) Ergänze die Tabelle im Heft.

x_1	x_2	Normalform	p	q
4	6	$x^2 - 10x + 24 = 0$	-10	24
3	5			
5	-4			
-1	1			
-2	-4			

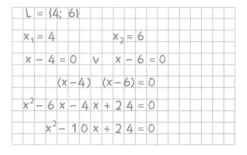

$$L = \{4; 6\}$$
$$x_1 = 4 \qquad x_2 = 6$$
$$x - 4 = 0 \quad \lor \quad x - 6 = 0$$
$$(x-4) \quad (x-6) = 0$$
$$x^2 - 6x - 4x + 24 = 0$$
$$x^2 - 10x + 24 = 0$$

e) Vergleiche die Lösungen x_1 und x_2 mit den Koeffizienten p und q in der Normalform. Was stellst du fest?

2 Die reellen Zahlen x_1 und x_2 sind Lösungen der Gleichung

$$(x - x_1)(x - x_2) = 0.$$

Beschreibe, wie diese Gleichung in die Normalform der quadratischen Gleichung

$$x^2 + px + q = 0$$

umgeformt wird.

$$L = \{x_1; x_2\}$$
$$(x - x_1)(x - x_2) = 0$$
$$x^2 - x_1 \cdot x - x_2 \cdot x + x_1 \cdot x_2 = 0$$
$$x^2 - (x_1 + x_2) \cdot x + x_1 \cdot x_2 = 0$$
$$x^2 + \underbrace{[-(x_1 + x_2)]}_{p} \cdot x + \underbrace{x_1 \cdot x_2}_{q} = 0$$

3 Die Lösungen einer quadratischen Gleichung in Normalform lassen sich nach den beiden Formeln bestimmen:

$$x_1 = -\frac{p}{2} + \sqrt{\left(\frac{p}{2}\right)^2 - q}; \quad x_2 = -\frac{p}{2} - \sqrt{\left(\frac{p}{2}\right)^2 - q}$$

Das Beispiel zeigt dir, wie mithilfe der Lösungsformeln hergeleitet wird:

$$x_1 \cdot x_2 = q$$

Leite ebenso her: $-(x_1 + x_2) = p$

$$x_1 = -\frac{p}{2} + \sqrt{\left(\frac{p}{2}\right)^2 - q}; \quad x_2 = -\frac{p}{2} - \sqrt{\left(\frac{p}{2}\right)^2 - q}$$

$$x_1 \cdot x_2 = \left(-\frac{p}{2} + \sqrt{\left(\frac{p}{2}\right)^2 - q}\right) \cdot \left(-\frac{p}{2} - \sqrt{\left(\frac{p}{2}\right)^2 - q}\right)$$

$$= \frac{p^2}{4} - \left[\left(\frac{p}{2}\right)^2 - q\right]$$

$$= \frac{p^2}{4} - \frac{p^2}{4} + q$$

$$x_1 \cdot x_2 = q$$

* Viëta, französischer Mathematiker (1540–1603)

Für die Lösungen x_1 und x_2 einer quadratischen Gleichung in der Normalform
$x^2 + px + q = 0$ gilt: $p = -(x_1 + x_2)$ und $q = x_1 \cdot x_2$.

4 Gib jeweils die zur Lösungsmenge gehörende Gleichung in Normalform an.

a) $L = \{3; 2\}$ b) $L = \{1; -1\}$

$L = \{5; 3\}$ $L = \{0; -2\}$

$L = \{2; 6\}$ $L = \{-2; 5\}$

c) $L = \{-3; -4\}$ d) $L = \{4\}$

$L = \{-1; -4\}$ $L = \{-4\}$

$L = \{-2; 1\}$ $L = \{0\}$

> $L = \{-2; 5\}$
> $p = -(x_1 + x_2) = -[(-2) + 5]$
> $p = -3$
> $q = x_1 \cdot x_2 = (-2) \cdot (5)$
> $q = -10$
> $x^2 - 3x - 10 = 0$

5 Überprüfe mithilfe des Satzes von Viëta, ob die Lösungsmenge richtig angegeben ist.

a) $x^2 + 2x - 3 = 0$ $L = \{-3; 1\}$ b) $x^2 - x - 6 = 0$ $L = \{-2; 3\}$

c) $x^2 + 3x - 40 = 0$ $L = \{-5; 8\}$ d) $x^2 - 4x + 5 = 0$ $L = \{5; 1\}$

e) $x^2 + 4x - 45 = 0$ $L = \{5; -9\}$ f) $x^2 + 3x - 88 = 0$ $L = \{11; -8\}$

6 So kannst du die Lösungen der quadratischen Gleichung $x^2 - 8x + 12 = 0$ mithilfe des Satzes von Viëta bestimmen (x_1 und x_2 sind ganzzahlig):

1. Zerlege q in zwei ganzzahlige Faktoren.

$x^2 - 8x + 12 = 0$

$p = -8 \qquad q = 12$

1. Faktor	1	2	3	-1	-2	-3
2. Faktor	12	6	4	-12	-6	-4

2. Bilde jeweils die Summe der Faktoren.

$1 + 12 = 13$ $-1 + (-12) = -13$

$2 + 6 = 8$ $-2 + (-6) = -8$

$3 + 4 = 7$ $-3 + (-4) = -7$

3. Überprüfe, für welche Zerlegung von q gilt: $p = -(x_1 + x_2)$

$-8 = -(2 + 6)$

4. Gib die Lösungsmenge an.

$L = \{2; 6\}$

Hier musst du systematisch probieren!

Bestimme die Lösungsmenge mithilfe des Satzes von Viëta.

a) $x^2 - 9x + 18 = 0$ b) $x^2 - 6x + 5 = 0$ c) $x^2 - 15x + 50 = 0$ d) $x^2 - 21x + 108 = 0$

$x^2 + 5x - 8 = 0$ $x^2 + 8x + 15 = 0$ $x^2 - 30x + 144 = 0$ $x^2 + 14x - 72 = 0$

$x^2 + 5x + 6 = 0$ $x^2 + x = 0$ $x^2 + 4x - 21 = 0$ $x^2 - 11x - 60 = 0$

$x^2 - 20x + 100 = 0$ $x^2 - 2x - 35 = 0$ $x^2 - x - 56 = 0$ $x^2 + 8x - 84 = 0$

7 Bei den folgenden quadratischen Gleichungen ist die Lösung x_1 gegeben. Bestimme die zweite Lösung x_2 und den fehlenden Koeffizienten.

a) $x^2 - 21x + q = 0$; $x_1 = 7$ b) $x^2 + px - 264 = 0$; $x_1 = 12$

$x^2 + 9x + q = 0$; $x_1 = -11$ $x^2 + px - 80 = 0$; $x_1 = 20$

$x^2 - 25x + q = 0$; $x_1 = 5$ $x^2 + px - 20 = 0$; $x_1 = 8$

Quadratische Gleichung

Eine Gleichung der Form

$ax^2 + bx + c = 0 \, (a, b, c, \in \mathbb{R}; a \neq 0)$

heißt quadratische Gleichung.

$$4x^2 + 24x + 32 = 0$$
$$x^2 - 14x = 0$$
$$x^2 - 36 = 0$$

Normalform der quadratischen Gleichung

Eine Gleichung der Form

$x^2 + px + q = 0 \, (p, q \in \mathbb{R})$

heißt Normalform der quadratischen Gleichung.

$$x^2 + 12x + 35 = 0$$
$$x^2 - 11x + 30 = 0$$
$$x^2 - 3x - 10 = 0$$

Lösungen der quadratischen Gleichung

Die Lösungen der quadratischen Gleichung in der Normalform $x^2 + px + q = 0$ ergeben sich aus der Lösungsformel:

$$x_{1,2} = -\frac{p}{2} \pm \sqrt{\left(\frac{p}{2}\right)^2 - q}$$

Die **Anzahl** der **Lösungen** hängt ab vom Wert der **Diskriminant.**

Zwei Lösungen: $\left(\frac{p}{2}\right)^2 - q > 0$

Eine Lösung: $\left(\frac{p}{2}\right)^2 - q = 0$

Keine Lösung: $\left(\frac{p}{2}\right)^2 - q < 0$

$$x^2 - 7x + 10 = 0$$
$$p = -7; \; q = 10$$
$$x_{1,2} = -\frac{p}{2} \pm \sqrt{\left(\frac{p}{2}\right)^2 - q}$$
$$x_{1,2} = \frac{7}{2} \pm \sqrt{\left(\frac{7}{2}\right)^2 - 10}$$
$$x_1 = 5; \quad x_2 = 2$$

Probe: $5^2 - 7 \cdot 5 + 10 = 0$
$$0 = 0 \; (\text{w})$$
$$2^2 - 7 \cdot 2 + 10 = 0$$
$$0 = 0 \; (\text{w})$$
$$L = \{5; 2\}$$

Die Lösungen quadratischer Gleichungen der Form $x^2 + px + q = 0$ sind die Nullstellen der zugehörigen quadratischen Funktionen.

$x^2 + 4x + 3 = 0$	$x^2 - 2x + 1 = 0$	$x^2 - 4x + 5 = 0$

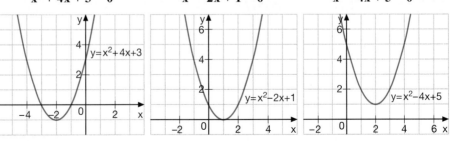

Nullstellen: $x_1 = -1; \; x_2 = -3$ Nullstellen: $x = 1$ keine Nullstelle

$L = \{-1; -3\}$ $L = \{1\}$ $L = \{\,\}$

Der Satz von Viëta

Für die Lösungen x_1 und x_2 einer quadratischen Gleichung in der Normalform $x^2 + px + q = 0$ gilt: $p = -(x_1 + x_2)$ und $q = x_1 \cdot x_2$.

1 Zu jeder quadratischen Gleichung in der Normalform gehört eine quadratische Funktion, deren Graph eine Normalparabel oder eine verschobene Normalparabel ist.

Quadratische Gleichung:
$$x^2 - x - 2 = 0$$

Funktionsgleichung:
$$y = x^2 - x - 2$$

Funktionsgleichung in Scheitelpunktform:
$$y = (x - 0,5)^2 - 2,25$$

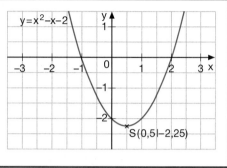

a) Lies aus dem abgebildeten Graphen die Nullstellen der quadratischen Funktion ab.
b) Überprüfe durch eine Rechnung, ob die so bestimmten x-Werte auch Lösungen der quadratischen Gleichung $x^2 - x - 2 = 0$ sind. Beschreibe deinen Lösungsweg.
c) Bestimme grafisch die Lösungsmenge der Gleichung $x^2 - 5x + 4 = 0$ $(x^2 + 6x + 5 = 0;$ $x^2 + 4x - 5 = 0;$ $3x^2 + 18x = -15)$.

2 In dem Beispiel wird die Gleichung $x^2 - 2x + 3 = 0$ so umgeformt, dass auf der linken Seite nur der quadratische Term x^2 steht.
Der Term x^2 wird als Funktionsterm einer quadratischen Funktion, der Term $2x + 3$ als Funktionsterm einer linearen Funktion betrachtet.

Es gibt ein zweites Verfahren.

Quadratische Gleichung
$$x^2 - 2x - 3 = 0 \qquad | + 2x \, | + 3$$
$$x^2 = 2x + 3$$

Quadratische Funktion:
$$f: y = x^2$$

Lineare Funktion:
$$g: y = 2x + 3$$

Der Graph der quadratischen Funktion f: $y = x^2$ ist die Normalparabel. Der Graph der linearen Funktion g: $y = 2x + 3$ ist eine Gerade.
a) Erläutere, warum die x-Koordinaten der Schnittpunkte beider Graphen die Lösungen der quadratischen Gleichung $x^2 = 2x + 3$ sind.
b) Lies die x-Koordinaten der Schnittpunkte ab und überprüfe durch eine Rechnung, ob diese Werte Lösungen der quadratischen Gleichung $x^2 - 2x - 3 = 0$ sind.

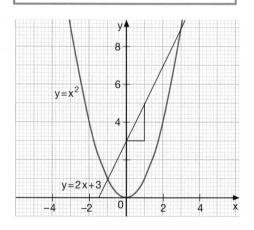

3 Bestimme grafisch die Lösungsmenge der quadratischen Gleichung.

a) $x^2 + 10x - 11 = 0$
   $x^2 + 2x - 3 = 0$
   $x^2 - 1,5x - 2,5 = 0$

b) $x^2 + 6x + 8 = 0$
   $x^2 + 0,5x - 1,5 = 0$
   $x^2 + x - 6 = 0$

c) $x^2 + 4x + 11 = 0$
   $x^2 + 4x + 3 = 0$
   $x^2 - x - 12 = 0$

d) $2x^2 + 12x = -10$
   $4x^2 - 12x = -5$
   $4,2x^2 + 2,1x = 12,6$

1 a)

Zahlenrätsel

b) Die Summe aus dem Quadrat einer Zahl und ihrem Achtfachen ergibt 105.
c) Das Zwölffache einer Zahl ist gleich der Summe aus dem Quadrat der Zahl und 11.
d) Addierst du zum Quadrat einer Zahl die Zahl selbst, so erhältst du 240.
e) Das Quadrat einer Zahl ist so groß wie die Differenz aus 3 und dem Zweifachen der Zahl.
f) Das Produkt aus einer Zahl und ihrem Nachfolger ergibt 600.
g) Das Produkt aus einer Zahl und ihrem Vorgänger ist 6480.
h) Das Produkt aus einer Zahl und der Summe aus dem Doppelten der Zahl und ihrem Nachfolger ergibt 200.

2 a) Das Produkt aus einer Zahl und der um 1 vergrößerten Zahl ergibt 342.
b) Das Produkt aus einer Zahl und der um 6 verkleinerten Zahl ergibt 187.
c) Vergrößerst du in dem Produkt $23 \cdot 31$ jeden Faktor um dieselbe Zahl, so wird der Wert des Produktes 945.
d) Verringerst du in dem Produkt $15 \cdot 22$ jeden Faktor um dieselbe Zahl, so wird der Wert dieses Produktes 198.

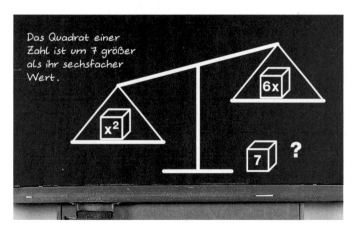

3 a) Welche Zahl ist im abgebildeten Beispiel gemeint?
b) Das Quadrat einer Zahl ist um 75 kleiner als ihr zwanzigfacher Wert.
c) Das Achtfache einer Zahl ist um 84 kleiner als ihr Quadrat.
d) Um welche Zahl muss jeder Faktor des Produkts $8 \cdot 11$ vergrößert werden, damit das Produkt um 120 größer wird?

4 a) Das Produkt zweier Zahlen ergibt 500, ihre Summe 45. Bestimme die Zahlen.
b) Die Differenz zweier Zahlen ist 5, das Produkt der Zahlen beträgt 150. Wie heißen die Zahlen?

Produkt:	$x \cdot y = 500$
Summe:	$x + y = 45$
	$y = 45 - x$
Gleichung:	$x \cdot (45 - x) = 500$

Aus der Geometrie

1 a) Von zwei benachbarten Seiten eines Quadrates wird die eine Seite um 4 cm verlängert und die andere um 2 cm verkürzt.
Der Flächeninhalt des so entstandenen Rechtecks beträgt 72 cm². Wie lang ist eine Quadratseite?

b) Wird die eine Seite eines Quadrates um 6 cm und die benachbarte Seite um 8 cm verkürzt, so beträgt der Flächeninhalt des entstandenen Rechtecks 1680 cm².

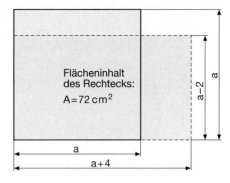

Flächeninhalt des Rechtecks:
A = 72 cm²

Gleichung: $(a + 4)(a - 2) = 72$

2 a) Werden die Seite und die Nachbarseite eines Quadrates jeweils um 8 cm verlängert, so beträgt der Flächeninhalt des neuen Quadrates das 2,25fache des ursprünglichen Flächeninhalts. Wie lang ist eine Seite des Quadrates?

b) Verkürzt du eine Seite eines Quadrates um 6 cm und die benachbarte Seite um 8 cm, so nimmt der Flächeninhalt um die Hälfte ab.

3 a) Der Flächeninhalt eines Rechtecks beträgt 1470 m². Die Länge des Rechtecks ist um 7 m größer als seine Breite. Wie lang sind die Seiten des Rechtecks?

b) Der Umfang eines Rechtecks beträgt 74 m, sein Flächeninhalt 322 m². Berechne die Länge und die Breite des Rechtecks.

4

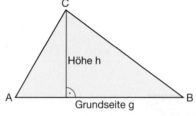

Flächeninhalt $A = \dfrac{g \cdot h}{2}$

a) Die Grundseite g ist um 8 cm länger als die zugehörige Höhe h. Der Flächeninhalt des Dreiecks beträgt 154 cm². Berechne die Länge der Höhe und die Länge der Grundseite.

b) Ein Dreieck hat den Flächeninhalt 576 m². Die Höhe h ist halb so lang wie die zugehörige Grundseite g. Berechne h und g.

c) Der Flächeninhalt eines rechtwinkligen Dreiecks beträgt 30 cm². Eine Kathete ist um 7 cm länger als die andere. Wie lang sind die Katheten, wie lang ist die Hypotenuse?

Hier brauchst du den Satz des Pythagoras.

5 a) Die Hypotenuse eines rechtwinkliges Dreiecks ist 52 m lang. Wie lang ist jede Kathete, wenn ihre Gesamtlänge 68 m beträgt?

b) Die Hypotenuse eines rechtwinkligen Dreiecks ist um 14 cm länger als die eine Kathete und um 7 cm länger als die andere Kathete. Wie lang sind die Seiten des Dreiecks?

6 Das Volumen eines Quaders beträgt 3750 cm³. Die Grundfläche ist um 10 cm länger als breit; die Höhe des Körpers beträgt 10 cm.
Berechne die Länge und die Breite der Grundfläche.

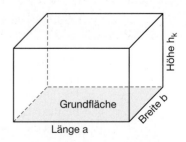

1 Gleichungen, in denen die Variable im Radikanden einer Wurzel auftritt, heißen **Wurzelgleichungen**.

a) Da der Radikand keine negative Zahl sein darf, muss zunächst die Definitionsmenge der Gleichung bestimmt werden.
Beschreibe, wie in dem Beispiel die Definitionsmenge der Gleichung bestimmt wird.

Wurzelgleichung: $\sqrt{8 - 4x} + x = 2$
Wurzelterm: $\sqrt{8 - 4x}$

$$\begin{aligned} 8 - 4x &\geq 0 &&| -8 \\ -4x &\geq -8 &&| : (-4) \\ x &\leq 2 \end{aligned}$$

Definitionsmenge: $D = \{x \in \mathbb{R} \,|\, x \leq 2\}$

Lies: D ist gleich der Menge aller Elemente aus $\mathbb{R}$, für die gilt: x kleiner oder gleich 2.

b) So kannst du die Lösungsmenge der Wurzelgleichung $\sqrt{2x + 6} + 1$ bestimmen:

1. Bestimme die Definitionsmenge.	$D = \{x \in \mathbb{R} \,|\, x \geq -3\}$
2. Isoliere den Wurzelterm der Gleichung auf einer Seite.	$\sqrt{2x + 6} + 1 = x \quad | -1$ $\sqrt{2x + 6} = x - 1$
3. Quadriere beide Seiten der Gleichung. Forme die quadratische Gleichung um in die Normalform und bestimme die Lösungen.	$2x + 6 = (x - 1)^2$ $2x + 6 = x^2 - 2x + 1$ $x^2 - 4x - 5 = 0$ $x_1 = 5 \qquad x_2 = -1$
4. Überprüfe, ob die Lösungen der quadratischen Gleichung Elemente der Definitionsmenge sind.	$x_1 = 5 \qquad\quad 5 \geq -3 \qquad\quad 5 \in D$ $x_2 = -1 \qquad -1 \geq -3 \qquad -1 \in D$
5. Mache die Probe, indem du Lösungen in die Wurzelgleichung einsetzt.	$\sqrt{2 \cdot 5 + 6} + 1 = 5 \qquad \sqrt{2 \cdot (-1) + 6} + 1 = -1$ $\sqrt{16} + 1 = 5 \qquad\qquad \sqrt{4} + 1 = -1$ $5 = 5 \,(w) \qquad\qquad 3 = -1 \,(f)$
6. Gib die Lösungsmenge an.	$L = \{5\}$

c) Erläutere, warum das Quadrieren der Wurzelgleichung $\sqrt{2x + 6} = x - 1$ keine Äquivalenzumformung gewesen ist.

2 Bestimme zunächst die Definitionsmenge, danach die Lösungsmenge.

a) $\sqrt{4x - 4} + 1 = x$
$\sqrt{8 - 4x} + x = 2$
$\sqrt{2x + 3} - x = 2$
$\sqrt{13 - 4x} + x = 2$

b) $\sqrt{2x + 29} + 2 = x - 1$
$\sqrt{20x + 1} - x = 5$
$\sqrt{2x - 3} = x - 3$
$\sqrt{20 - x} + 3x = 16$

c) $\sqrt{2x + 25} + 2x = 2{,}5x - 35$
$\sqrt{x + 26} + 3x = 2x + 16$
$5x - 2 = \sqrt{8 + x}$
$x - \sqrt{-x} + 2 = 0$

Das Quadrieren einer Gleichung ist keine Äquivalenzumformung. Lösungen von Wurzelgleichungen müssen durch eine Probe überprüft werden.

3 a) In der Wurzelgleichung $\sqrt{x+1} + \sqrt{x-4} = 5$ treten zwei Wurzelterme auf. Um die Lösungsmenge zu bestimmen, ist es notwendig, die Gleichung zweimal zu quadrieren.
Bestimme die Lösungsmenge der Wurzelgleichung $\sqrt{x+1} + \sqrt{x-4} = 5$ in deinem Heft.

b) Bestimme jeweils die Lösungsmenge.

$$\sqrt{2x+5} - \sqrt{3x-2} = 1$$
$$\sqrt{x+104} - \sqrt{x} = 8$$
$$\sqrt{10+x} = 2 + \sqrt{10-x}$$
$$\sqrt{6x+10} = 3 + \sqrt{3x-2}$$
$$\sqrt{16+x} = 2 + \sqrt{x}$$
$$\sqrt{x-32} = 16 - \sqrt{x}$$
$$\sqrt{x+1} + 3 = \sqrt{x+22}$$

Wurzelgleichung: $\sqrt{x+1} + \sqrt{x-4} = 5$
Wurzelterme: $\sqrt{x+1}$ $\sqrt{x-4}$

$$x+1 \geq 0 \qquad x-4 \geq 0$$
$$x \geq -1 \qquad\quad x \geq 4$$

Definitionsmenge: $D = \{x \in \mathbb{R} \mid x \geq 4\}$

$$\sqrt{x+1} + \sqrt{x-4} = 5 \qquad\qquad |-\sqrt{x-4}$$
$$\sqrt{x+1} = 5 - \sqrt{x-4}$$
$$(\sqrt{x+1})^2 = (5 - \sqrt{x-4})^2$$
$$x+1 = 25 - 10 \cdot \sqrt{x-4} + (x-4)$$
$$x+1-25-x+4 = -10\sqrt{x-4}$$
$$-20 = -10\sqrt{x-4} \quad |:(-10)$$
$$2 = \sqrt{x-4}$$
$$2 = (\sqrt{x-4})^2$$

4 Bestimme die Lösungsmenge. Achte beim Quadrieren auf die Faktoren vor den Wurzeltermen.

$$\sqrt{6+x} = 5 - \sqrt{7-x}$$
$$D = \{x \in \mathbb{R} \mid -6 \leq x \leq 7\}$$
$$(\sqrt{6+x})^2 = (5 - \sqrt{7-x})^2$$
$$6+x = 25 - 2 \cdot 5\sqrt{7-x} + (7-x)$$
$$10\sqrt{7-x} = 26 - 2x \qquad |:2$$
$$(5\sqrt{7-x})^2 = (13-x)^2$$
$$25(7-x) = 169 - 26x + x^2$$
$$175 - 25x = 169 - 26x + x^2$$
$$x^2 - x - 6 = 0$$
$$x_{1,2} = 0{,}5 \pm \sqrt{0{,}5^2 + 6}$$
$$x_1 = 3 \qquad\quad x_2 = -2$$
$$3 \in D \qquad\quad -2 \in D$$

Probe: $\sqrt{6+3} = 5 - \sqrt{7-3}$
$$3 = 3 \;(w)$$
$$\sqrt{6+(-2)} = 5 - \sqrt{7-(-2)}$$
$$2 = 2 \;(w)$$
$$L = \{3; -2\}$$

a) $\sqrt{3x+6} + \sqrt{x-1} = 6$
$\sqrt{3x+7} = 9 - \sqrt{5x+10}$
$\sqrt{x+3} + \sqrt{2x-3} = 6$

b) $\sqrt{x+6} + \sqrt{x-2} = 4$
$\sqrt{4x+1} + \sqrt{3x-2} = 9$
$\sqrt{x+5} = 7 - \sqrt{20-x}$

c) $\sqrt{x+13} = \sqrt{2x+22} - 1$
$\sqrt{2x+15} - 2 = \sqrt{x+4}$
$1 + \sqrt{x+5} = \sqrt{2x+3}$

d) $\sqrt{2x-1} = 2 + \sqrt{x-4}$
$\sqrt{3-x} + \sqrt{x-4} = 3$
$\sqrt{x+5} + \sqrt{21-x} = 6$

e) $8\sqrt{2x-5} = 10\sqrt{x+1}$
$9\sqrt{2x} = 6\sqrt{5x-4}$
$40\sqrt{x} + 30 = 140 - 15\sqrt{x}$

f) $\sqrt{2x+8} = \sqrt{x-3} + \sqrt{x+5}$
$\sqrt{5x-1} - \sqrt{x-1} = \sqrt{8-2x}$
$\sqrt{3x+4} - \sqrt{x-3} = \sqrt{x+2}$

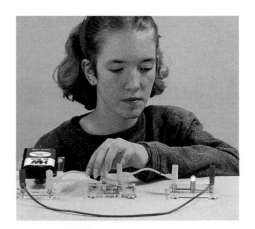

1 Versuche, bei denen sich die **Ergebnisse** nicht sicher vorhersagen lassen, sondern zufällig zustande kommen, heißen **Zufallsexperimente.**
Wo wird ein Zufallsexperiment dargestellt, wo nicht? Begründe deine Antwort.

2 Welche Ergebnisse sind bei den folgenden Zufallsexperimenten möglich?

a) Ein Glücksrad mit den Ziffern 1 bis 8 wird einmal gedreht.

b) Eine Münze (Bild und Zahl) wird zweimal hintereinander geworfen.

c) Eine zufällig ausgewählte Person wird nach ihrem Geburtsjahr gefragt.

d) Eine zufällig ausgewählte Person wird nach ihrer Muttersprache gefragt.

e) Ein weißer und ein roter Würfel werden jeweils einmal geworfen.

f) Aus einer Urne mit fünf roten, drei gelben und vier grünen Kugeln werden zwei Kugeln gezogen.

1

Die Schülerinnen und Schüler wollen in Gruppen Fragebögen zu unterschiedlichen Themen entwerfen. Mithilfe der Fragebögen sollen dann Umfragen durchgeführt werden. Nenne weitere mögliche Themen für eine Umfrage in der Schule.

2   In einem Fragebogen wird auch nach der Anzahl der Geschwister gefragt.

Dabei sind die vorgegebenen Antworten so formuliert, dass alle möglichen Ergebnisse erfasst werden können.

a) Ein zufällig ausgewählter Schüler wird nach der Anzahl seiner Geschwister gefragt. Nenne mögliche Ergebnisse, die zu der Antwort **„mehr als 5"** gehören.

b) Wodurch unterscheidet sich die Antwort **„mehr als 5"** von allen anderen Antworten?

> Verschiedene **Ergebnisse** lassen sich zu einem **Ereignis** zusammenfassen.

Wie viele Geschwister hast du?

Bitte kreuze die richtige Antwort an!

0	☐	**1**	☐
2	☐	**3**	☐
4	☐	**5**	☐
mehr als 5	☐		

3

Wie lang ist dein Schulweg (in km)?

Bitte kreuze die richtige Antwort an!

0 km bis einschließl. 5 km ☐

über 5 km bis einschließl. 10 km ☐

über 10 km bis einschließl. 15 km ☐

über 15 km bis einschließl. 20 km ☐

über 20 km ☐

Entwerfe einen Fragebogen zum Thema „Schulweg von Schülerinnen und Schülern".

Formuliere Fragen und Antworten zu folgenden Stichpunkten: Schulweglänge, Schulwegdauer, Verkehrsmittel, Kosten, Wartezeiten.

Achte darauf, dass es zu jedem möglichen Befragungsergebnis auch jeweils eine Antwort gibt.

1

Eine Gruppe von Schülerinnen und Schülern möchte in ihrer Schule eine Umfrage zum Thema „Wie verbringe ich meine Freizeit?" durchführen. Dazu wurde der folgende Fragebogen entworfen.

„Wie verbringst du deine Freizeit?"
Fragebogen

1. Gib dein Geschlecht an.   männlich ☐   weiblich ☐

2. Gib dein Alter in Jahren an.   ─────

3. Wie viele Personen leben in eurem Haushalt?   ─────

4. Wie viele Kinder leben (mit dir) in eurem Haushalt?   ─────

5. Was unternimmst du gemeinsam mit deinen Freundinnen und Freunden?
   Du darfst mehrere Möglichkeiten ankreuzen.

   Sport ☐   Bummeln/Herumfahren ☐

   Kino ☐   Disco/Party ☐

   Musik hören ☐   Fernsehen/Video ☐

   Spielen ☐   Selber kreativ sein ☐

   Sonstiges ☐

8. Mit wem verbringst du die meiste Zeit vor dem Fernseher?

   mit Freunden ☐   allein ☐

a) Überlege dir weitere Fragen zum Freizeitverhalten von Jugendlichen.
   Nicht jede Frage ist geeignet!

b) Wie muss der Fragebogen gestaltet werden, damit sich die Fragen auch gut auswerten lassen?

2 Die Angaben zum Lebensalter (in Jahren) wurden zunächst mithilfe einer **Strichliste** geordnet.

a) Wie viele Personen wurden insgesamt befragt?

b) Übertrage die **Häufigkeitstabelle** in dein Heft und trage die **absoluten Häufigkeiten** der einzelnen Altersangaben ein. Bestimme die zugehörigen **relativen Häufigkeiten** wie im Beispiel.

Lebensalter (Jahre)	
11	卌 ‖
12	卌 ‖
13	卌 卌 ‖
14	卌 ‖‖
15	卌 卌
16	卌 ‖

Lebensalter: *11 Jahre*

absolute Häufigkeit: *7*

Anzahl der Daten: *50*

relative Häufigkeit: $\frac{7}{50} = 0,14$

Häufigkeitstabelle

Lebensalter (Jahre)	absolute Häufigkeit	relative Häufigkeit
11	7	0,14
12	▦	▦
13	▦	▦
14	▦	▦
15	▦	▦
16	▦	▦
Summe	50	▦

c) Addiere die relativen Häufigkeiten. Was fällt dir auf?

d) Du kannst die Ergebnisse der Befragung auch in einem **Säulen-** oder einem **Stabdiagramm** darstellen. Vervollständige das Stabdiagramm im Heft.

Säulendiagramm

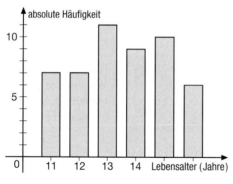

Stabdiagramm

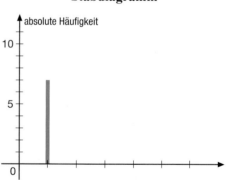

3 Die Antworten auf die Frage „Wie viele Personen leben mit dir in einem Haushalt?" wurden zunächst in einer **Urliste** gesammelt.

Urliste (Anzahl der Personen in einem Haushalt)
4 4 3 5 2 3 4 5 6 5 3 2 4 3 4 3 5 4 4 5 4 3 5 4 3
2 4 4 3 5 4 3 2 6 7 5 4 4 5 6 3 3 5 3 4 3 4 3 5 4

relative Häufigkeit:
$\frac{4}{50} = 0,08$

relative Häufigkeit in Prozent:
8%

a) Ordne die Daten mithilfe einer Strichliste.

b) Bestimme die absoluten Häufigkeiten der einzelnen Anzahlen und trage sie in eine Häufigkeitstabelle ein.

c) Berechne die relativen Häufigkeiten als Dezimalbruch und in Prozent und trage sie ebenfalls in der Häufigkeitstabelle ein.

d) Stelle die Verteilung der Häufigkeiten in einem Säulendiagramm (Stabdiagramm) dar.

4 In der Häufigkeitstabelle wird das Ergebnis der Befragung „Wie viele Kinder leben (mit dir) in diesem Haushalt?" dargestellt.

a) Ergänze die abgebildete Häufigkeitstabelle in deinem Heft.

b) Das Ergebnis der Umfrage soll in einem **Streifendiagramm (Blockdiagramm)** dargestellt werden.

Anzahl der Kinder	absolute Häufigkeit	relative Häufigkeit
1	18	
2	20	
3	7	
4	3	
5 und mehr	2	
Summe		

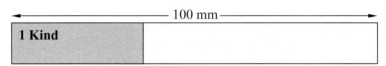

Begründe, warum in diesem Fall für die Gesamtlänge des Streifens 100 mm gewählt wurden. Zeichne das vollständige Streifendiagramm in dein Heft.

5 Die Schülerinnen und Schüler untersuchen zunächst die Fernsehgewohnheiten.

a) Lege eine Häufigkeitstabelle an und berechne die absoluten und relativen Häufigkeiten (auch in Prozent).

b) Stelle die Ergebnisse in einem Streifendiagramm (Gesamtlänge 100 mm) grafisch dar.

Komm mit nach draußen! Du musst nicht immer fernsehen!

6 Zu der Frage, mit wem Schülerinnen und Schüler ihre Zeit vor dem Fernseher verbringen, wurden drei Antwortmöglichkeiten vorgegeben.

Es durfte nur eine Antwort angekreuzt werden.

Stelle die in der Häufigkeitstabelle zusammengefassten Daten in einem geeigneten Diagramm dar.

Begründe deine Entscheidung.

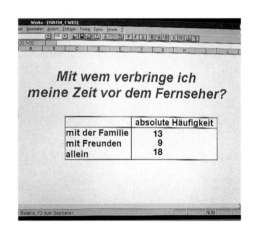

7 Führe selbst statistische Untersuchungen zu den Fernsehgewohnheiten von Schülern durch.

8 In diesem Fragebogen der Schülerzeitung wird auch nach der Anzahl der Videorekorder im Haushalt gefragt.

a) Ergänze die abgebildete Häufigkeitstabelle in deinem Heft.

b) So kannst du die in der Häufigkeitstabelle aufbereiteten Daten in einem **Kreisdiagramm** grafisch darstellen:

Anzahl der Videorecorder	absolute Häufigkeit	relative Häufigkeit
0	10	0,25
1	24	▨
2	5	▨
3 und mehr	1	▨
Summe	▨	▨

> *Hier wird der Zirkel gebraucht!*

Kreissektor (Kreisausschnitt)

1. Berechne zu jeder Häufigkeit den zugehörigen Winkel. Multipliziere dazu die Größe des Vollwinkels mit der relativen Häufigkeit.

2. Zeichne jeden Winkel im Kreis ein und beschrifte den zugehörigen Kreissektor.

Vollwinkel: 360°
relative Häufigkeit der Anzahl 0: 0,25
zugehöriger Winkel: 360° · 0,25 = 90°

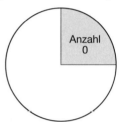

Vervollständige das Kreisdiagramm (Radius 5 cm) in deinem Heft.

9 Schülerinnen und Schülern wurde auch die Frage gestellt: „Wie viele Videofilme siehst du in der Woche?".

a) Lege eine Häufigkeitstabelle an und berechne die absoluten und die relativen Häufigkeiten (auch in Prozent).

b) Stelle die Ergebnisse in einem Kreisdiagramm grafisch dar (Radius 5 cm).

Anzahl der Videofilme pro Woche	
0	⊪⊪ ⊪⊪ ‖‖
1	⊪⊪ ⊪⊪ ⊪⊪ ‖
2	⊪⊪ ‖‖
3	⊪⊪ ‖
4	‖
5 und mehr	‖‖‖

10

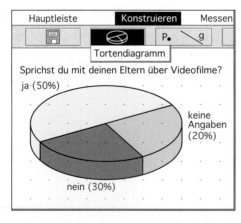

In der abgebildeten Grafik wird das Ergebnis einer Umfrage unter 60 Schülerinnen und Schülern dargestellt.

a) Berechne die absoluten Häufigkeiten.

b) Zeichne das zugehörige Kreisdiagramm (Radius 5 cm).

11 Führe selbst statistische Untersuchungen zum Thema „Videokonsum von Jugendlichen" durch. Stelle die Ergebnisse grafisch dar.

12 Bei der Frage, welche Fernsehsendungen Schülerinnen und Schüler interessieren, konnten mehrere Antworten gegeben werden. Das Ergebnis der Umfrage wird in dem abgebildeten **Stängel-und Blätter-Diagramm** dargestellt.

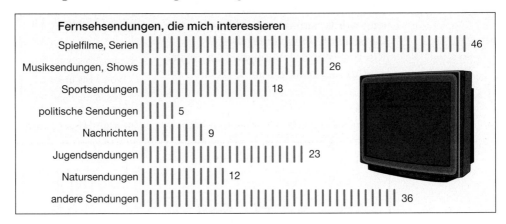

Fernsehsendungen, die mich interessieren

Spielfilme, Serien	46
Musiksendungen, Shows	26
Sportsendungen	18
politische Sendungen	5
Nachrichten	9
Jugendsendungen	23
Natursendungen	12
andere Sendungen	36

a) Wodurch wird die Länge der einzelnen **Blätter** bestimmt?
b) Befragt wurden insgesamt 50 Schülerinnen und Schüler. Berechne für jede angegebene Art der Fernsehsendung den Prozentsatz der Schülerinnen und Schüler.
c) Stelle diese relativen Häufigkeiten in einem Säulendiagramm dar.
d) Vergleiche die Darstellung im Stängel-und-Blätter-Diagramm mit der im Säulendiagramm. Was fällt dir auf?

13 In der Häufigkeitstabelle sind die Antworten von 50 Schülerinnen und Schüler auf die Frage „Was unternimmst du gemeinsam mit deinen Freundinnen oder Freunden?" zusammengefasst.
Mehrere Antworten waren möglich.
a) Berechne zu jeder Antwortmöglichkeit die zugehörige relative Häufigkeit.
b) Zeichne das zugehörige Stängel-und-Blätter-Diagramm.

	absolute Häufigkeit
Sport	27
Bummeln/Herumfahren	26
Kino	20
Disco/Party	9
Musik hören	41
Fernsehen/Video	42
Spielen	26
Selber kreativ sein	6
Sonstiges	18

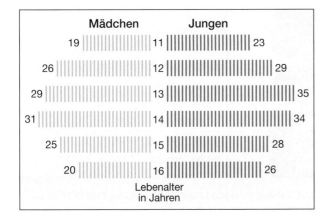

Mädchen	Jungen	
19	11	23
26	12	29
29	13	35
31	14	34
25	15	28
20	16	26

Lebenalter
in Jahren

14 In dem Stängel-und-Blätter-Diagramm wird das Ergebnis einer statistischen Untersuchung zum Lebensalter von 150 Mädchen und 175 Jungen einer Schule dargestellt.
a) Berechne jeweils die relativen Häufigkeiten in Prozent. Runde auf ganze Zahlen.
b) Stelle die Ergebnisse für Mädchen und Jungen jeweils in einem Streifendiagramm dar (Gesamtlänge 100 mm).

15 80 Schülerinnen und Schüler wurden gefragt, wie viel Zeit sie täglich vor dem Fernseher verbringen.
Um die Antworten gut auswerten zu können, wurde auf dem Fragebogen eine **Klasseneinteilung** vorgegeben.
Das Ergebnis der Befragung ist in der Häufigkeitstabelle zusammengefasst.

Zeit	absolute Häufigkeit
von 0 bis unter 1 h	4
von 1 bis unter 2 h	15
von 2 bis unter 3 h	27
von 3 bis unter 4 h	19
von 4 bis unter 5 h	10
von 5 bis unter 6 h	4
von 6 bis unter 7 h	1

So kannst du zu der Klasseneinteilung das zugehörige **Histogramm** zeichnen:

1. Trage auf der x-Achse die Klassen ein.

2. Zeichne über jeder Klasse ein Rechteck. Bei gleich breiten Klassen entsprechen die Rechteckhöhen den absoluten oder relativen Häufigkeiten.

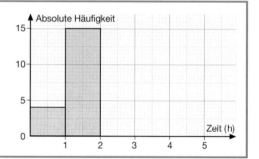

Zeichne das vollständige Histogramm in dein Heft.

16 In der Häufigkeitstabelle siehst du, wie lange die befragten Schülerinnen und Schüler am Tag ihren Computer benutzen. Zeichne zu der Klasseneinteilung das zugehörige Histogramm.

Zeit	relative Häufigkeit
von 0 bis unter 1 h	0,42
von 1 bis unter 2 h	0,28
von 2 bis unter 3 h	0,13
von 3 bis unter 4 h	0,10
von 4 bis unter 5 h	0,03
von 5 bis unter 6 h	0,03
von 6 bis unter 7 h	0,01

17 Die Schülerinnen und Schüler wurden auch gefragt, wie viel Euro sie in den letzten zwei Wochen für die Gestaltung ihrer Freizeit ausgegeben haben. Die Daten findest du in der abgebildeten Urliste.

Urliste (Ausgaben in Euro): 4,50 7,50 12,50
8 9,40 18,70 5,40 19,80 6,80 14,20 12
28,40 14,50 19 3,90 8,20 14 16,90 13
18,90 25,90 65,40 6,80 13,50 17,20
2,80 3,30 1,90 4,40 5 6,90 22 16,40
11,90 10 13,10 10,70 17 9,50

a) Wähle eine sinnvolle Klasseneinteilung und lege dazu eine Häufigkeitstabelle an.
b) Zeichne das zugehörige Histogramm.

18

100-m-Lauf der Mädchen
Zeit (s)
18,2 17,4 17,7 16,8 16,2 15,9 16,4
16,9 15,8 17,0 16,4 17,8 18,3 16,8
17,3

100-m-Lauf der Mädchen

Stängel —
15	8 9
16	2 4 4 8 8 9
17	0 3 4 7 8
18	2 3
→ Blätter

Die Mädchen im Sportverein TUS 08 haben für ihre Ergebnisse im 100-m-Lauf eine einfache Klasseneinteilung gewählt: von 15,0 bis unter 16,0; von 16,0 bis unter 17,0; …
Zu ihren Ergebnissen haben sie dann ein **Stängel-und-Blätter-Diagramm** gezeichnet. Dazu haben sie die vollen Sekunden jeder Klasse in den **Stängel** geschrieben, die Zehntelsekunden der einzelnen Ergebnisse in die **Blätter.**
a) Gib die schnellste (die langsamste) Zeit im 100-m-Lauf an.
b) Warum erscheinen hinter der Sekundenangabe 16 zwei Blätter mit der Ziffer 4 und zwei Blätter mit der Ziffer 8?
c) Stelle die Ergebnisse der Jungen ebenfalls in einem Stängel-und-Blätter-Diagramm dar.

100-m-Lauf der Jungen
Zeit (s)
13,4 13,9 14,7 14,0 14,3 15,7 15,6 14,0
13,2 17,0 17,0 16,3 16,6 15,9 14,8

19 In dem Stängel-und-Blätter-Diagramm findest du die Ergebnisse der Mädchen und Jungen des TUS 04 im 100-m-Lauf.
a) Zeichne zu der gleichen Klasseneinteilung jeweils ein Histogramm für die Mädchen und für die Jungen.
b) Vergleiche die Histogramme mit dem Stängel-und-Blätter-Diagramm. Was fällt dir auf?

100-m-Lauf (TUS 04)

Mädchen		Jungen
	13	5 7
	14	1 6 9
7	15	2 3 5 5 6
2 4 7 8 8 9	16	2 4 4
0 7 7 8	17	3
4 4	18	

20 a) Stelle die Ergebnisse im Kugelstoßen für die Mädchen und Jungen des TUS 08 in einem Stängel-und-Blätter-Diagramm dar. Schreibe dazu in den Stängel die Meterzahlen, in die Blätter die Zentimeterzahlen der einzelnen Ergebnisse.
b) Zeichne zu dem Stängel-und-Blätter-Diagramm zwei Histogramme und vergleiche.

Mädchen (TUS 08)
Weiten im Kugelstoßen (m)
6,70 5,45 5,48 4,26 5,37 5,08 6,35
5,15 4,55 4,35 5,48 5,21 4,80 5,46

Jungen (TUS 08)
Weiten im Kugelstoßen (m)
6,86 6,50 9,25 10,54 7,52 10,25 6,78
8,39 7,95 7,70 7,90 7,85 9,23 10,05 9,11

21

Kugelstoßen (TUS 04)

Mädchen		Jungen
25 30 45 80	4	
00 20 30 40 40	5	
00 15 75	6	50 80
	7	50 70 80 90 90
	8	39
	9	20 20
	10	22 51

In dem Stängel-und-Blätter-Diagramm werden die Ergebnisse der Mädchen und Jungen des TUS 04 im Kugelstoßen dargestellt.
a) Lege für Mädchen und Jungen jeweils eine Häufigkeitstabelle zu folgender Klasseneinteilung an: von 4,00 m bis unter 4,50 m; von 4,50 m bis unter 5,00 m; …
b) Berechne für jede Klasse auch die relative Häufigkeit in Prozent.

Bei **statistischen Untersuchungen** werden **Daten** durch Befragung, Beobachtung oder Experiment gesammelt.
Die in einer **Urliste** gesammelten Daten können mithilfe einer **Strichliste** geordnet und dann in einer **Häufigkeitstabelle** dargestellt werden.

Häufigkeitstabelle

Lebensalter (Jahre)	absolute Häufigk.	relative Häufigkeit	
		Bruch	Prozent
12	23	0,23	23 %
13	26	0,26	26 %
14	19	0,19	19 %
15	18	0,18	18 %
16	14	0,14	14 %
Summe	100	1,00	100 %

Die **relative Häufigkeit** jedes Ergebnisses gibt den Anteil der Versuche mit diesem Ergebnis an.
Die relative Häufigkeit kann als Bruch, Dezimalbruch und in Prozent angegeben werden.

$$\text{relative Häufigkeit} = \frac{\text{absolute Häufigkeit}}{\text{Anzahl der Daten}}$$

Die in einer Häufigkeitstabelle aufbereiteten Daten können in verschiedenen Diagrammformen grafisch dargestellt werden.

Säulendiagramm   **Streifendiagramm**   **Kreisdiagramm**

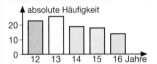   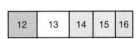

Sind die bei einer statistischen Untersuchung gesammelten Daten Messwerte, ist oft eine **Klasseneinteilung** sinnvoll.

Urliste (Körpergröße in cm)
160 157 166 164 170 168 180 185
158 168 178 174 171 183 191 177
157 165 176 178 182 185 174

Körpergröße	absolute Häufigk.
von 150 bis unter 160	3
von 160 bis unter 170	6
von 170 bis unter 180	8
von 180 bis unter 190	5
von 190 bis unter 200	1

Die so aufbereiteten Daten lassen sich dann grafisch darstellen.

Stängel-und-Blätter-Diagramm   **Histogramm**

Körpergröße (cm)

15	7 7 8
16	0 4 5 6 8 8
17	0 1 4 4 6 7 8 8
18	0 2 3 5 5
19	1

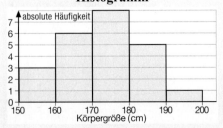

1 Die Frage nach einem eigenen Computer wurde von 38 befragten Schülerinnen und Schülern mit „ja" beantwortet, 12 Befragte antworteten mit „nein".
Über einen Internetanschluss verfügten 27 der befragten Schülerinnen und Schüler.
a) Berechne zu beiden Fragen die relativen Häufigkeiten aller Ergebnisse.
b) Stelle die relativen Häufigkeiten in jeweils einem Streifendiagramm dar (Gesamtlänge jeweils 8 cm).

2 Eine Befragung von 50 Schülerinnen und Schülern im 9. Jahrgang führte zu dem in der Häufigkeitstabelle dargestellten Ergebnis. Hier waren Mehrfachnennungen zulässig.
a) Übertrage die Häufigkeitstabelle in dein Heft und berechne auch die relativen Häufigkeiten.
b) Stelle das Ergebnis der Befragung in einem Säulendiagramm dar.

Wofür nutzt du den Computer?

Ergebnis	absolute Häufigkeit
für die Schule	24
zum Spielen	42
zum Surfen im Internet	23
gar nicht	2

3 **Welche Arten von Computerspielen spielst du?**

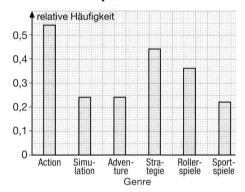

Die 50 Schülerinnen und Schüler wurden auch gefragt, welche Arten von Spielen **(Genres)** sie auf dem Computer spielen. Es waren Mehrfachnennungen möglich. Das Ergebnis der Befragung wird in dem Säulendiagramm dargestellt.
a) Berechne die zugehörigen absoluten Häufigkeiten und stelle sie in einer Tabelle dar.
b) Stelle die absoluten Häufigkeiten in einem Stabdiagramm dar.

4 In der Schule wurde eine Umfrage zum Thema „Freizeitgestaltung" durchgeführt. Dabei wurden die Schülerinnen und Schüler zunächst nach ihrem Lebensalter gefragt.
a) Lege zunächst eine Strichliste, dann eine Häufigkeitstabelle an. Berechne auch die relativen Häufigkeiten als Dezimalbruch (in Prozent). Runde auf zwei Nachkommastellen.
b) Zeichne das zugehörige Streifendiagramm (Gesamtlänge 15 cm).

Urliste (Lebensalter der befragten Mädchen und Jungen)
```
12  13  14  13  12  15  16  15  11  13  12
14  15  11  16  15  14  14  15  13  12  15
16  14  15  15  14  15  15  13  14  15  15
16  14  13  13  13  15  15  16  15  14  13
14  14  15  15  15  16  13  13  14  15  15
14  13  16  12  14  15  15  16  11  12  11
15  15  16  14  15
```

5 Auf die Frage „Welche Sportart betreibst du in deiner Freizeit am häufigsten?" nannten 24% der befragten Schülerinnen und Schüler „Fußball", 18% „andere Mannschaftsballspiele", 16% „Schwimmen", 22% „Turnen, Tanz und Gymnastik", 12% „Leichtathletik" und 8% „Tennis". Stelle das Ergebnis der Umfrage in einem Kreisdiagramm grafisch dar (Radius 5 cm).

6 Bei einer Umfrage zum Thema „Schulweg" wurde bei der Länge des Schulweges eine Klasseneinteilung vorgenommen. Die Befragung führte zu dem in der Häufigkeitstabelle dargestellten Ergebnis.
a) Berechne auch die relative Häufigkeiten der einzelnen Klassen.
b) Zeichne das zugehörige Histogramm.

Länge des Schulwegs (km)	absolute Häufigkeit
von 0 bis unter 2	3
von 2 bis unter 4	5
von 4 bis unter 6	6
von 6 bis unter 8	8
von 8 bis unter 10	2
von 10 bis unter 12	1

7 Auch bei der Untersuchung der Schulwegdauer ist eine Klasseneinteilung sinnvoll.
a) Lege eine Strichliste und eine Häufigkeitstabelle an. Benutze die vorgeschlagene Klasseneinteilung.
b) Berechne auch die relativen Häufigkeiten der einzelnen Klassen als Dezimalbruch (in Prozent).
c) Zeichne das zugehörige Histogramm.

Dauer des Schulwegs (min)								
12	10	20	13	18	20	20	18	28
7	32	20	25	5	15	1	30	4
22	9	10	19	19	15	18	27	23
11	17	6	18	21	29	5	25	28
14	18	22	24					

Klasseneinteilung:
von 0 bis unter 5, von 5 bis unter 10, …, von 30 bis unter 35.

8 **Wie viele Stunden verbringst du täglich am Computer?**

Die Antworten von Schülerinnen und Schülern des 9. Jahrgangs auf die abgebildete Frage findest du in der Urliste.

Zeiten (h)								
1,0	1,5	2,0	2,5	2,0	0,5	0	1,5	1,0
3,0	3,5	2,5	4,5	4,0	5,5	6,0	5,0	4,5
4,0	3,0	2,0	0,5	1,5	0,5	0	0,5	0,5
1,0	0,5	1,0	0	0,5	1,0	2,0	2,0	2,5
1,0	1,5	0,5	0	1,0	2,0	3,5	6,0	5,5

a) Wähle eine Klasseneinteilung und lege dazu eine Häufigkeitstabelle an.
b) Berechne auch die relativen Häufigkeiten. Runde sinnvoll.
c) Zeichne das zugehörige Histogramm.

9 In dem Stängel-und-Blätter-Schaubild wird das Ergebnis einer Untersuchung zur Körpergröße von Jungen und Mädchen dargestellt.
a) Wähle für Jungen und Mädchen die gleiche Klasseneinteilung und lege jeweils eine Häufigkeitstabelle an.
b) Zeichne die zugehörigen Histogramme und vergleiche sie miteinander.
c) Hängt dein Ergebnis von der gewählten Klasseneinteilung ab? Begründe.

Körpergröße von Jungen und Mädchen (cm)

Mädchen		Jungen
5 6 7 7	**15**	9 9
2 2 3 5 6 7 7 8 9	**16**	0 4 6 6 8 9 9
1 2 2 3 3 4 4 5 5	**17**	1 1 2 3 5 6 8 8 9
0 1 2	**18**	0 1 3 4 4 4
	19	0

1

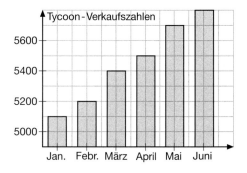

45%
schon einmal gelesen

30%
schon davon gehört

25%
noch nie davon gehört

Eine neue Jugendzeitschrift lässt in einer Untersuchung erfragen, wie bekannt die Zeitschrift bei den Jugendlichen ist. Das Ergebnis wird in der Zeitschrift in einem Schaubild dargestellt.

a) Was fällt dir an der Darstellung auf?
b) Zeichne ein zugehöriges Säulendiagramm und vergleiche.

2 Die Herstellerfirma des Motorrollers „Tycoon" wirbt mit den Verkaufszahlen der letzten Monate: „Die Grafik belegt die Steigerung der Verkaufszahlen."

a) Was fällt dir an der Darstellung auf?
b) Berechne die Steigerung von Januar bis Juli in Prozent.
c) Stelle die absoluten Häufigkeiten der Verkaufszahlen in einem vollständigen Säulendiagramm dar.

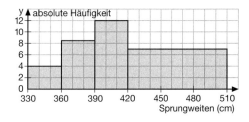

Tycoon - Verkaufszahlen

3 Die Jungen der 9c haben zu ihren Weitsprungergebnissen eine Klasseneinteilung vorgenommen und eine Häufigkeitstabelle angelegt. Sie stellen die Ergebnisse in dem abgebildeten Histogramm dar.

a) Was fällt dir an der Darstellung auf?
b) Die Messwerte der Klasse „von 420 bis unter 510 cm" sind: 425, 438, 454, 461, 476, 505, 508.
Teile die Klasse in drei gleich breite Klassen ein. Zeichne ein neues Histogramm.
c) Vergleiche beide Histogramme

Sprungweite in cm	absolute Häufigk.	relative Häufigk.
von 330 bis unter 360	4	0,125
von 360 bis unter 390	9	0,281
von 390 bis unter 420	12	0,375
von 420 bis unter 510	7	0,219

y absolute Häufigkeit

Sprungweiten (cm)

4

Jahr	Verkehrsunfälle	Anteile der Verkehrsunfälle mit Personenschaden (%)
1996	7384	22,0
1997	8165	20,9
1998	9940	17,9
1999	9965	15,7
2000	11 076	16,4

Verkehrsunfälle mit Personenschaden deutlich zurückgegangen

(ewu) Wie aus einer heute vom Polizeipräsidium veröffentlichen Unfallstatistik hervorgeht, ist die Anzahl

a) Kann die Zeitung wirklich diese Behauptung aufstellen?
b) Berechne die Anzahl der Verkehrsunfälle mit Personenschäden für die einzelnen Jahre. Zeichne das zugehörige Stabdiagramm.
c) Wie muss die Behauptung der Zeitung umformuliert werden?

1 In den Schaubildern werden Umfrageergebnisse zur Freizeitgestaltung von Erwachsenen dargestellt.

a) Welche Informationen kannst du den Schaubildern entnehmen? Vergleiche die Schaubilder miteinander.

b) Vergleiche die Ergebnisse mit aktuellen Umfrageergebnissen zur Freizeitgestaltung von Erwachsenen.

c) Vergleiche die Ergebnisse mit Umfrageergebnissen zur Freizeitgestaltung von Jugendlichen.

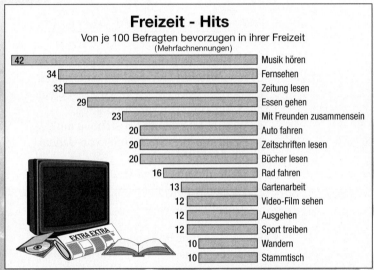

Freizeit - Hits

Von je 100 Befragten bevorzugen in ihrer Freizeit
(Mehrfachnennungen)

42	Musik hören
34	Fernsehen
33	Zeitung lesen
29	Essen gehen
23	Mit Freunden zusammensein
20	Auto fahren
20	Zeitschriften lesen
20	Bücher lesen
16	Rad fahren
13	Gartenarbeit
12	Video-Film sehen
12	Ausgehen
12	Sport treiben
10	Wandern
10	Stammtisch

Vergnügen außer Haus

Von je 100 Befragten nennen
als regelmäßige Freizeitaktivität

(Mehrfachnennungen von Personen ab 14 Jahren)

Einkaufsbummel	31
Essen gehen	25
Kneipenbesuch	21
Volksfest, Kirmes	13
Tanzen, Disco	11
Sportveranstaltungen	10
Kino	9
Flohmarkt, Basar	9
Freizeitpark	6
Oper, Konzert, Theater	6

Freizeit - Publikum

Jährliche Besucherzahl in Deutschland in Millionen
(z.T. Schätzungen)

Volksfeste	200 Mio.
Öffentliche Bäder	160
Kinos	143
Museen	91
Theater	31
Saunen	23
Erlebnisparks	22
Regionalmessen u. ä.	9,4
Fußballbundesliga	9,3
Erlebnisbäder	5,2
Volkssportveranstaltungen	4,4
Fitness-Studios	3,6
Konzerte und Kulturorchester	2,4
Volkshochschulkurse für Freizeit	2,2
Geführte Wanderungen	2,0

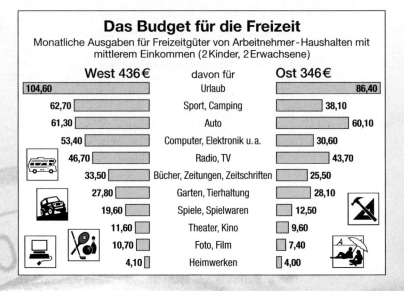

Das Budget für die Freizeit

Monatliche Ausgaben für Freizeitgüter von Arbeitnehmer-Haushalten mit mittlerem Einkommen (2 Kinder, 2 Erwachsene)

West 436 €	davon für	Ost 346 €
104,60	Urlaub	86,40
62,70	Sport, Camping	38,10
61,30	Auto	60,10
53,40	Computer, Elektronik u.a.	30,60
46,70	Radio, TV	43,70
33,50	Bücher, Zeitungen, Zeitschriften	25,50
27,80	Garten, Tierhaltung	28,10
19,60	Spiele, Spielwaren	12,50
11,60	Theater, Kino	9,60
10,70	Foto, Film	7,40
4,10	Heimwerken	4,00

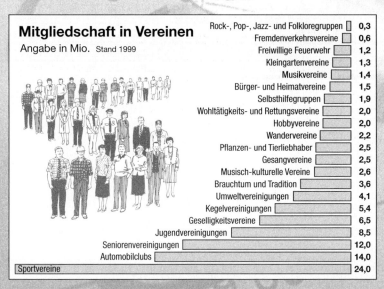

Mitgliedschaft in Vereinen

Angabe in Mio. Stand 1999

Verein	Mio.
Rock-, Pop-, Jazz- und Folkloregruppen	0,3
Fremdenverkehrsvereine	0,6
Freiwillige Feuerwehr	1,2
Kleingartenvereine	1,3
Musikvereine	1,4
Bürger- und Heimatvereine	1,5
Selbsthilfegruppen	1,9
Wohltätigkeits- und Rettungsvereine	2,0
Hobbyvereine	2,0
Wandervereine	2,2
Pflanzen- und Tierliebhaber	2,5
Gesangvereine	2,5
Musisch-kulturelle Vereine	2,6
Brauchtum und Tradition	3,6
Umweltvereinigungen	4,1
Kegelvereinigungen	5,4
Geselligkeitsvereine	6,5
Jugendvereinigungen	8,5
Seniorenvereinigungen	12,0
Automobilclubs	14,0
Sportvereine	24,0

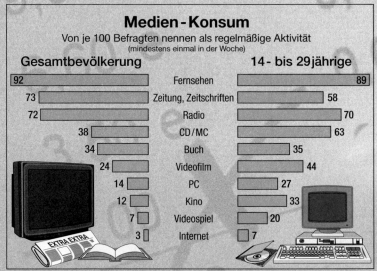

Medien-Konsum

Von je 100 Befragten nennen als regelmäßige Aktivität
(mindestens einmal in der Woche)

Gesamtbevölkerung		14- bis 29jährige
92	Fernsehen	89
73	Zeitung, Zeitschriften	58
72	Radio	70
38	CD/MC	63
34	Buch	35
24	Videofilm	44
14	PC	27
12	Kino	33
7	Videospiel	20
3	Internet	7

1 David und Thoren haben alle Lehrerinnen und Lehrer befragt, welches Verkehrsmittel sie für ihren Schulweg benutzen.

Sie haben die Fragebögen mithilfe von Strichlisten ausgewertet und die absoluten Häufigkeiten in ein Tabellenkalkulationsprogramm eingegeben.

a) Beschreibe, wie sie mithilfe des Programms die Summe der absoluten Häufigkeiten bestimmt haben.

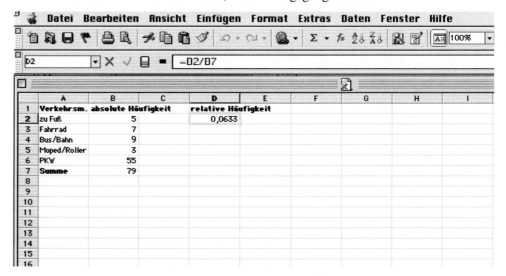

b) In der Abbildung siehst du, wie David und Thoren die relative Häufigkeit mithilfe einer Formel bestimmt haben. Beschreibe, wie sie vorgegangen sind.

Verkehrsmittel der Lehrerinnen und Lehrer

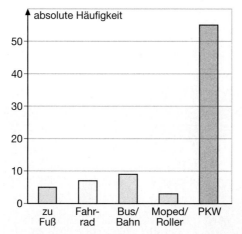

c) Gib die Daten wie David und Thoren in das Tabellenkalkulationsprogramm ein. Bestimme die fehlenden relativen Häufigkeiten.

Gib die Ergebnisse auf drei Nachkommastellen gerundet an. Benutze dazu die Schaltfläche **„Dezimalstelle löschen"**.

d) Bestimme auch die Summe der relativen Häufigkeiten.

e) Markiere die Zellen **A1** bis **A6** und **B1** bis **B6** und erstelle mithilfe des Diagrammassistenten das abgebildete Säulendiagramm.

2 Auch Schülerinnen und Schüler wurden gefragt, welches Verkehrsmittel sie für ihren Schulweg benutzen.
Die Ergebnisse der Befragung wurden zunächst in einer Strichliste zusammengefasst.

a) Gib die Daten in ein Tabellenkalkulationsprogramm ein. Bestimme die Summe der absoluten Häufigkeiten.

b) Bestimme die relativen Häufigkeiten auf drei Nachkommastellen genau. Bestimme die Summe der relativen Häufigkeiten.

c) Erstelle mithilfe des Diagrammassistenten ein Säulendiagramm.

Verkehrsmittel der Schülerinnen u. Schüler	
Verkehrsmittel	absolute Häufigkeit
zu Fuß	ЖЖ ЖЖ ЖЖ ЖЖ ЖЖ ЖЖ ЖЖ ЖЖ ЖЖ
Fahrrad	ЖЖ ЖЖ ЖЖ ЖЖ ЖЖ ЖЖ ЖЖ III
Bus/Bahn	ЖЖ II
Moped/Roller Motorrad	ЖЖ ЖЖ ЖЖ
PKW	ЖЖ ЖЖ

d) Gib mithilfe der Menüpunkte „%" und **„Dezimalstelle hinzufügen"** die relativen Häufigkeiten in Prozent auf eine Nachkommastelle genau an.

	Datei	Bearbeiten	Ansicht	Einfügen	Format	Extras

D7 =SUMME(D2:D6)

	A	B	C	D	E	F
1	Verkehrsm.	absolute Häufigkeit		relative Häufigkeit		
2	zu Fuß	45		20,5		
3	Fahrrad	38		17,3		
4	Bus/Bahn	112		50,9		
5	Moped/Roller	15		6,8		
6	PKW	10		4,5		
7	Summe	220		100,0		
8						
9						
10						

e) Stelle mithilfe des Diagrammassistenten die absoluten (relativen) Häufigkeiten auch in anderen Diagrammformen dar. Markiere dazu vorher die zugehörigen Zellbereiche.

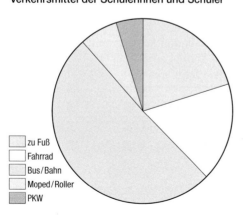

Verkehrsmittel der Schülerinnen und Schüler

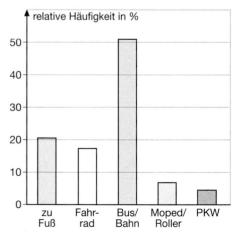

Verkehrsmittel der Schülerinnen und Schüler

f) Von weiteren befragten Schülerinnen und Schülern kamen 23 zu Fuß, 18 mit dem Fahrrad, 48 mit Bus und Bahn, 5 mit dem Roller und 6 wurden mit dem PKW gebracht. Ergänze die absoluten Häufigkeiten in deiner Tabelle.

3 David und Thoren haben Lehrerinnen und Lehrer auch nach der Länge ihres Schulweges gefragt. Die unterschiedlichen Weglängen haben sie in Klassen eingeteilt.

Schulweglänge von Lehrerinnen und Lehrer (km)						
12,7	11,9	7,9	3,8	2,7	1,9	0,7
0,6	12,8	11,5	29,4	31,5	13,8	14,8
15,7	17,6	14,0	6,5	4,9	23,7	16,3
18,4	17,2	17,5	25,8	26,1	9,6	6,7
5,9	20,0	6,3	7,5	12,7	13,6	3,8
4,6	5,2	5,9	7,3	11,6		

Klasseneinteilung zur Schulweglänge
von 0 km bis einschließlich **4** km
von 4 km bis einschließlich **8** km
von 8 km bis einschließlich **12** km
von 12 km bis einschließlich **16** km
von 16 km bis einschließlich **20** km
von 20 km bis einschließlich **24** km
von 24 km bis einschließlich **28** km
von 28 km bis einschließlich **32** km

David und Thoren haben dann die Daten in ein Tabellenkalkulationsprogramm eingegeben und mithilfe des Programms eine Häufigkeitstabelle erzeugt.

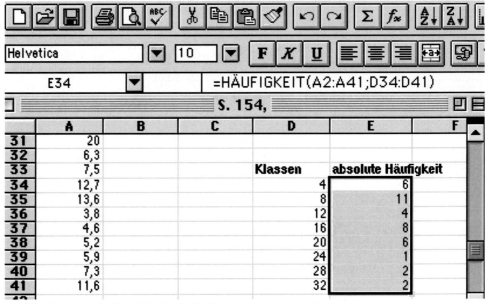

a) Gib die Daten in das Tabellenkalkulationsprogramm ein.
b) Erzeuge dann wie David und Thoren zu der abgebildeten Klasseneinteilung eine Häufigkeitstabelle. Gehe dazu wie folgt vor:

> 1. Schreibe die oberen Grenzen der gewählten Klassen in die Zellen **D34** bis **D41**.
> 2. Markiere die Zellen **E34** bis **E41** und wähle unter dem Menüpunkt „Funktion einfügen (f)" die Funktion „Häufigkeit".
> 3. Gib in den angezeigten Feldern die Zellen mit den **Daten (A2:A41)** und die Zellen mit den oberen Grenzen **(D34:D41)** ein.
> 4. Schließe die Eingabe mit **Strg + Shift + Enter** ab.

c) Zeichne zu der Klasseneinteilung und den ermittelten Häufigkeiten ein Histogramm.
d) Wähle eine andere Klasseneinteilung und bestimme mithilfe der Tabellenkalkulation die zugehörigen Häufigkeiten. Zeichne das zugehörige Histogramm in dein Heft.
e) Vergleiche die gezeichneten Histogramme miteinander.

1 Eine statistische Untersuchung zum „Freizeitverhalten" in der Klasse 9a ergab das unten abgebildete Ergebnis.
Ist die Behauptung richtig? Begründe.

> **Fernsehzeiten an einem Wochentag:**
> **16 Mädchen insgesamt 42 h**
> **13 Jungen insgesamt 38 h**

2

Überprüfe die Behauptung.

Körpergröße der Jungen (cm)
175 157 159 157 168 160 183 176
169 176 173 182 190

Körpergröße der Mädchen (cm)
169 163 156 178 162 171 166 167
173 172 161 171 155 180

Arithmetisches Mittel

Körpergewicht (kg)
57 48 54 62 45 73

Arithmetisches Mittel:

$$\overline{x} = \frac{57 + 48 + 54 + 62 + 45 + 73}{6}$$

$$\overline{x} = 56{,}5$$

Handelt es sich bei Daten um Zahlen, kannst du das **arithmetische Mittel $\overline{x}$** (*lies:* x quer) berechnen.

$$\overline{x} = \frac{\textbf{Summe aller Daten}}{\textbf{Anzahl der Daten}}$$

3 Anja hat an zehn Tagen die Zeitdauer aufgeschrieben, die sie für ihre Hausaufgaben benötigt.
Berechne das arithmetische Mittel.

Dauer der Hausaufgaben (min)
29 44 48 65 32 38 37 33 58 63

4 Die 13 Mädchen der Klasse 9a lassen sich gemeinsam auf einer Pkw-Waage wiegen. Ihr Gesamtgewicht beträgt 630 kg. Das Gesamtgewicht der 15 Jungen beträgt 832 kg. Berechne für Mädchen und Jungen jeweils das Durchschnittsgewicht. Runde auf eine Nachkommastelle.

5 Anja, Mareike und Tina wollen gemeinsam ihren Geburtstag feiern. Für die Vorbereitung hat Anja 23 Euro, Mareike 19 Euro und Tina 26 Euro ausgegeben.
Tina findet das ungerecht. Erarbeite einen Vorschlag, wie das Problem gelöst werden kann.

6 Die Schülerinnen und Schüler der 9a haben in 50 Haushalten nach der Anzahl der vorhandenen Fernseher gefragt. Berechne das arithmetische Mittel. Es gibt unterschiedliche Rechenwege.

Anzahl der Fernseher	absolute Häufigkeit
1	24
2	14
3	9
4	3

7 So kannst du mithilfe der absoluten Häufigkeiten das arithmetische Mittel berechnen:

Anzahl der Kinder	absolute Häufigkeit	Produkt
1	**19**	$1 \cdot \mathbf{19}$
2	**21**	$2 \cdot \mathbf{21}$
3	**6**	$3 \cdot \mathbf{6}$
4	**3**	$4 \cdot \mathbf{3}$
5	**1**	$5 \cdot \mathbf{1}$
Summe	**50**	**96**

1. Multipliziere jede Anzahl mit der zugehörigen absoluten Häufigkeit.

2. Addiere die berechneten Produkte.

3. Dividiere die Summe durch die Anzahl der Daten.

Das arithmetische Mittel $\overline{x}$ beträgt 1,92.

$$\overline{x} = \frac{1 \cdot \mathbf{19} + 2 \cdot \mathbf{21} + 3 \cdot \mathbf{6} + 4 \cdot \mathbf{3} + 5 \cdot \mathbf{1}}{50}$$

$$\overline{x} = 1,92$$

Stichprobe
Stichproben-
umfang

Bei einer anderen Befragung wurden 40 Schülerinnen und Schüler befragt. In der Statistik wird auch gesagt: Es wurde eine **Stichprobe** vom **Umfang** 40 gewählt. Das Ergebnis der Befragung wird in der Häufigkeitstabelle dargestellt. Berechne das arithmetische Mittel.

Anzahl der Kinder	absolute Häufigkeit
1	**16**
2	**14**
3	**6**
4	**3**
5	**1**

8

a) Lege eine Häufigkeitstabelle an.
b) Berechne das arithmetische Mittel mithilfe der absoluten Häufigkeiten.

9 Bei einer Verkehrszählung wurde die Anzahl der Personen pro Pkw in einer Urliste erfasst.
a) Lege eine Häufigkeitstabelle an.
b) Berechne das arithmetische Mittel $\overline{x}$ mithilfe der absoluten Häufigkeiten.

Anzahl der Personen pro Pkw
1 1 2 1 2 1 1 1 2 3 4 5 1 1 2 1
2 2 1 1 3 4 4 1 1 2 2 2 1 1 4 1
2 1 1 1 2 2 1 1 1 2 3 4 2 2 4 1
1 2

1 Steffi nimmt an einem Weitsprungwettbewerb teil. Von fünf Versuchen ist einer ungültig.
a) Berechne das arithmetische Mittel.
b) Ordne die Sprungweiten der Größe nach. Beginne mit der kleinsten Weite. Bestimme die Weite, die genau in der Mitte steht.
c) Vergleiche diese Weite mit dem arithmetischen Mittel. Welcher Wert beschreibt Steffis Sprungleistungen besser?

Urliste (Sprungweite in cm)				
485	479	0	495	486

2 Insbesondere bei **stark abweichenden Werten (Ausreißern)** ist es sinnvoll, als Mittelwert den **Zentralwert (Median)** zu wählen. So kannst du bei statistischen Untersuchungen den Zentralwert $\tilde{x}$ (*lies:* x Schlange) bestimmen:

Zentralwert (Median)

Ungerade Anzahl von Daten:	**Gerade Anzahl von Daten:**
Urliste (Sprungweite in cm) 466 473 442 0 449	**Urliste** (Sprungweite in cm) 495 434 0 467 459 443
Geordnete Urliste: 0 442 449 466 473	**Geordnete Urliste:** 0 434 443 459 467 495
Bei einer ungeraden Anzahl von Daten ist der Zentralwert $\tilde{x}$ der mittlere Wert in der geordneten Urliste.	Bei einer geraden Anzahl von Daten liegt der Zentralwert $\tilde{x}$ zwischen den beiden mittleren Werten in der geordneten Urliste.
Zentralwert (Median): $\tilde{x} = 449$	**Zentralwert: $\tilde{x} = \frac{443 + 459}{2} = 451$**

Bestimme den Zentralwert $\tilde{x}$.

a)

Urliste (Sprungweite in cm)						
432	0	0	453	422	455	438

b)

Urliste (Sprungweite in cm)					
464	466	0	472	453	482

3 In der Urliste ist das Lebensalter von Teilnehmern an einem Computerkurs angegeben.

Urliste (Lebensalter in Jahren)
14 15 13 15 14 16 15 14 15 13 43 13

a) Bestimme den Zentralwert $\tilde{x}$.
b) Berechne das arithmetische Mittel $\bar{x}$.

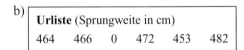

4 Geschwindigkeitsmessungen der Polizei auf einer Autobahn ergaben die in der Urliste aufgeschriebenen Messwerte. Bestimme $\tilde{x}$ und $\bar{x}$. Erläutere dein Ergebnis.

Urliste (Geschwindigkeit in $\frac{km}{h}$)							
89	95	61	43	106	112	189	102
73	98	89	99	123	116	105	178
90	77	87	56	132	109	198	126

1 Annette hat aufgeschrieben, wie lange sie mit dem Fahrrad für ihren Schulweg braucht. Dabei musste sie auch die Reifenpanne am 13. Tag berücksichtigen.

Dauer des Schulwegs (min)
17 19 20 18 22 23 21 22 20 19 18
22 46 19 18

a) Bestimme den Zentralwert.
b) Berechne das arithmetische Mittel.
c) Welcher Mittelwert kennzeichnet die Dauer des Schulwegs besser?

2

In einem Zufallsexperiment wollen zehn Schülerinnen und Schüler untersuchen, wie oft beim Würfeln die Augenzahl „Sechs" fällt. Dazu würfelt jeder von ihnen fünfzigmal mit seinem Würfel.

Würfe mit Augenzahl „Sechs"
8   10   7   6   6   7   8   8   25   9

a) Bestimme den Zentralwert.
b) Berechne das arithmetische Mittel.
c) Welchen Mittelwert hältst du für sinnvoll? Begründe deine Antwort.

3 Mit einem Echolot wird auf Schiffen die Wassertiefe gemessen. Dazu werden Schallwellen ausgesendet, vom Meeresboden reflektiert und wieder empfangen.
Die folgenden Messwerte wurden am gleichen Ort aufgenommen: 1225,8 m; 1226,2 m; 1225,4 m; 1225,0 m; 1226,3 m; 866,4 m; 1226,8 m.
a) Bestimme den Zentralwert und berechne das arithmetische Mittel.
b) Wie wirkt sich der Messfehler auf den Zentralwert, wie auf das arithmetische Mittel aus?

4 In der Häufigkeitstabelle sind zusätzlich die Stellen eingetragen, an denen die einzelnen Werte in der zugehörigen geordneten Urliste stehen.

a) Überlege wie in den Beispielen, an welcher Stelle der Zentralwert steht, und gib den Zentralwert an.

Anzahl der Kinder	absolute Häufigkeit	Stelle
1	10	1 bis 10
2	9	11 bis 19
3	5	20 bis 24
4	1	25

> Der Zentralwert (Median) ist die 50%-Marke in der geordneten Urliste.

1. Beispiel: Anzahl der Daten 29

Der Zentralwert $\tilde{x}$ steht an der 15. Stelle.

2. Beispiel: Anzahl der Daten 30

Der Zentralwert $\tilde{x}$ steht zwischen der 15. und 16. Stelle.

b) Berechne das arithmetische Mittel. Vergleiche Zentralwert und arithmetisches Mittel.

1 Petra oder Kristina sollen die Schule im Weitsprung vertreten. Vor dem Wettkampf machen beide noch einmal sieben Probesprünge. Wer von beiden soll am Wettkampf teilnehmen?

Sprungweiten von Petra (in cm):						
489	485	492	497	498	492	505

Sprungweiten von Kristina (in cm):						
470	516	518	474	520	468	492

2 In den Urlisten findest du die von André und Jan beim Kugelstoßen erzielten Weiten.

Urliste (von André erzielte Werte in m)				
8,39	7,87	8,12	8,40	8,16

Urliste (von Jan erzielte Werte in m)				
8,45	7,64	8,03	8,68	8,14

a) Bei welchem Schüler ist die Differenz zwischen der größten und der kleinsten erzielten Weite am größten?

b) Berechne für die beiden Schüler jeweils das arithmetische Mittel der erzielten Weiten. Vergleiche jeweils das arithmetischen Mittel mit den erzielten Weiten. Was fällt dir auf?

c) Wer von beiden erbringt die konstanteren Leistungen? Begründe.

Spannweite

mittlere lineare Abweichung

75-Meter-Zeiten (s)				
12,1	12,3	12,6	12,7	12,8

Bei statistischen Untersuchungen ist es oft sinnvoll, auch die **Streuung** der einzelnen Werte zu berücksichtigen.

Die **Spannweite** gibt die Differenz zwischen dem größten und dem kleinsten Wert an.

Spannweite: $12,8 - 12,1 = 0,7$

Die **mittlere lineare Abweichung** $\bar{s}$ ist das arithmetische Mittel der Abweichungen von $\bar{x}$.

Zeiten (s)	Abweichung von $\bar{x}=12,5$
12,1	$12,5 - 12,1 = 0,4$
12,3	$12,5 - 12,3 = 0,2$
12,6	$12,6 - 12,5 = 0,1$
12,7	$12,7 - 12,5 = 0,2$
12,8	$12,8 - 12,5 = 0,3$

Mittlere lineare Abweichung $\bar{s}$:

$$\bar{s} = \frac{\textbf{Summe der Abweichungen von } \bar{x}}{\textbf{Anzahl der Daten}}$$

$$\bar{s} = \frac{0,4 + 0,2 + 0,1 + 0,2 + 0,3}{5} = 0,24$$

---

3 Vergleiche die von Birthe und Janina beim Kugelstoßen erzielten Weiten. Berechne dazu jeweils die Spannweite, das arithmetische Mittel $\bar{x}$ und die mittlere lineare Abweichung $\bar{s}$. Was stellst du fest?

Urliste (erzielte Weiten in m)					
Birthe: 5,35	5,20	5,15	5,40	5,60	
Janina: 5,25	5,45	5,05	5,55	5,30	5,50

4 Bei der Berechnung der mittleren linearen Abweichung hat Arne Schwierigkeiten, weil er bei der Berechnung des Abstandes immer überlegen muss, ob der gemessene Wert x_i oder das arithmetische Mittel $\overline{x}$ größer ist. Wenn Arne jede Differenz quadriert, spielt die Reihenfolge keine Rolle, denn das Quadrat der Differenz ist immer positiv. Arne erhält ein weiteres Maß für die Streuung, die **Varianz s^2 (mittlere quadratische Abweichung).**

Die gemessenen Werte werden hier mit x_1, x_2, x_3, x_4 und x_5 bezeichnet.

a) Berechne die Varianz s^2 wie im Beispiel.
b) Vergleiche die Varianz s^2 mit der mittleren linearen Abweichung $\overline{s}$. In welcher Einheit wird hier s^2 angegeben, in welcher Einheit $\overline{s}$?

Urliste (Stromstärke in A)				
0,88	0,86	0,87	0,89	0,85

$\overline{x} = 0{,}87$

x_i	$x_i - \overline{x}$	$(x_i - \overline{x})^2$
0,88	$0{,}88 - 0{,}87 = 0{,}01$	0,0001
0,86	$0{,}86 - 0{,}87 = -0{,}01$	0,0001
0,87	$0{,}87 - 0{,}87 = 0$	0
0,89	$0{,}89 - 0{,}87 = 0{,}02$	0,0004
0,85	$0{,}85 - 0{,}87 = -0{,}02$	0,0004

$$s^2 = \frac{0{,}0001 + 0{,}0001 + 0 + 0{,}0004 + 0{,}0004}{5}$$

5 In der Urliste findest du die Weiten, die von Karina beim Kugelstoßen erzielt worden sind.

Urliste (erzielte Weite in m)						
5,70	5,80	5,95	6,15	5,75	5,40	5,85

a) Berechne das arithmetische Mittel $\overline{x}$ und die mittlere lineare Abweichung $\overline{s}$.
b) Berechne die Varianz s^2. Ziehe die Quadratwurzel aus s^2. In welcher Einheit muss das Ergebnis angegeben werden? Vergleiche mit $\overline{s}$.

Varianz (mittlere quadratische Abweichung)

Standardabweichung

100-Meter-Zeiten (s)					
13,8	14,7	14,3	14,0	13,2	13,4

$\overline{x} = 13{,}9$

$$s^2 = \tfrac{1}{6}[(13{,}8 - 13{,}9)^2 + (14{,}7 - 13{,}9)^2$$
$$+ (14{,}3 - 13{,}9)^2 + (14{,}0 - 13{,}9)^2$$
$$+ (13{,}2 - 13{,}9)^2 + (13{,}4 - 13{,}9)^2]$$
$$= 0{,}26$$

$$s = \sqrt{0{,}26} \approx 0{,}51$$

Ein weiteres Maß für die Streuung der einzelnen Werte ist die **Varianz s^2 (mittlere quadratische Abweichung).**

$$s^2 = \tfrac{1}{n}[(x_1 - \overline{x})^2 + (x_2 - \overline{x})^2$$
$$+ (x_3 - \overline{x})^2 + (x_4 - \overline{x})^2$$
$$+ \ldots + (x_{n-1} - \overline{x})^2 + (x_n - \overline{x})^2]$$

Die **Standardabweichung s** ist die Quadratwurzel aus der **Varianz s^2.**

6 In der Urliste findest du die von André und Dominik beim Kugelstoßen erzielten Weiten.

a) Berechne jeweils das arithmetische Mittel $\overline{x}$, die Varianz s^2 und die Standardabweichung s.
b) Wer von beiden erbringt die konstanteren Leistungen?

Urliste (erzielte Weite in m)					
André:	8,39	7,87	8,12	8,40	8,16
Dominik:	8,45	7,64	8,03	8,68	8,14

*) Auf den meisten Taschenrechnern gibt es Tasten zur Berechnung der Varianz ($X\sigma_n$ oder $Y\sigma_n$). Bei Stichproben wird bei der Berechnung der Varianz nicht durch die Anzahl aller Werte n, sondern durch n − 1 dividiert ($X\sigma_{n-1}$ oder $X\sigma_{n-1}$).

1 Kirsten und Svenja haben elf Schülerinnen ihrer Klasse gefragt, wie viel Zeit sie am letzten Dienstag für ihre Hausaufgaben benötigt haben. Das Ergebnis ihrer Befragung wollen sie in einem **Boxplot (Kastenschaubild)** veranschaulichen. Dazu haben sie ihre Daten zunächst sortiert.

Dauer der Hausaufgaben (min)
33 48 32 45 38 68 90 40 25 75 60

Geordnete Urliste
25 32 33 38 40 45 48 60 68 75 90

Anhand der geordneten Urliste haben sie dann das **Minimum (kleinster Wert)**, den **Zentralwert (Median)** und das **Maximum (größter Wert)** ermittelt.

Danach haben sie als Wert in der Mitte zwischen Median und Maximum $\frac{60 + 68}{2} = 64$ bestimmt.
Dieser Wert wird das **obere Quartil** genannt.
Als Wert in der Mitte zwischen Median und Minimum ergibt sich $\frac{33 + 38}{2} = 35,5$.
Dieser Wert wird das **untere Quartil** genannt.
Danach konnte der Boxplot gezeichnet werden. Die Breite des Kastens ist dabei frei wählbar.

90 — Maximum
75
68 ⎫
60 ⎭ oberes Quartil $\frac{60 + 68}{2} = 64$
48
45 — Median
40
38 ⎫
33 ⎭ unteres Quartil $\frac{33 + 38}{2} = 35,5$
32
25 — Minimum

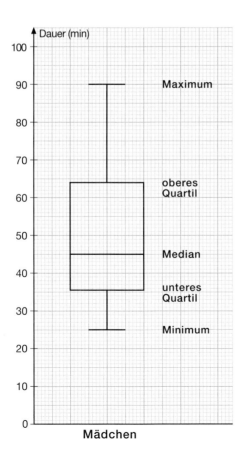

a) Wie viel Prozent der Daten liegen ungefähr innerhalb des Kastens?
b) Wie viel Prozent der Daten liegen ungefähr zwischen oberem Quartil und Maximum (unterem Quartil und Minimum)?
c) Wo kannst du im Boxplot die Spannweite ablesen?
d) Übertrage den Boxplot für die Hausaufgabendauer bei den Mädchen in dein Heft.
e) Auch bei den Jungen wurde am letzten Dienstag nach der Dauer der Hausaufgaben gefragt.

Dauer der Hausaufgaben (min)
43 28 22 35 38 68 85 50 35 78 53

Bestimme Minimum, Median, Maximum, unteres und oberes Quartil und zeichne den Boxplot.
f) Vergleiche die Boxplots miteinander.

2 Eine Befragung von Schülerinnen und Schülern nach der Länge ihres Schulweges führte zu den in der Urliste abgebildeten Ergebnissen.

Schulweglänge (km)
3 2 12 13 23 20 17 9 1 3 5 11 14 4
5 7 6 10 1 5 6 15 17

a) Lege zunächst eine geordnete Urliste an. Bestimme dann Minimum, Median, Maximum, unteres und oberes Quartil.
b) Zeichne den zugehörigen Boxplot.

3 Die drei Boxplots zeigen die Ergebnisse einer statistischen Untersuchung zum Thema „Schulweglänge" an drei verschiedenen Schulen.

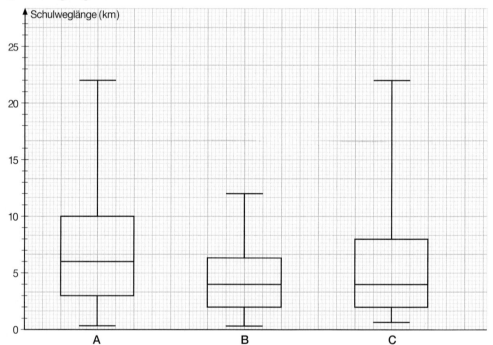

a) Vergleiche die Boxplots miteinander. Betrachte dazu jeweils die Lage von Minimum, Median, Maximum, unterem und oberem Quartil.
b) Welche Schule liegt deiner Meinung nach im Zentrum einer Stadt (am Stadtrand, in einem ländlichen Einzugsbereich)? Begründe deine Antwort.

4 Eine Befragung von Schülerinnen und Schülern im 6. Jahrgang und im 8. Jahrgang nach der Dauer der Hausaufgaben ergab die in den Urlisten abgebildeten Ergebnisse.

<table>
<tr><td align="center">**6. Jahrgang**</td><td align="center">**8. Jahrgang**</td></tr>
<tr>
<td>

Dauer der Hausaufgaben (min)
44 38 48 56 52 39 39 63 69 35 52 72 59

</td>
<td>

Dauer der Hausaufgaben (min)
35 45 37 82 53 71 29 37 85 39 55 46

</td>
</tr>
</table>

Zeichne zu jedem Datensatz einen Boxplot und vergleiche die Boxplots miteinander.

Bei statistischen Untersuchungen werden Daten durch Befragung, Beobachtung oder Experiment gesammelt.

100-Meter-Zeiten (s)
13,7 14,6 14,9 14,8 14,7 14,9

Handelt es sich bei den Daten um Zahlen, kannst du Mittelwerte und Streumaße berechnen.

Mittelwerte

Arithmetisches Mittel $\bar{x}$:

$$\bar{x} = \frac{13,7 + 14,6 + 14,9 + 14,8 + 14,7 + 14,9}{6}$$

$$\bar{x} = 14,6$$

$$\bar{x} = \frac{\textbf{Summe aller Daten}}{\textbf{Anzahl der Daten}}$$

Zentralwert (Median) $\tilde{x}$:

Geordnete Urliste:
13,7 14,6 14,7 14,8 14,9 14,9

$$\tilde{x} = \frac{14,7 + 14,8}{2} = 14,75$$

Insbesondere bei stark abweichenden Werten (Ausreißern) ist es sinnvoll, als Mittelwert den Zentralwert zu bestimmen.

Bei einer ungeraden Anzahl von Daten ist der Zentralwert der mittlere Wert in der **geordneten Urliste,**
bei einer geraden Anzahl von Daten liegt er zwischen den beiden mittleren Werten.

Spannweite:

Spannweite: $14,9 - 13,7 = 1,2$

Die **Spannweite** gibt die Differenz zwischen dem größten und dem kleinsten Wert an.

Streumaße

Mittlere lineare Abweichung $\bar{s}$:

$$\bar{s} = \frac{0,9 + 0 + 0,1 + 0,2 + 0,3 + 0,3}{6} = 0,3$$

$$\bar{s} = \frac{\textbf{Summe der Abweichungen von } \bar{x}}{\textbf{Anzahl der Daten}}$$

Varianz (mittlere quadratische Abweichung) s^2:

$$s^2 = \frac{1}{6}[(13,7 - 14,6)^2 + (14,6 - 14,6)^2$$
$$+ (14,7 - 14,6)^2 + (14,8 - 14,6)^2$$
$$+ (14,9 - 14,6)^2 + (14,9 - 14,6)^2]$$
$$s^2 = \frac{(-0,9)^2 + 0^2 + 0,1^2 + 0,2^2 + 0,3^2 + 0,3^2}{6}$$
$$s^2 \approx 0,173$$

$$s^2 = \frac{1}{n}[(x_1 - \bar{x})^2 + (x_2 - \bar{x})^2$$
$$+ (x_3 - \bar{x})^2 + (x_4 - \bar{x})^2 + \dots$$
$$+ (x_{n-1} - \bar{x})^2 + (x_n - \bar{x})^2]$$

Standardabweichung s:

$$s \approx \sqrt{0,173} \approx 0,42$$

Die Standardabweichung s ist die Quadratwurzel aus der Varianz s^2.

$$\textbf{s} = \sqrt{\textbf{s}^2}$$

1

a) Vergleiche die sportlichen Leistungen der Mädchen (Jungen) in den Klassen 9b und 9c miteinander. Berechne dazu jeweils das arithmetische Mittel $\bar{x}$, die Spannweite und die mittlere lineare Abweichung $\bar{s}$.

b) Ist der Unterschied in den sportlichen Leistungen bei den Jungen größer als bei den Mädchen? Begründe deine Antwort.

9b											
Mädchen											
100 m-Zeiten (s)	16,3	17,1	16,2	16,9	16,7	18,4	16,4	17,3	16,0	16,8	16,4	17,0
Sprungweiten (cm)	3,33	3,55	3,52	2,87	3,58	3,01	3,61	3,47	3,69	3,51	3,71	3,11
Kugelstoßen (m)	6,75	5,40	5,40	4,25	5,20	4,80	5,00	4,45	6,00	6,15	5,30	4,30
Jungen											
100 m-Zeiten (s)	16,4	13,4	13,9	14,7	14,0	14,3	15,7	15,6	14,0	13,2	13,2	17,0
Sprungweiten (cm)	4,33	4,67	4,07	4,29	4,25	4,65	3,67	3,43	4,51	4,57	4,67	3,59
Kugelstoßen (m)	9,20	10,51	10,22	7,50	6,80	8,39	7,90	7,70	7,90	7,80	9,20	6,50

9c											
Mädchen											
100 m-Zeiten (s)	16,5	17,2	16,3	16,7	16,9	17,7	16,5	17,5	16,1	16,7	16,6	17,5
Sprungweiten (cm)	3,63	3,15	3,42	3,17	3,28	2,91	3,41	3,37	3,79	3,61	3,64	3,22
Kugelstoßen (m)	5,75	6,40	6,40	5,25	5,40	4,95	5,20	5,00	6,15	5,75	5,25	5,05
Jungen											
100 m-Zeiten (s)	14,1	15,5	15,3	14,9	16,4	16,2	13,5	13,7	15,6	15,2	14,9	15,8
Sprungweiten (cm)	4,19	3,83	3,89	4,01	3,73	3,61	4,43	4,39	3,65	3,70	4,00	3,48
Kugelstoßen (m)	8,75	8,95	7,90	8,95	9,50	8,20	9,95	9,15	7,95	8,50	8,70	7,90

1 In der Urliste findest du die Daten einer Befragung von Lehrerinnen und Lehrer nach ihrem Lebensalter.
Die Daten wurden direkt in ein Tabellenkalkulationsprogramm eingegeben.
Mithilfe des Menüpunktes „**Funktion einfügen (f)**" wurden dann die zugehörigen Mittelwerte und Streumaße bestimmt.

Urliste										
(Lebensalter von Lehrerinnen u. Lehrern)										
45	46	53	56	60	34	30	44	42	52	55
29	57	51	50	46	47	43	45	49	53	54
56	58	59	51	49	47	48	49	34	43	56
45	31	53	55	55	39	44	37	49		

Datei	Bearb.	Ansicht	Einfügen	Format	Extras	Daten	Fenster	Hilfe

G34 | =STABWN(A1:A41)

	A	B	C	D	E	F	G
24	58						
25	59						
26	51						
27	49						
28	47		Lebensalter von Lehrerinnen und Lehrern				
29	48						
30	49		arithmetisches Mittel			MITTELWER	47,60
31	34		Zentralwert (Median)			MEDIAN	49
32	43		mittlere lineare Abweichung			MITTELABW	6,35
33	56		Varianz			VARIANZEN	63,19
34	45		Standardabweichung			STABWN	7,95
35	31						
36	53						
37	55						
38	55						
39	39						
40	44						
41	37						
42	49						
43							

Tabelle1 / Tabelle2 / Tabelle3 / Tabelle4 / Ta

a) Gib die Daten aus der Urliste in ein Tabellenkalkulationsprogramm ein.
b) Bestimme mithilfe des Menüpunktes „**Funktion einfügen (f)**" die Mittelwerte und die mittlere lineare Abweichung.
c) Vergleiche die Mittelwerte miteinander.

2 Schülerinnen und Schüler im 9. Jahrgang wurden nach der Höhe ihres monatlichen Taschengeldes befragt.
Die Daten findest du in der abgebildeten Urliste.
a) Bestimme mithilfe eines Tabellenkalkulationsprogramms Mittelwerte und und die mittlere lineare Abweichung
b) Vergleiche die Mittelwerte miteinander.

Urliste (monatl. Taschengeld in Euro)								
25	24	32	30	28	36	40	24	36
24	30	32	44	48	50	32	32	36
35	45	32	24	28	30	40	20	35
28	32	36	40	44	48	30	40	50
28	32	36	35	48	30	40	36	24

3 Führe selbst statistische Untersuchungen durch und werte diese mithilfe eines Tabellenkalkulationsprogramms aus.

Zuordnungen 1

Wie viel Quadratmeter kann ich mit sieben Liter streichen?

Nicole möchte ihr Praktikum bei einem Maler und Lackierer machen.
Von Malermeister Voss erfährt sie, dass auch dort mathematische Fähigkeiten gebraucht werden.
Nicole hat berechnet, wie viele Quadratmeter Wandfläche mit 7 Liter Farbe gestrichen werden können.

> 11 Liter reichen für 66 m^2.
> 1 Liter reicht für 66 m^2 : 11 = 6 m^2
> 7 Liter reichen für 6 m^2 · 7 = 42 m^2

Wie viele Quadratmeter Wandfläche können mit 3 (5; 8; 9) Liter Farbe gestrichen werden?

2 Der 11-Liter-Eimer Wandfarbe kostet 38,50 Euro.
Was kosten 3 (5; 8; 9) Liter Farbe aus dem Eimer?

Farbe (*l*)	Preis (€)
11	38,50
1	3,50

3 Eine Dose Acryllack enthält 0,75 *l* Farbe und kostet 9,75 Euro. Der Inhalt reicht laut Angabe des Herstellers, um damit 6 m^2 Fläche zu streichen.
a) Wie viel Liter Acryllack braucht man für 4 m^2 (5 m^2, 1,5 m^2) Fläche?
b) Was kosten 0,5 *l*, (0,4 *l*; 0,6 *l*; 0,7 *l*) Acryllack aus der Dose?

4 Für 7 Stunden Arbeitszeit berechnet Malermeister Voss insgesamt 252 Euro an Lohnkosten. Wie viel Euro muss er für 5 (8; 23; 36) Stunden Arbeitszeit berechnen?

5

Renovierung Altbauwohnung	
Arbeitskräfte	benötigte Zeit
3	8
1	8 · 3 = 24
2	24 : 2 = 12

Für die Renovierung einer Altbauwohnung plant Herr Voss bei einem Einsatz von drei Arbeitskräften eine Zeit von acht Arbeitstagen ein.
Er berechnet, wie viele Tage er einplanen muss, wenn nur zwei Arbeitskräfte zur Verfügung stehen.
In wie viel Arbeitstagen kann die Wohnung renoviert werden, wenn Herr Voss vier (sechs, acht) Leute einsetzen kann?

6 Bei einem Einsatz von zwölf Arbeitskräften kann ein Großauftrag in 20 Arbeitstagen erledigt werden.
Herr Voss braucht aber für andere Arbeiten auch noch Personal. Deshalb überlegt er, in welcher Zeit er den Auftrag mit weniger Arbeitskräften erledigen kann.
Ergänze die Tabelle in deinem Heft.

Arbeitskräfte	Zeit (Tage)
12	20
1	
6	
3	
5	
8	

1 Die Gemeinde Leopoldshöhe bietet in einem neuen Siedlungsgebiet Grundstücke zu einem festen Quadratmeterpreis an. Für ihr 540 m² großes Grundstück bezahlt Familie Kesten 84 780 Euro. Wie viel Euro muss Familie Heinrichs für einen benachbarten Bauplatz mit 570 m² (480 m², 615 m²) Grundfläche bezahlen?

2 Zum Einebnen des Geländes benötigen zwei Planierraupen 21 Arbeitsstunden. In wie viel Arbeitsstunden ebnen drei Planierraupen das Gelände ein?

3 a) Ein Bagger benötigt 16 Arbeitsstunden, um 280 m³ Erde auszuheben. In welcher Zeit können 350 m³ (210 m³) ausgehoben werden?
b) Ein Lkw der Baugesellschaft kann 18 m³ Erde transportieren. Um den Erdaushub für eine Baugrube abzufahren, sind 16 Fahrten mit diesem Lkw erforderlich. Wie oft muss ein Lkw fahren, der nur 12 m³ transportieren kann?

4 Die neue Wohnstraße soll 122 m lang werden. Dafür werden 134,2 m³ Schotter benötigt. Wie viel Kubikmeter Schotter werden für eine 65 m (76 m, 48,5 m) lange Wohnstraße benötigt?

5 Ein Rohbau kann von fünf Maurern in 60 Arbeitstagen erstellt werden.
a) Wie viele Arbeitstage benötigen sechs Maurer?
b) Nach 40 Arbeitstagen wird von den fünf Maurern einer krank. In wie viel Tagen kann der Rohbau nun fertiggestellt werden?
Überlege zunächst, in welcher Zeit fünf Maurer die restliche Arbeit schaffen.

6 a) Familie Wiemann lässt das Dach ihres Einfamilienhauses mit Dachpfannen aus Beton decken. Für einen Quadratmeter Dachfläche rechnet der Dachdecker mit 10 Pfannen. Eine Betonpfanne kostet 0,80 Euro. Der Arbeitslohn für das Verlegen beträgt 8,50 Euro pro Quadratmeter. Die Materialkosten für das Dach der Familie Wiemann betragen 880 Euro. Berechne die Dachfläche und den Arbeitslohn.
b) Das Einfamilienhaus von Familie Thevis ist genau so groß. Das Dach soll aber mit Tonziegeln gedeckt werden. Bei einem Stückpreis von 1,15 Euro werden davon 15 Pfannen pro Quadratmeter benötigt. Das Verlegen der Ziegel kostet 10,50 Euro pro Quadratmeter. Berechne die Materialkosten und den Arbeitslohn.
c) Vergleiche die Gesamtkosten miteinander.

L 1155; 110; 14; 65; 53,35; 89 490; 935; 12; 71,5; 75 360; 1897,5; 96 555; 50; 24; 20; 83,6

7 Für die Treppe vom Erdgeschoss zum ersten Stockwerk sind 15 Stufen geplant. Jede Stufe soll eine Höhe von 17,6 cm haben. Wegen einer Planänderung soll sie nun aus 16 Stufen bestehen. Welche Höhe muss nun jede Stufe haben?

8 Familie Wiemann möchte Fensterbänke aus Marmor einbauen lassen. Die Kosten betragen pro Meter 43,60 Euro. Der Kostenvoranschlag für alle Fensterbänke im Haus sieht eine Summe von 549,36 Euro vor.
a) Wie viel Meter Marmorplatten wurden berechnet?
b) Familie Thevis ist der Meinung, dass Fensterbänke aus Kunststoff geeigneter sind. Eine zwei Meter lange Fensterbank kostet dann 59,80 Euro. Berechne die Gesamtkosten.

9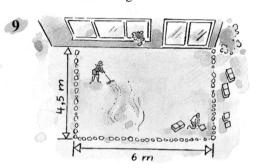
Die Terrasse kann mit 108 quadratischen Steinplatten mit einer Kantenlänge von jeweils 50 cm ausgelegt werden.
Wie viele Steinplatten werden benötigt, wenn jede Platte 75 cm lang und 50 cm breit ist?

10 Für die Elektroinstallation veranschlagt der Elektriker 120 Arbeitsstunden. Mit welchen Lohnkosten muss Familie Thevis rechnen, wenn für 18 Arbeitsstunden vorher 824,40 Euro bezahlt wurden?

11 Das Badezimmer soll bis zu einer Höhe von zwei Metern gekachelt werden. Dafür sollen 650 Fliesen der Größe 20 cm x 20 cm verwendet werden.
a) Wie viele Fliesen der Größe 15 cm x 15 cm werden für die gleiche Fläche mindestens benötigt?
b) Zehn Fliesen der Größe 20 cm x 20 cm kosten 6,80 Euro, zehn Fliesen der Größe 15 cm x 15 cm kosten 5,50 Euro. Berechne den Preisunterschied.

12 Familie Harbron überlegt, wie die Wohnzimmerwände gestaltet werden sollen.
Herr Harbron schlägt Raufasertapete mit einem getönten Anstrich vor. Frau Harbron zieht Textiltapeten vor.
Für die Materialkosten wollen sie höchstens 500 Euro ausgeben.
a) Wie teuer kommt der Vorschlag von Frau Harbron?
b) Wie viel Euro können bei Herrn Harbrons Vorschlag eingespart werden?

Wohnzimmer:	62 m² Wandfläche
Raufasertapete: Rolle (0,8 m breit; 11 m lang):	8,90 €
Binderfarbe: 11-Liter-Eimer (für 66 m²):	41,44 €
Textiltapete: Rolle (0,53 m breit; 7 m lang):	28,50 €

13 Das Esszimmer ist 4,8 m lang, 4,20 m breit und 2,50 m hoch. Die vier Wände sollen mit Raufasertapete tapeziert und anschließend gestrichen werden. Eine Rolle Raufasertapete ist 80 cm breit und 11 m lang. Bestimme die Anzahl der benötigten Tapetenrollen und die Größe der zu streichenden Wandflächen. Aussparungen für Fenster und Türen sollen dabei zunächst nicht berücksichtigt werden.

L 45; 16,5; 376,74; 5496; 1938; 484,50; 6; 72; 371,86; 1156; 12,6

14 Die Familie Harbron hat in ihrem Einfamilienhaus ein Dachstudio selbst ausgebaut.

Der Fußboden soll nun mit Korkfliesen ausgelegt werden. Im Baumarkt finden sie die folgenden Angebote.

Korkplatten naturbelassen
300 x 300 mm, 4 mm stark
                    23,80 € pro m²
Korkplatten vorlackiert
300 x 300 mm, 4 mm stark
                    29,45 € pro m²

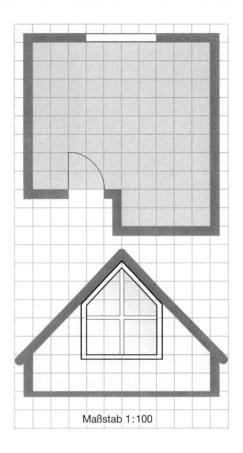

Maßstab 1:100

a) Wie viel Quadratmeter Korkfliesen müssen mindestens eingekauft werden?

Berechne den Flächeninhalt. Entnimm dazu die Längen der Zeichnung. Achte auf den Maßstab!

Rechne für den Verschnitt 10 % dazu.

b) Naturbelassene Korkplatten müssen dreimal, vorlackierte Korkplatten nur noch einmal mit Lack gestrichen werden. Bei welchem Kauf sind die Materialkosten geringer?

19,95 €

Korkkleber	
7-kg-Eimer	**23,65 €**
3,5-kg-Eimer	**16,80 €**
(Ergiebigkeit: 400 g pro m²)	

c) Wie viel Kilogramm Korkkleber werden zum Verlegen der Fliesen benötigt? Gib auch die Kosten für den Korkkleber an.

d) Der Fußboden im Dachstudio soll mit einer Fußleiste versehen werden. Eine 2,5 m lange Fußbodenleiste kostet 11,50 Euro. Am Ausgang ist eine Abschlussleiste aus Messing für 12,75 Euro vorgesehen. Berechne die Materialkosten.

e) Die Dachschrägen sollen mit Kiefer-Profilbrettern verkleidet und anschließend gewachst werden. Entnimm die Maße den Zeichnungen, berechne den Materialbedarf und die Materialkosten.

Kiefer-Profilbretter	
(gehobelt: 3,50 m lang, 12 cm breit)	
5 Stück	**19,95 €**
Holzwachs	
1-Literdose (für 16 m²)	**17,85 €**

f) Wie teuer wird der Innenausbau des Dachstudios insgesamt, wenn sich Familie Harbron für die naturbelassenen (vorlackierten) Korkfliesen entscheidet?

1

September

Einkommen:	2800 €
Ausgaben:	
Miete:	392 €
Strom:	56 €
Heizung:	84 €
Benzin:	168 €
Taschengeld:	112 €
Sonstiges:	1624 €
Ersparnisse:	364 €

Familie Krone hat einen Zeitungsartikel zum Anlass genommen um für den Monat September die Einnahmen und Ausgaben der Familie in einem Haushaltsbuch zu notieren.
Im Beispiel siehst du, wie der prozentuale Anteil der Miete an den Gesamtausgaben ausgerechnet wird.
Berechne für die anderen Ausgaben (Strom, Heizung, …) jeweils die prozentualen Anteile.

Gegeben: $G = 2800\ €$
              $P = 392\ €$
Gesucht: $p\%$

$$p\% = \frac{P \cdot 100}{G}\ \%$$

$$p\% = \frac{392 \cdot 100}{2800}\ \%$$

$$p\% = 14\%$$

2   Larissa notiert ebenfalls, wofür sie ihr monatliches Taschengeld in Höhe von 56 Euro ausgibt.
Berechne für die anderen Ausgaben die prozentualen Anteile. Runde, wenn nötig, auf die zweite Nachkommastelle.

Kino: *11,20 €*
Süßigkeiten: *4,48 €*
CD: *19,60 €*
Sonstiges: *19,32 €*
Ersparnisse: *1,40 €*

3   Der Hauseigentümer möchte in der Wohnung der Familie Krone Wärmeschutzfenster einbauen. Durch den Einbau dieser Fenster werden die Energieverluste erheblich verringert.
Nach dieser Modernisierung darf er die Miete von 392 Euro um 2 % erhöhen.

Vor dem Einbau betrugen die monatlichen Heizkosten 84 Euro. Die Familie spart jetzt 12 % der monatlichen Heizkosten.
Berechne die jetzigen Heizkosten der Familie Krone. Hat sich der Einbau für die Familie Krone gelohnt?

Gegeben: $G = 392\ €$
              $p\% = 2\%$
Gesucht: P

$$P = \frac{G \cdot P}{100}$$

$$P = \frac{392 \cdot 2}{100}$$

$$P = 7,84\ €$$

4 Ein Haushalt hat einen jährlichen Bedarf an elektrischer Energie von durchschnittlich 3600 kWh.
Berechne die Kilowattstunden, die auf die einzelnen prozentualen Anteile entfallen.

Gefriergeräte	18 %
Elektroherde	8 %
Waschmaschinen	3 %
TV, Audio, PC usw.	4 %
Geschirrspüler	3 %
Beleuchtung	7 %
Warmwasser	11 %
Elektroheizung	19 %
Sonstiges	27 %

5 Familie Krone wechselt den Energieversorger. Dadurch spart sie 17 % der bisherigen Stromkosten. Das sind 119 Euro. Im Beispiel werden die jährlichen Stromkosten berechnet.
Für Frau Krones Eltern berechnet das Energieversorgungsunternehmen eine Preisreduzierung von 114 Euro. Das sind 24 % der jährlichen Kosten. Wie viel Euro haben die Eltern noch zu bezahlen?

Gegeben: $P = 119$ €
$p\% = 17\%$
Gesucht: G
$$G = \frac{P \cdot 100}{p}$$
$$G = \frac{119 \cdot 100}{17}$$
$$G = 700 \text{ €}$$

6 Für verschiedene Haushaltsgrößen ist in der Tabelle jeweils der durchschnittliche Energieverbrauch für die Nutzung von Waschmaschine und Wäschetrockner wiedergegeben.
Berechne für die einzelnen Haushaltsgrößen den durchschnittlichen jährlichen Gesamtverbrauch an elektrischer Energie. Runde auf volle Zehner.

Haushalts-größe	Stromanteil am Gesamtverbrauch	prozentualer Anteil
1 Person	235 kWh	8,35 %
2 Personen	415 kWh	10,12 %
3 Personen	600 kWh	11,5 %
4 Personen	790 kWh	12,76 %

7
JO – Versicherung
2,5 ‰ der Versicherungssumme zzgl. 15 % der Prämie als Versicherungssteuer

Top – Versicherung
3 ‰ der Versicherungssumme
(einschließlich gesetzlicher Versicherungssteuer)

> 1 ‰
> *Lies* 1 Promille

Herr und Frau Krone wollen für ihren Hausrat eine Versicherung abschließen. Sie haben dazu den Wert ihrer Wohnungseinrichtung auf 60 000 Euro geschätzt und Angebote von Versicherungen eingeholt.
a) Erläutere, wie Herr und Frau Krone die Höhe der Versicherungsprämie berechnet haben.
b) Berechne die Versicherungsprämie für das zweite Angebot.

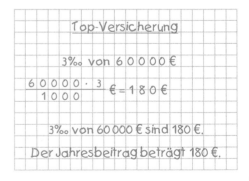

8 Für die Vermittlung einer Lebensversicherung erhält die Versicherungskauffrau Wissner 225 Euro. Das sind 12 ‰ der Versicherungssumme. Wie viel Euro beträgt die Versicherungssumme?

1   **Gehaltsabrechnung** für Mai 2002

Herrn
Maximilian Schneider
Gutberthweg 28a
35001 Mortzhausen

Steuer-klasse	Kinder	Kirche	Frei-betrag
I	0.0	Ja	0,00
Kranken-versicherung	Pflege-versicherung	Renten-versicherung	Arbeitslosen-versicherung
AOK	Ja	Ja	Ja

Brutto-Bezüge	
Ausbildungsvergütung	562,00 €
Gesamt – Brutto	**562,00 €**

Steuer / Sozialversicherung	
Lohnsteuer	0,00 €
Kirchensteuer	0,00 €
Krankenversicherung	39,06 €
Pflegeversicherung	4,78 €
Rentenversicherung	54,23 €
Arbeitslosenversicherung	18,27 €
Abzüge – Insgesamt:	116,34 €
Auszahlungsbetrag	**445,66 €**

a) Maximilian hat nach dem Schulabschluss eine Ausbildungsstelle angetreten und erhält seine erste Gehaltsabrechnung. Erkläre die Eintragungen auf der Gehaltsbescheinigung.
b) Wie viel Prozent des Bruttogehaltes werden Maximilian ausbezahlt? Runde auf zwei Nachkommastellen.
c) Bestimme die prozentualen Anteile, die Maximilian als Sozialversicherungsbeiträge bezahlen muss.

Lohn- und Kirchensteuer

Jeder Arbeitnehmer wird einer Steuerklasse zugeordnet. Die Steuerklasse ist abhängig vom Familienstand. Die Höhe der Lohnsteuer hängt außerdem von der Kinderzahl ab. Die Kirchensteuer beträgt 8% der Lohnsteuer. Lohnsteuer ist erst zu zahlen, wenn das zu versteuernde Jahreseinkommen einen Grundfreibetrag von 8500 € überschreitet.

Sozialabgaben

Jeder Arbeitnehmer ist sozialversicherungspflichtig. Die Beträge richten sich nach der Höhe des Bruttoeinkommens. Der Arbeitgeber zahlt jeweils die Hälfte der Beträge.

Krankenversicherung	z.B.	6,95%
Rentenversicherung		9,65%
Pflegeversicherung		0,85%
Arbeitslosenversicherung		3,25%

(Im Jahr 2001 gültig.)

2 Maximilians Schwester Barbara hat ihre Ausbildung beendet und erhält ein Bruttogehalt von 1875,80 Euro. Auf ihrer Gehaltsbescheinigung werden 256,20 Euro Lohnsteuer berechnet.
a) Wie viel Prozent ihres Gehaltes werden ihr als Lohnsteuer abgezogen?
b) Wie viel Euro Kirchensteuer muss sie bezahlen?

3 Frau Könke erhält als Sachbearbeiterin ein monatliches Bruttogehalt von 2495,34 Euro. Ihr Nettogehalt beträgt 1784,18 Euro. Wie viel Prozent des Bruttoverdienstes betragen die Abzüge?

4 Herr Wendeg erhält ein Gehalt von 2500 Euro. Für diesen Betrag zahlt er 7,18% Lohnsteuer.
a) Wie viel Euro Lohn- und Kirchensteuer werden ihm abgezogen?
b) Berechne die Beiträge für Kranken-, Renten-, Pflege- und Arbeitslosenversicherung, die Herr Wendeg bezahlen muss. Benutze die Angaben im Kasten.
c) Wie viel Euro erhält er als Nettolohn ausgezahlt?

L zu Nr. 2 bis Nr. 4: 13,66; 14,36; 20,5; 21,25; 28,5; 81,25; 173,75; 179,5; 241,25; 1788,64

5 Herr Kahle verdient als Facharbeiter einen Stundenlohn von 14,50 Euro. Seine monatliche Arbeitszeit beträgt 154 Arbeitsstunden. Von seinem Bruttolohn werden 31,8% Steuer- und Sozialversicherungsbeiträge abgezogen. Welchen Nettolohn erhält Herr Kahle?

6 Frau Rogalla hat 160 Stunden gearbeitet und erhält einen Bruttolohn von 2824 Euro. Nach Abzug der Steuern und Sozialversicherungsbeiträge werden ihr 1949,54 Euro ausgezahlt.
a) Wie viel Prozent des Bruttolohnes betragen die Abzüge?
b) Berechne Frau Rogallas Bruttostundenlohn.

7 a) Angela muss monatlich 21,06 Euro Arbeitslosenversicherung zahlen. Wie viel Euro beträgt ihr Bruttolohn?
b) Björn zahlt 46,88 Euro Rentenversicherung. Berechne seine Ausbildungsvergütung.

8 Frau Schmiedel zahlt im Monat 405,72 Euro Sozialabgaben. Das sind 20,3% ihres Bruttolohnes.
a) Berechne ihren Bruttolohn.
b) Wie viel Euro entfallen dabei auf Renten-, Pflege- und Arbeitslosenversicherung?
c) Wie viel Krankenversicherungsbeitrag zahlt sie?
d) Berechne den Beitragssatz ihrer Krankenversicherung.

9 Als Auszubildender erhält Nikola eine monatliche Vergütung von 956 Euro. Er weiß, dass ca. 1,6% des Bruttolohnes für die Lohnsteuer abgezogen werden und die Kirchensteuer 8% der Lohnsteuer beträgt. Für Sozialversicherungsbeiträge werden 20,5% des Bruttogehaltes abgezogen.
a) Wie viel Lohn- bzw. Kirchensteuer werden abgezogen?
b) Welches Nettogehalt erhält Nikola?

10 Frau Emmerich kann durch den Wechsel zu einer anderen Krankenkasse den Beitrag von 13,9% auf 12,8% senken. Ihr werden nun 125,30 Euro vom Lohn abgezogen.
a) Berechne ihren Bruttolohn.
b) Wie viel zahlte sie und ihr Arbeitgeber bisher zusammen an Krankenkassenbeitrag im Monat?

Arbeitnehmer und Arbeitgeber zahlen jeweils die Hälfte der Beiträge!

11 Bei Tarifverhandlungen wurde eine Erhöhung der Löhne und Gehälter beschlossen. Herr Granski erhält nach der Erhöhung brutto 2336,40 Euro. Vorher erhielt er 2263,95 Euro.
a) Wie viel Prozent betrug die Gehaltserhöhung?
b) Berechne Herrn Granskis Lohnsteuer, wenn der Steuersatz nun 6,06% beträgt.
c) Wie viel Euro Kirchensteuer muss er bezahlen?
d) Berechne seinen Nettolohn, wenn der Krankenkassenbeitrag 12,6% beträgt.

L zu Nr. 5 bis Nr. 11: 1,22; 3,2; 11,33; 12,18; 13,1; 15,3; 16,99; 17,65; 30,97; 64,96; 130,9; 141,59; 192,87; 273,22; 485,8; 648; 743,5; 1522,91; 1715,03; 1965,63; 1998,62

1 Das Möbelhaus Brühl erhöht die Preise aller Möbel um 4 %. Ein Wohnzimmerschrank kostete bisher 1820 Euro und ein Fernsehschrank 190 Euro.
Berechne die neuen Preise nach der Erhöhung.

Bisheriger Preis (Grundwert) 100 %	Erhöhung 4 %

Neuer Preis (vermehrter Grundwert) 104 %

Zu einem Wachstum von 3 % gehört ein Wachstumsfaktor von 1,03.

2 Ein Autokonzern erhöht die Preise für alle Modelle um 3 %. Das Modell Sukko kostete bisher 14 500 Euro. Die Beispiele zeigen, wie der neue Preis auf zwei verschiedenen Lösungswegen berechnet werden kann.

$$100\,\% \longrightarrow 14\,500\;€$$
$$103\,\% \longrightarrow \frac{14\,500 \cdot 103}{100}\;€$$
$$103\,\% \longrightarrow 14\,935\;€$$

Das Modell Sukko kostet 14 935 €.

$$100\,\% \longrightarrow 14\,500\;€$$
$$103\,\% \longrightarrow 14\,500\;€ \cdot 1,03$$
$$103\,\% \longrightarrow 14\,935\;€$$

Der neue Preis beträgt 14 935 €.

Ein anderes Modell kostete bisher 14 200 Euro (16 100 Euro; 18 500 Euro).
Berechne den Verkaufspreis nach der Preiserhöhung. Benutze den Wachstumsfaktor.

3 Familie Hummel hat vor einem Jahr ein Grundstück gekauft und dafür 120 Euro pro Quadratmeter gezahlt. In der Zwischenzeit sind die Baulandpreise um 8 % gestiegen. Wie viel Euro müsste Familie Hummel jetzt für einen Quadratmeter bezahlen?

4 Herr Effendy arbeitet in einem Kaufhaus und kauft einen Wäschetrockner. Als Firmenangehöriger erhält er einen Rabatt von 18 %. Wie viel kostet der Trockner, wenn der Preis 485 Euro beträgt?

Alter Preis (Grundwert) 100 %

Neuer Preis (verminderter Grundwert) 82 %	

5 Im Schlussverkauf wird auf einen Teppich ein Preisnachlass von 35 % gewährt. Er kostete ursprünglich 525 Euro. Die Beispiele zeigen, wie der neue Preis auf zwei verschiedenen Lösungswegen berechnet werden kann.

$$100\,\% \longrightarrow 525\;€$$
$$65\,\% \longrightarrow \frac{525 \cdot 65}{100}\;€$$
$$65\,\% \longrightarrow 341,25\;€$$

Der Teppich kostet 341,25 €.

$$100\,\% \longrightarrow 525\;€$$
$$65\,\% \longrightarrow 525\;€ \cdot 0,65$$
$$65\,\% \longrightarrow 341,25\;€$$

Der neue Preis beträgt 341,25 €.

Ein anderer Teppich kostete bisher 825 Euro (280 Euro; 998 Euro). Wie viel muss der Kunde während des Schlussverkaufes für diese Teppiche bezahlen? Benutze den Wachstumsfaktor.

6 Wegen eines Wasserschadens werden in einem Kaufhaus Waren um 40 % billiger verkauft.
a) Wie viel Euro können beim Kauf eines Anzuges gespart werden, der vorher 249 Euro kostete?
b) Frau Gerber kauft einen Jogginganzug, der vorher 39,90 Euro (75,90 Euro; 89,95 Euro) kostete. Welchen Betrag muss sie zahlen?

7 Bahir kauft beim Großhändler eine Stereoanlage für 280 Euro. Er erhält einen Rabatt von 25 %. Zu dem ermäßigten Preis kommt noch die Mehrwertsteuer von 16 % hinzu. Wie viel Euro muss er bezahlen?

8 Das Mediencenter bietet alle Artikel zu herabgesetzten Preisen an.
Im Beispiel siehst du, wie der alte Preis berechnet wird.

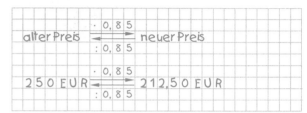

Berechne ebenso die alten Preise der anderen Artikel.

9 Zu einem Firmenjubiläum gewährt ein Kaufhaus auf alle Ladenpreise einen Rabatt von 15 %.
a) Eine Musikanlage kostet vor dem Sonderverkauf 425 Euro. Wie viel Euro kostet sie während des Jubiläumsverkaufes?
b) Beim Kauf eines Fotoapparates spart Frau Bartek 84,15 Euro. Berechne den Preis des Fotoapparates vor dem Sonderverkauf.

10 a) Ein Wohnzimmerschrank kostete ursprünglich 820 Euro. Der Preis wurde zunächst um 15 % erhöht und später wieder um 15 % gesenkt. Wie viel kostet der Schrank nach der Preissenkung?
b) Berechne den Verkaufspreis des Schrankes, wenn der ursprüngliche Preis zuerst um 15 % gesenkt und anschließend wieder um 15 % erhöht wird.

11 Ein Elektrogeschäft bezieht von einem Großhändler 120 CD-Player zum Preis von 8400 Euro und 50 Computerdrucker zum Preis von 4000 Euro.
a) Auf diesen Einkaufspreis kommt ein Zuschlag von 35 %. Bestimme jeweils den Verkauf für einen CD-Player und einen Drucker.
b) Nach einer Woche sind nicht alle CD-Player und Drucker verkauft. Deshalb wird der Verkaufspreis um 20 % gesenkt. Berechne jeweils den Verkaufspreis nach der Preissenkung.

L 23,94; 45,54; 53,97; 75,6; 86,4; 94,5; 99,6; 108; 243,6; 250; 332,5; 361,25; 561; 622,5; 801,55; 950

1

Wenn nicht anders vereinbart, bezieht sich der Zinssatz auf den Zeitraum von einem Jahr.

– Ihre sichere Geldanlage –

– Zinsgarantie über die gesamte Laufzeit
– hoher Zinsgewinn / jährliche Auszahlung der Zinsen

Laufzeit	Zinssatz
1 Jahr	4 %
2 Jahre	4,5 %
3 Jahre	5 %

Manuela hat 2500 Euro gespart. Bei einer Bank erkundigt sie sich nach Möglichkeiten diesen Betrag zinsgünstig anzulegen. Sie beabsichtigt ihr Geld für zwei Jahre anzulegen.
Im Beispiel siehst du, wie sie die Zinsen für ein Jahr ausgerechnet hat.

Gegeben: Kapital $K = 2500 \ €$
$\qquad\qquad\qquad p\,\% = 4\,\%$

Gesucht: Zinsen Z

$$Z = \frac{K \cdot p}{100}$$

$$Z = \frac{2500 \cdot 4}{100} \ €$$

$$Z = 100 \ €$$

Im ersten Jahr erhält sie 100 € Zinsen.

Wie viel Euro Zinsen erhält sie jedes Jahr, wenn sie ihr Geld für drei Jahre anlegt?

2   Frau Keller nimmt zum Kauf eines neuen Autos einen Kredit in Höhe von 6500 Euro auf. Die Autobank bietet ihr einen Kredit zu 2,75 % an. Wie viel Euro muss sie nach einem Jahr zurückzahlen?

3   Die Sparkasse bietet eine „Mehrzins-Sparanlage" an. Die Höhe des Zinssatzes richtet sich nach dem jeweiligen Sparbetrag. Berechne die jährlichen Zinsen für Sparbeträge von 3000 Euro (8500 Euro, 22 000 Euro, 27 500 Euro).

Mehrzinssparanlage

Sparbetrag ab	Zinssatz
€ 2000,–	4,2 %
€ 6000,–	4,4 %
€ 15 000,–	4,8 %
€ 25 000,–	5,1 %

4   Karla hat jeweils von ihren Eltern und Großeltern ein Sparbuch mit einem Betrag von 1400 Euro zu ihrem 14. Geburtstag erhalten. Auf dem einen Sparbuch erhält sie nach einem Jahr 42 Euro und auf dem anderen 49 Euro Zinsen. Berechne den Zinssatz für das zweite Sparbuch.

Gegeben: $K = 1400 \ €$
$\qquad\qquad\ \ Z = 42 \ €$

Gesucht: $p\,\%$

$$p\,\% = \frac{Z \cdot 100}{K}\,\%$$

$$p\,\% = \frac{42 \cdot 100}{1400}\,\%$$

$$p\,\% = 3\,\%$$

Der Zinssatz beträgt 3 %.

5   Frau Rein kauft eine Waschmaschine für 520 Euro. Sie nutzt die Möglichkeit die Rechnung ein halbes Jahr später zu bezahlen. Dann zahlt sie allerdings 551,20 Euro. Wie hoch ist der Zinssatz?

6 Familie Luchs muss für den Umbau ihres Einfamilienhauses zwei Darlehen aufnehmen. Für das erste Darlehen zahlen sie 2560 Euro Zinsen bei einem Zinssatz von 8%. Für das zweite Darlehen zahlen sie 1530 Euro bei einem Zinssatz von 8,5%. Berechne den Geldbetrag für das zweite Darlehen.

Gegeben: $Z = 2560$ €
$p\% = 8\%$
Gesucht: K

$$K = \frac{Z \cdot 100}{p}$$

$$K = \frac{2560 \cdot 100}{8} \text{ €}$$

$$K = 32\,000 \text{ €}$$

Das erste Darlehen betrug 32 000 €.

7 Ein Kaufmann gibt sein Geschäft auf und legt den Verkaufspreis zu 6,5% Zinsen an, sodass er mit einem Jahreseinkommen von 32 500 Euro rechnen kann. Wie viel Euro hat er für den Verkauf seines Geschäftes erhalten?

Zinstage

Bei **Spareinlagen** wird der Auszahlungstag nicht mitgerechnet.

Bei **Darlehen** werden der Auszahlungs- und der Rückzahlungstag mitgerechnet.

8 a) Herr Wuttke nutzt ein Sonderangebot für den Kauf eines neuen Fernsehgerätes. Er überzieht daher sein Girokonto um 660 Euro für 12 Tage. Die Bank berechnet 16% Zinsen.

b) Wegen dringender Reparaturarbeiten an seiner Heizung nimmt Herr Wuttke einen Kredit von 8750 Euro zu 7,5% Zinsen auf. Diesen Kredit zahlt er nach 125 Tagen zurück. Wie viel Euro Zinsen muss er bezahlen?

9 Frau Tadiski zahlt am 20. März einen Betrag von 400 Euro auf ein Sparkonto ein. Wie viel Euro Zinsen erhält sie bis zum 15. Mai, wenn die Bank den Betrag mit 4,5% verzinst?

10 Im Beispiel wird gezeigt, wie für ein Kapital von 500 Euro bei 4% Zinsen und einer Laufzeit von drei Jahren die Höhe des Kapitals berechnet werden kann.

Kapital nach einem Jahr:	Kapital nach zwei Jahren:	Kapital nach drei Jahren:
$K_1 = 500 \cdot 1,04$ €	$K_2 = 520 \cdot 1,04$ €	$K_3 = K_2 \cdot 1,04$ €
$K_1 = 520$ €	$K_2 = (500 \cdot 1,04) \cdot 1,04$ €	$K_3 = 500 \cdot 1,04^2 \cdot 1,04$ €
	$K_2 = 500 \cdot 1,04^2$ €	$K_3 = 500 \cdot 1,04^3$ €
	$K_2 = 540,80$ €	$K_3 = 562,43$ €

Berechne für ein Kapital von 850 Euro bei 6% Zinsen und einer Laufzeit von 5 Jahren die Höhe des Kapitals.

11 Im Beispiel siehst du, wie mit dem Taschenrechner das Kapital nach 7 Jahren mithilfe des Zinsfaktors ausgerechnet werden kann:

Gegeben: $K = 2400$ € $p\% = 6\%$
$n = 7$ Jahre Zinsfaktor: $1,06$
Gesucht: K_7
$K_7 = 2400 \cdot 1,06^7$ €

Tastenfolge 2400 $\boxed{\text{x}}$ 1,06 $\boxed{x^y}$ 7
Anzeige 3608.712622

$K_7 = 3608,71$ €

Berechne jeweils das Kapital am Ende der angegebenen Laufzeit.

	Kapital	Zinssatz	Laufzeit
a)	4000 €	6%	3 Jahre
b)	5000 €	7%	6 Jahre
c)	7500 €	3,5%	4 Jahre
d)	12 500 €	5,25%	8 Jahre
e)	1500 €	8,25%	7 Jahre

1 Durch einen Wasserschaden wurde bei Familie Neumann ein Teil der Wohnungseinrichtung unbrauchbar. Für den Neukauf muss die Familie einen Kredit in Höhe von 3000 Euro aufnehmen. Folgende Angebote erhält Frau Neumann auf Anfrage bei Kreditinstituten:

Bank 18   Bank 18   Bank 18

Unser Angebot:
Kreditbetrag: 3000,00 €

Rückzahlung: Einmalig 600 €
12 Monatsraten zu 235 €
Bearbeitungsgebühr: 50 €

Village-Bank

Top Konditionen:

Unsere Leistung: 3000 € an Sie

Ihre Leistung: 2 % des Kreditbetrages Bearbeitungsgebühr

15 Monatsraten zu 235 €

Interbank

Unschlagbar günstig!

Wir bieten: 3000 € Kredit
            sofort ausgezahlt.

Ihre Bedingungen:
    24 Monatsraten zu 145 €
    50 € Bearbeitungsgebühr.

a) Vergleiche die verschiedenen Angebote. Welches Angebot erscheint dir am günstigsten?

b) Berechne für die einzelnen Angebote jeweils die Gesamtkosten.

2 Viele Kaufhäuser und Händler bieten ihren Kunden Ratenzahlung als Zahlungsmöglichkeit an.

Frau Schmuck nimmt diese Möglichkeit wahr und kauft eine neue Geschirrspülmaschine für 599 Euro. Sie vereinbart eine Laufzeit von 6 Monaten. Der Händler berechnet einen Zinssatz von 0,72 % pro Monat.

Im Beispiel siehst du, wie der Händler die monatliche Rate berechnet.

Berechne die monatliche Rate für einen Kaufpreis von 1999 Euro und einer Laufzeit von 8 Monaten.

1. Kaufpreis 599 €
    6 Monatsraten
    Zinssatz 0,72 %

2. $Z = \dfrac{599 \cdot 0,72}{100} \cdot 6\ €$

    $Z = 25,88\ €$

3. 599 Euro + 25,88 €
    = 624,88 €

4. 624,88 € : 6
    = 104,15 €

3 Berechne die monatliche Rate.

	a)	b)	c)	d)	e)	f)	g)
Kaufpreis	320 €	480 €	1450 €	2875 €	480 €	1450 €	5650 €
monatlicher Zinssatz	0,72 %	0,72 %	0,72 %	0,69 %	0,82 %	0,725 %	0,8 %
Monatsraten	3	6	12	15	18	27	20

4 Herr Kalinke möchte sich einen gebrauchten Motorroller kaufen. Vom Kaufpreis muss er 2800 Euro finanzieren. Er hat dazu verschiedene Angebote eingeholt.

a) Berechne jeweils für die einzelnen Angebote die Gesamtkosten.

b) Berechne für den Ratenkauf die Höhe Monatsraten.

Kreditbank

2,5 % Bearbeitungsgebühr
0,75 % Zinsen pro Monat
9 Monate Laufzeit

Top-Kredit

0,85 % Zinsen pro Monat
40 € Bearbeitungsgebühr
9 Raten

**Finanzierung
Roller-König GmbH**

0,96 % Zinsaufschlag
pro Monat bei 9 Raten

5 Ein Bestellservice bietet seinen Kunden folgende Teilzahlungsbedingungen an.

Bezahlen geht ganz leicht

Gegen Rechnung: zahlbar innerhalb von 14 Tagen nach Erhalt der Ware.
Mit Ratenzahlung: ohne Formalitäten und Bearbeitungsgebühr.

So berechnen Sie den Teilzahlungspreis
für andere Kaufbeträge:

Kaufpreis: 860 €; Laufzeit 4 Monate

Kaufbetrag	Teilzahlungspreis
500 €	513,80 €
+ 300 €	+ 308,28 €
+ 50 €	+ 51,38 €
+ 10 €	+ 10,28 €
860 €	885,74 €

Barzahlungs-preise	Teilzahlungspreise		
Kaufbetrag (€)	2 Monatsraten Mindestbestellwert 100,– €	4 Monatsraten Mindestbestellwert 200,– €	6 Monatsraten Mindestbestellwert 300,– €
10,00	10,15	10,28	10,39
50,00	50,77	51,38	51,95
100,00	101,54	102,76	103,90
200,00	203,08	205,52	207,80
300,00	304,62	308,28	311,70
500,00	507,70	513,80	519,50
1.000,00	1 015,40	1 027,60	1 093,00
monatlicher Zinssatz	0,77 %	0,69 %	0,65 %
effektiver Jahreszins	12,39 %	13,48 %	13,79 %

---

a) Berechne die Teilzahlungspreise und die dazugehörenden Monatsraten für folgende Kaufbeträge:

Kaufbetrag	170 €	460 €	1710 €	275 €	2335 €
Laufzeit	2 Monate	6 Monate	6 Monate	4 Monate	6 Monate

Die Bedingungen und Kosten eines Kredites sind bei den Kreditinstituten oft sehr verschieden. Damit der Kunde besser vergleichen kann, sind die Kreditinstitute durch den Gesetzgeber verpflichtet worden, bei allen Krediten neben dem Monats- oder Jahreszinssatz (**Nominalzinssatz**) auch den **effektiven Zinssatz** anzugeben. Beim Nominalzinssatz wird der gesamte Darlehensbetrag über die gesamte Laufzeit verzinst, es wird nicht berücksichtigt, dass das Restdarlehen immer kleiner wird. Der effektive Zinssatz (tatsächliche) Zinssatz berücksichtigt neben zusätzlichen Kosten (Gebühren und Provisionen) auch, dass die Restschuld immer kleiner wird. Der effektive Zinssatz wird mit dem Computer berechnet oder aus Tabellen abgelesen.

b) Tatjana hat für 500 Euro Waren bestellt. Aus der Tabelle der Firma hat sie einen Teilzahlungspreis von 507,70 Euro bei einer Laufzeit von 2 Monaten ermittelt. Sie überprüft die Angaben zum effektiven Jahreszinssatz:

Kaufpreis: 500 Euro   2 Monatsraten
Teilzahlungspreis: 507,70 Euro   Monatsrate: 253,85 Euro   eff. Zinssatz: 12,39 %

Zinsen für den 1. Monat: $\frac{500 \cdot 12,39}{100} \cdot \frac{1}{12}\ € \approx 5,16\ €$

Zinsen für den 2. Monat: $\frac{(500 - 253,85) \cdot 12,39}{100} \cdot \frac{1}{12}\ € \approx 2,54\ €$

Stimmt der angegebene effektive Jahreszins?

c) Überprüfe, ob auch bei einem Kaufpreis von 900 Euro und bei vier Monatsraten der angegebene effektive Jahreszinssatz stimmt.

1

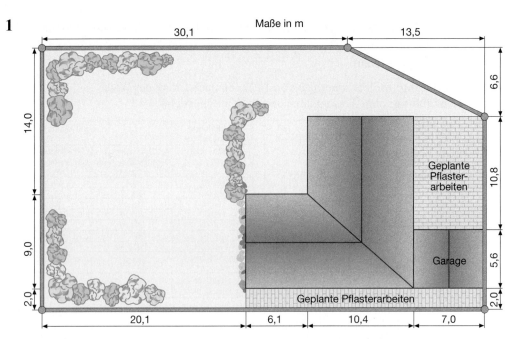

Um Gebühren für das Oberflächenwasser zu bestimmen wird Familie Norak von der Gemeinde aufgefordert die Größe ihres Grundstücks sowie die Größe der bebauten Fläche anzugeben.

a) Bestimme anhand der Abbildung die Größe des Grundstücks sowie die Größe der bebauten Flächen.

b) Das Grundstück soll neu eingezäunt werden. Berechne die Länge des Zaunes, wenn eine Einfahrt von 7 m Breite frei bleiben soll.

c) Herr Norak hat sich von einem Gartenbaubetrieb einen Kostenvoranschlag anfertigen lassen. Berechne jeweils die Kosten für die beiden Vorschläge.

d) Frau Norak möchte den Verbrauch an Holzschutzfarbe berechnen, wenn sie den Zaun selbst streicht. In einem Baumarkt erfährt sie, dass eine Dose Holzschutzlasur für eine Zaunlänge von 12 m reicht. Wie viele Dosen Farbe muss sie mindestens kaufen?

e) Wie hoch ist die Ersparnis, wenn der Zaun von Familie Norak selbst gestrichen wird?

Kostenvoranschlag

Vorschlag 1 (Holzteile unbehandelt)

	Preis
Stützpfosten und Zaunfelder je Meter (liefern und anbringen)	52,80 €

Vorschlag 2 (Holzteile behandelt)

	Preis
Stützpfosten und Zaunfelder je Meter (liefern und anbringen)	64,30 €

f) Die in der Abbildung eingezeichneten Flächen vor Haus und Garage sowie hinter der Garage sollen gepflastert werden. Die Kosten für das Verlegen der Pflastersteine betragen 28,50 Euro pro m^2. Berechne die Kosten für das Verlegen der Steine.

2 Frau Norak hat von ihren Eltern einen achteckigen Gartenpavillon geschenkt bekommen. Allerdings muss das Dach aus Zinkblech erneuert werden. Der Dachdecker verlangt für das Eindecken 105 Euro pro Quadratmeter. Für Verschnitt addiert er 15 % hinzu.
Wie viel Euro kostet das Eindecken der gesamten Dachfläche?

3

Im Garten wird ein Swimmingpool errichtet. Dazu wird eine Baugrube von 4 m Breite, 8 m Länge und 1,5 m Tiefe ausgehoben.
a) Berechne das Volumen der Baugrube.
b) Ein Bagger benötigt 2 Arbeitsstunden, um 35 m³ Erde auszuheben. In welcher Zeit hat er die Grube ausgehoben? Runde sinnvoll.

4 Die Innenmaße des Pools betragen: Breite 3,6 m, Länge 7 m und Tiefe 1,3 m.
   a) Welches Volumen fasst das Becken?
   b) Wie viel Liter Wasser müssen eingefüllt werden, wenn das Schwimmbecken zu 85 % gefüllt wird?

5 In das Becken fließen pro Minute 12,3 *l* Wasser.
   a) Wie viel Wasser ist nach 1 h (2,5 h; 6 h; 14 h) in das Becken geflossen?
   b) Nach welcher Zeit ist das Becken zu 85 % gefüllt?

6 Im Garten soll eine Sitzecke entstehen. Dazu wird ein Bereich mit konzentrischen Kreisringen gepflastert. Wie viel Quadratmeter dunkle und helle Pflastersteine werden jeweils benötigt?

Brüche

Der **Nenner** eines **Bruches** gibt an, in wie viele gleich große Teile das Ganze eingeteilt wurde.
Der **Zähler** gibt an, wie viele Teile genommen werden.

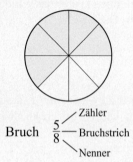

$$\text{Bruch} \quad \frac{5}{8} \begin{matrix} \text{—Zähler} \\ \text{—Bruchstrich} \\ \text{—Nenner} \end{matrix}$$

Erweitern von Brüchen

$$\frac{5}{8} = \frac{5 \cdot 3}{8 \cdot 3} = \frac{15}{24}$$

Zähler und Nenner werden mit der gleichen Zahl multipliziert.

Kürzen von Brüchen

$$\frac{15}{24} = \frac{15 : 3}{24 : 3} = \frac{5}{8}$$

Zähler und Nenner werden durch die gleiche Zahl dividiert.

Dezimalbrüche

Ein Dezimalbruch ist ein Bruch mit dem Nenner 10, 100, 1000, …

$$0,9 = \frac{9}{10} \qquad 0,37 = \frac{37}{100} \qquad 0,231 = \frac{231}{1000}$$

$$0,4 = \frac{4}{10} = \frac{2}{5} \qquad\qquad 0,2 = \frac{2}{10} = \frac{1}{5}$$

$$0,25 = \frac{25}{100} = \frac{1}{4} \qquad 0,75 = \frac{75}{100} = \frac{3}{4}$$

$$\frac{7}{50} = \frac{14}{100} = 0,14 \qquad \frac{13}{25} = \frac{52}{100} = 0,52$$

$$\frac{3}{20} = \frac{15}{100} = 0,15 \qquad \frac{3}{8} = \frac{375}{1000} = 0,375$$

1 Welcher Bruchteil ist gefärbt (weiß)?

a) 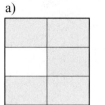   b) 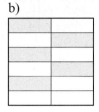   c)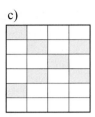

d) 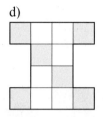   e) 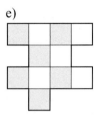   f)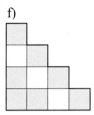

2 Erweitere mit 4 (5, 6, 7).

$$\frac{6}{7} \qquad \frac{3}{8} \qquad \frac{7}{9} \qquad \frac{1}{12} \qquad \frac{7}{13} \qquad \frac{6}{11}$$

3 Erweitere auf den angegebenen Nenner.

a) $\frac{2}{3} = \frac{\blacksquare}{24}$ $\qquad$ $\frac{3}{4} = \frac{\blacksquare}{32}$ $\qquad$ $\frac{4}{7} = \frac{\blacksquare}{35}$

b) $\frac{5}{6} = \frac{\blacksquare}{36}$ $\qquad$ $\frac{7}{16} = \frac{\blacksquare}{64}$ $\qquad$ $\frac{4}{15} = \frac{\blacksquare}{90}$

4 Kürze so weit wie möglich.

a) $\frac{16}{24}$ $\qquad$ $\frac{20}{32}$ $\qquad$ $\frac{16}{64}$ $\qquad$ $\frac{20}{24}$ $\qquad$ $\frac{18}{32}$

b) $\frac{36}{64}$ $\qquad$ $\frac{32}{128}$ $\qquad$ $\frac{27}{90}$ $\qquad$ $\frac{72}{144}$ $\qquad$ $\frac{51}{85}$

5 Schreibe als Bruch.
a) 0,7 $\qquad$ 0,6 $\qquad$ 0,31 $\qquad$ 0,67 $\qquad$ 0,07
b) 0,71 $\qquad$ 0,23 $\qquad$ 0,462 $\qquad$ 0,486 $\qquad$ 0,071
c) 0,5179 $\quad$ 0,0407 $\quad$ 0,0358 $\quad$ 0,0061 $\quad$ 0,0307

6 Schreibe als Dezimalbruch.

a) $\frac{1}{10}$ $\qquad$ $\frac{7}{10}$ $\qquad$ $\frac{23}{100}$ $\qquad$ $\frac{9}{100}$ $\qquad$ $\frac{107}{1000}$

b) $\frac{17}{1000}$ $\qquad$ $\frac{3}{1000}$ $\qquad$ $\frac{149}{1000}$ $\qquad$ $\frac{77}{100}$ $\qquad$ $\frac{77}{1000}$

8 Erweitere und schreibe als Dezimalbruch.

a) $\frac{1}{2}$ $\qquad$ $\frac{4}{5}$ $\qquad$ $\frac{11}{50}$ $\qquad$ $\frac{3}{20}$ $\qquad$ $\frac{13}{50}$

b) $\frac{17}{20}$ $\qquad$ $\frac{5}{8}$ $\qquad$ $\frac{9}{25}$ $\qquad$ $\frac{101}{500}$ $\qquad$ $\frac{117}{200}$

c) $\frac{9}{200}$ $\qquad$ $\frac{6}{125}$ $\qquad$ $\frac{11}{40}$ $\qquad$ $\frac{1}{250}$ $\qquad$ $\frac{39}{40}$

Eine **gemischte Zahl** besteht aus einer **natürlichen Zahl** und einem **echten Bruch**.

$$2\frac{5}{9}$$

natürliche Zahl   echter Bruch

gemischte Zahl

$\frac{17}{40} = 17 : 40 = \blacksquare$

17 : 40 = 0,425
17 0
16 0
   1 0 0
      8 0
      2 0 0
      2 0 0
          0

$\frac{7}{11} = 7 : 11 = \blacksquare$

7 : 11 = 0,6363… = 0,$\overline{63}$
7 0
6 6
   4 0
   3 3
      7 0
      6 6
         4 0…

Runden von Dezimalbrüchen

Beim Runden eines Dezimalbruchs auf eine bestimmte Stelle kommt es nur auf die nachfolgende Stelle an. Steht dort die Ziffer 0, 1, 2, 3, 4, wird **ab**gerundet.
Steht dort die Ziffer 5, 6, 7, 8, 9, wird **auf**gerundet.

Runden auf Zehntel:
0,248 ≈ 0,2   0,951 ≈ 1,0

Runden auf Hundertstel:
0,4239 ≈ 0,42   0,7462 ≈ 0,75

1 Schreibe als Bruch.

a) $3\frac{1}{3}$ $\qquad$ $4\frac{2}{5}$ $\qquad$ $6\frac{4}{5}$ $\qquad$ $7\frac{3}{8}$ $\qquad$ $9\frac{7}{100}$

b) 3,7 $\qquad$ 4,37 $\qquad$ 5,723 $\qquad$ 6,019 $\qquad$ 5,003

2 Schreibe als gemischte Zahl.

a) $\frac{17}{3}$ $\qquad$ $\frac{25}{4}$ $\qquad$ $\frac{31}{9}$ $\qquad$ $\frac{42}{5}$ $\qquad$ $\frac{100}{9}$

b) 2,3 $\qquad$ 7,07 $\qquad$ 19,301 $\qquad$ 17,051 $\qquad$ 22,001

3 Bestimme den Dezimalbruch durch Division.

a) $\frac{3}{4}$ $\qquad$ $\frac{1}{8}$ $\qquad$ $\frac{7}{8}$ $\qquad$ $\frac{23}{40}$ $\qquad$ $\frac{9}{16}$

b) $\frac{11}{16}$ $\qquad$ $\frac{10}{32}$ $\qquad$ $\frac{19}{20}$ $\qquad$ $\frac{47}{200}$ $\qquad$ $\frac{97}{125}$

c) $\frac{15}{32}$ $\qquad$ $\frac{33}{80}$ $\qquad$ $\frac{7}{80}$ $\qquad$ $\frac{1}{32}$ $\qquad$ $\frac{77}{80}$

d) $\frac{11}{8}$ $\qquad$ $\frac{73}{40}$ $\qquad$ $\frac{35}{16}$ $\qquad$ $\frac{47}{32}$ $\qquad$ $\frac{107}{40}$

4 Bestimme den Dezimalbruch durch Division. Du erhältst einen periodischen Dezimalbruch.

a) $\frac{5}{6}$ $\qquad$ $\frac{1}{11}$ $\qquad$ $\frac{19}{30}$ $\qquad$ $\frac{61}{90}$ $\qquad$ $\frac{15}{99}$

b) $\frac{17}{18}$ $\qquad$ $\frac{7}{12}$ $\qquad$ $\frac{19}{33}$ $\qquad$ $\frac{15}{22}$ $\qquad$ $\frac{23}{24}$

c) $\frac{29}{33}$ $\qquad$ $\frac{50}{22}$ $\qquad$ $\frac{18}{37}$ $\qquad$ $\frac{16}{11}$ $\qquad$ $\frac{29}{12}$

d) $3\frac{1}{6}$ $\qquad$ $4\frac{5}{11}$ $\qquad$ $1\frac{13}{33}$ $\qquad$ $6\frac{17}{99}$ $\qquad$ $4\frac{20}{37}$

5 Runde auf Zehntel.
a) 0,46 $\qquad$ 0,73 $\qquad$ 0,654 $\qquad$ 0,736 $\qquad$ 0,59
b) 1,64 $\qquad$ 2,97 $\qquad$ 1,849 $\qquad$ 3,048 $\qquad$ 3,9914
c) 21,787 $\qquad$ 34,949 $\qquad$ 21,691 $\qquad$ 25,95 $\qquad$ 59,97
d) 0,0$\overline{3}$ $\qquad$ 0,0$\overline{8}$ $\qquad$ 0,007 $\qquad$ 5,099 $\qquad$ 1,999

6 Runde auf Hundertstel.
a) 0,515 $\qquad$ 0,376 $\qquad$ 0,613 $\qquad$ 0,739 $\qquad$ 0,544
b) 2,776 $\qquad$ 3,828 $\qquad$ 3,565 $\qquad$ 7,795 $\qquad$ 4,444
c) 26,976 $\qquad$ 6,9449 $\qquad$ 7,9051 $\qquad$ 6,8838 $\qquad$ 6,9949
d) 0,$\overline{5}$ $\qquad$ 0,$\overline{7}$ $\qquad$ 3,$\overline{4}$ $\qquad$ 2,5$\overline{9}$ $\qquad$ 11,5$\overline{1}$

7 Runde auf Tausendstel.
a) 0,7345 $\qquad$ 0,87646 $\qquad$ 0,96251 $\qquad$ 0,66654
b) 2,45791 $\qquad$ 3,90953 $\qquad$ 0,00033 $\qquad$ 8,699522
c) 9,99952 $\qquad$ 0,00349 $\qquad$ 6,$\overline{6}$ $\qquad$ 0,$\overline{7}$

Addition (Subtraktion) von Brüchen

$$\frac{3}{11} + \frac{7}{11} = \frac{10}{11}$$

$$\frac{5}{8} + \frac{1}{3} = \frac{15}{24} + \frac{8}{24} = \frac{23}{24}$$

$$\frac{7}{11} - \frac{3}{11} = \frac{4}{11}$$

$$\frac{5}{8} - \frac{1}{3} = \frac{15}{24} - \frac{8}{24} = \frac{7}{24}$$

Die Brüche müssen vor dem Addieren (Subtrahieren) so erweitert werden, dass sie den gleichen Nenner haben. Dann werden die Zähler addiert (subtrahiert). Der Nenner ändert sich nicht.

Addition von Dezimalbrüchen

Beim schriftlichen Addieren gilt: Komma unter Komma.

$$2,88 + 0,354 + 6,6 = \blacksquare$$

2,	8	8	
0,	3	5	4
6,	6		
	1	1	
9,	8	3	4

$$2,88 + 0,354 + 6,6 = 9,834$$

Subtraktion von Dezimalbrüchen

Beim schriftlichen Subtrahieren gilt: Komma unter Komma.

$$3,8 - 2,567 - 0,84 = \blacksquare$$

	3,	8	0	0
−	2,	5	6	7
−	0,	8	4	
		1	2	1
	0,	3	9	3

$$3,8 - 2,567 - 0,84 = 0,393$$

1 Bestimme den Hauptnenner und addiere. Kürze das Ergebnis, wenn möglich.

a) $\frac{8}{15} + \frac{2}{15}$ $\frac{3}{20} + \frac{7}{20}$ $\frac{1}{2} + \frac{1}{3}$

b) $\frac{2}{3} + \frac{1}{4}$ $\frac{3}{16} + \frac{1}{4}$ $\frac{3}{8} + \frac{5}{12}$

c) $2\frac{5}{8} + 3\frac{1}{6}$ $4\frac{7}{12} + \frac{2}{3}$ $5\frac{5}{6} + 2\frac{7}{9}$

2 Bestimme den Hauptnenner und subtrahiere. Kürze das Ergebnis, wenn möglich.

a) $\frac{8}{15} - \frac{2}{15}$ $\frac{7}{20} - \frac{3}{20}$ $\frac{1}{2} - \frac{1}{3}$

b) $\frac{2}{3} - \frac{1}{4}$ $\frac{7}{8} - \frac{5}{12}$ $\frac{7}{9} - \frac{5}{8}$

c) $3\frac{2}{3} - 1\frac{4}{15}$ $4\frac{13}{27} - \frac{17}{18}$ $6\frac{11}{16} - 1\frac{2}{9}$

3 Schreibe richtig untereinander und addiere.

a) $8,35 + 4,09 + 1,74$ b) $3,77 + 6,4 + 0,561$
 $2,47 + 3,35 + 4,84$ $0,753 + 1,76 + 2,6$
 $3,88 + 4,51 + 3,87$ $2,8 + 0,786 + 4,55$

c) $11,48 + 5,043 + 11,6$ d) $0,436 + 0,97 + 0,6$
 $62,35 + 5,784 + 13,6$ $1,875 + 5,6 + 3,4$
 $64,3 + 256,1 + 1,768$ $12,5 + 8,204 + 17,32$

e) $13,8 + 12,5 + 33,7 + 34,6 + 17,5$
 $6,87 + 0,64 + 2,88 + 0,95 + 9,83$
 $10,85 + 42,04 + 30,06 + 11,64 + 42,22$

4 Schreibe richtig untereinander und subtrahiere.

a) $12,7 - 7,3$ b) $6,46 - 2,89$ c) $5,3 - 3,18$
 $27,5 - 8,9$ $3,52 - 2,39$ $6,8 - 4,94$
 $47,8 - 18,8$ $5,36 - 4,59$ $10,3 - 6,28$

d) $5,7 - 1,562 - 3,3$ e) $52,087 - 23,8 - 16,09$
 $4,2 - 0,875 - 2,4$ $50,7 - 30,05 - 20,006$
 $4,81 - 2,5 - 0,965$ $13,92 - 5,842 - 7,4$

5 Berechne.

a) $38,6 - 6,095 + 0,07 - 5,469 + 6$
b) $120 - 13,8 + 22,04 - 0,3258 + 5$
c) $19,45 - 13,67 + 4,306 - 7,435 + 1,04$
d) $653 - 8,45 - 94,7 - 0,648 + 30$
e) $357,07 - 5,077 - 61,08 + 0,6735$
f) $5,09 + 53,795 + 0,061 - 43,009 - 9,040$

Multiplizieren von Brüchen

$$\frac{5}{8} \cdot \frac{4}{15} = \frac{\overset{1}{5} \cdot \overset{1}{4}}{\underset{2}{8} \cdot \underset{3}{15}} = \frac{1}{6}$$

$$\frac{2}{13} \cdot 5 = \frac{2 \cdot 5}{13 \cdot 1} = \frac{10}{13}$$

Der Zähler wird mit dem Zähler und der Nenner mit dem Nenner multipliziert.

Dividieren von Brüchen

$$\frac{5}{8} : \frac{7}{16} = \frac{5 \cdot \overset{2}{16}}{\underset{1}{8} \cdot 7} = \frac{10}{7} = 1\frac{3}{7}$$

$$\frac{3}{8} : 5 = \frac{3 \cdot 1}{8 \cdot 5} = \frac{3}{40}$$

Wir dividieren durch einen Bruch, indem wir mit seinem Kehrwert multiplizieren.

Multiplizieren von Dezimalbrüchen

Beim Multiplizieren gilt: Das Ergebnis hat so viele Stellen nach dem Komma wie beide Faktoren zusammen.

Dividieren von Dezimalbrüchen

Bei beiden Zahlen wird das Komma um so viele Stellen nach rechts verschoben, dass die zweite Zahl eine ganze Zahl wird.

```
1,932 : 0,14 =
193,2 : 14 = 13,8
14
 53
 42
112
112
  0
```

Beim Überschreiten des Kommas wird im Ergebnis das Komma gesetzt.

1 Berechne. Kürze vor dem Ausrechnen.

a) $\frac{4}{9} \cdot \frac{1}{4}$ $\frac{5}{9} \cdot \frac{3}{10}$ $\frac{7}{8} \cdot \frac{4}{21}$ $\frac{4}{9} \cdot \frac{18}{19}$

b) $\frac{5}{11} \cdot \frac{11}{20}$ $\frac{6}{13} \cdot \frac{26}{33}$ $\frac{7}{12} \cdot \frac{9}{14}$ $\frac{8}{9} \cdot \frac{7}{12}$

c) $\frac{1}{4} \cdot 12$ $\frac{7}{9} \cdot 6$ $21 \cdot \frac{4}{7}$ $15 \cdot \frac{3}{10}$

2 Berechne. Kürze vor dem Ausrechnen.

a) $\frac{5}{9} : \frac{5}{6}$ $\frac{7}{8} : \frac{5}{12}$ $\frac{4}{11} : \frac{8}{33}$ $\frac{2}{9} : \frac{8}{15}$

b) $\frac{7}{24} : \frac{3}{8}$ $\frac{32}{35} : \frac{10}{21}$ $\frac{33}{49} : \frac{11}{14}$ $\frac{14}{25} : \frac{21}{40}$

c) $\frac{5}{7} : 10$ $\frac{8}{13} : 12$ $36 : \frac{9}{10}$ $24 : \frac{12}{17}$

3 Multipliziere im Kopf.

a) $0,7 \cdot 4$ b) $2,5 \cdot 2$ c) $0,6 \cdot 11$
$0,3 \cdot 6$ $1,5 \cdot 3$ $0,4 \cdot 10$
$0,6 \cdot 9$ $4,5 \cdot 6$ $0,35 \cdot 2$

d) $0,6 \cdot 0,7$ e) $0,06 \cdot 0,4$ f) $0,006 \cdot 0,3$
$0,7 \cdot 0,8$ $0,07 \cdot 0,4$ $0,002 \cdot 0,16$
$0,5 \cdot 0,8$ $0,13 \cdot 0,3$ $0,014 \cdot 0,5$

4 Multipliziere schriftlich.

a) $5,8 \cdot 7$ b) $4,97 \cdot 7$ c) $4,65 \cdot 28$
$6,5 \cdot 8$ $3,65 \cdot 9$ $7,38 \cdot 35$
$7,8 \cdot 5$ $7,06 \cdot 9$ $5,89 \cdot 97$

d) $5,6 \cdot 7,4$ e) $0,86 \cdot 7,8$ f) $0,76 \cdot 7,6$
$4,8 \cdot 8,7$ $3,72 \cdot 4,5$ $0,48 \cdot 7,95$
$2,6 \cdot 8,3$ $5,4 \cdot 0,76$ $2,47 \cdot 0,944$

5 Berechne im Kopf.

a) $57,4 : 10$ b) $334,5 : 100$ c) $53,45 : 1000$
$5,67 : 10$ $4,559 : 100$ $6,79 : 1000$
$6,06 : 10$ $55,421 : 100$ $0,43 : 1000$
$0,2 : 10$ $0,045 : 100$ $0,097 : 1000$

6 Dividiere.

a) $2,492 : 0,7$ b) $0,8675 : 0,25$ c) $0,10572 : 0,04$
$8,912 : 1,6$ $13,398 : 0,29$ $333,409 : 0,59$
$0,0896 : 3,2$ $0,0282 : 0,015$ $0,60214 : 0,023$

Löse die Aufgaben im Heft. Notiere den Kennbuchstaben des Lösungsvorschlags, der mit deiner Lösung übereinstimmt. Für die Lösung der Aufgaben hast du eine Bearbeitungszeit von 45 Minuten.

1.		
$\quad$ 1 532,50	a	26 041,19
$+\quad$ 79,05	b	26 041,29
$+\quad$ 423,96	c	26 040,84
$+\quad$ 24 005,33	d	25 941,84

2.		
$\quad$ 1522,35	a	759,66
$-\quad$ 762,68	b	749,67
	c	760,07
	d	759,67

3.		
Welche Zahl ist um	a	99 100 891
genau 10 000 größer	b	99 090 891
als 99 090 891?	c	99 101 891
	d	99 100 991

4.		
	a	3494,27
$3697,23 + \blacksquare = 7091,50$	b	3394,17
	c	3394,27
	d	3395,27

5.		
$\quad$ 98 784	a	55 307
$-\quad$ 8 755	b	55 207
$-\quad$ 32 108	c	45 307
$-\quad$ 2 614	d	55 308

6.		
	a	21 964,88
$634,8 \cdot 34,6$	b	21 964,08
	c	21 864,08
	d	21 963,88

7.		
	a	128
$2592 : 20,25$	b	12,8
	c	1280
	d	118

8.		
	a	13
$26 \cdot 14 = 13 \cdot \blacksquare$	b	52
	c	21
	d	28

9.		
Verwandle in eine	a	$1\frac{1}{3}$
gemischte Zahl und kürze	b	$1\frac{3}{17}$
so weit wie möglich.	c	$1\frac{1}{6}$
$\frac{156}{132}$	d	$1\frac{2}{11}$

10.		
Verwandle in eine	a	1,125
Dezimalzahl.	b	1,075
$\frac{9}{8}$	c	1,1
	d	0,8

11.		
	a	$\frac{19}{24}$
$\frac{5}{6} + \frac{3}{8}$	b	$1\frac{5}{24}$
	c	1
	d	$\frac{8}{14}$

12.		
	a	$-\frac{3}{15}$
$2\frac{2}{3} - 2\frac{7}{15}$	b	0
	c	$\frac{1}{5}$
	d	$\frac{1}{15}$

13.		
	a	$2\frac{1}{4}$
$10\frac{1}{4} - 8,2$	b	2
	c	2,05
	d	$2\frac{1}{5}$

14.		
	a	$24\frac{4}{15}$
$3\frac{2}{5} \cdot 7\frac{1}{3}$	b	$24\frac{2}{15}$
	c	$24\frac{14}{15}$
	d	$24\frac{7}{15}$

15.		
	a	$\frac{88}{95}$
$14\frac{2}{3} : 15\frac{5}{6}$	b	0,8
	c	0,88
	d	$\frac{8}{9}$

16.		
	a	1,0
$\frac{3}{5} : 0,0006$	b	0,01
	c	100
	d	1000

18 Kiwis kosten 3,42 €.

Anzahl ⟶ Preis

Anzahl	Preis (€)
18	3,42
36	6,84
54	10,26
18	3,42
9	1,71
6	1,14

doppelte Anzahl ⟶ **doppelter** Preis
dreifache Anzahl ⟶ **dreifacher** Preis

Hälfte d. Anzahl ⟶ **Hälfte** d. Preises
Drittel d. Anzahl ⟶ **Drittel** d. Preises

Diese Zuordnung ist **proportional.**

Dreisatz

18 Kiwis kosten 3,42 €.
Wie viel kosten 7 Kiwis?

Anzahl	Preis (€)
18	3,42
1	0,19
7	1,33

18 Kiwis kosten 3,42 €.
1 Kiwi kostet 3,42 € : 18 = 0,19 €.
7 Kiwis kosten 0,19 € · 7 = 1,33 €.

---

1 Die folgenden Zuordnungen sind proportional. Berechne die fehlenden Werte.

a)
kg	€
4	34,72
2	
8	

b)
kg	€
3	17,97
6	
9	

c)
l	km
2	45
4	
6	
1	

d)
l	km
8	128
4	
2	
1	

e)
kg	€
2,5	17,45
1	
3,5	
7,6	

f)
l	km
46,8	1053
1	
12,8	
33,7	

2 Eine Mauer von 15 m Länge kann in 10 Tagen errichtet werden. Wie viele Tage werden für eine gleich starke Mauer von 21 m Länge benötigt?

3 Torben legt mit seinem Fahrrad eine Strecke von 8,5 km in 34 Minuten zurück. Wie weit fährt er bei gleicher Durchschnittsgeschwindigkeit in 42 (50, 8, 120) Minuten?

4 Anna möchte für den Urlaub in der Schweiz 45 Euro in Franken einwechseln. Ihre Mutter erhielt für 600 Euro auf der Bank 924 Franken. Wie viel Franken bekommt Anna?

5 500 g Schinken kosten beim Schlachter 8,50 Euro. Frau Hechler kauft für 3,74 Euro Schinken. Wie viel Gramm Schinken hat sie erhalten?

6 Ein Dachdecker bestellt für ein 150 m² großes Dach 2700 Dachziegel. Wie viele Dachziegel benötigt er für ein Dach von 240 m²?

7 Frau Brenner bekommt für 37,5 Stunden Arbeit einen Lohn von 371,25 Euro. Wie viel Euro erhält sie für 44 Stunden Arbeit?

8 Für das Sportabzeichen muss Lisa 3000 m in 19 min laufen. Eine Runde auf dem Sportplatz ist 400 m lang. Wie viel Zeit hat sie durchschnittlich für eine Runde zur Verfügung?

Eine Rolle Schnur lässt sich in sechs jeweils 1,20 m lange Stücke zerschneiden.

Anzahl ⟶ Länge pro Stück

Anzahl	Länge (m)
6	1,20
3	2,40
2	3,60

Anzahl	Länge (m)
6	1,20
12	0,60
18	0,40

Hälfte d. Anzahl ⟶ **doppelte** Länge
Drittel d. Anzahl ⟶ **dreifache** Länge

doppelte Anzahl ⟶ **Hälfte** d. Länge
dreifache Anzahl ⟶ **Drittel** d. Länge

Diese Zuordnung ist **antiproportional.**

Dreisatz

Eine Rolle Schnur lässt sich in sechs jeweils 1,20 m lange Stücke zerschneiden. Wie lang ist jedes Stück bei fünf gleich langen Stücken?

Anzahl	Länge (m)
6	1,20
1	7,20
5	1,44

Bei sechs Stücken hat jedes eine Länge von 1,20 m.
Die ganze Schnur hat eine Länge von 6 · 1,20 m = 7,20 m.
Bei fünf Stücken hat jedes eine Länge von 7,20 m : 5 = 1,44 m.

1 Die folgenden Zuordnungen sind antiproportional. Berechne die fehlenden Werte.

a)
Anzahl	Tage
3	180
6	
12	
15	

b)
Anzahl	Tage
18	7
6	
9	
2	

c)
Anzahl	Tage
16	13
8	
2	
1	

d)
cm	cm
12	36
24	
60	
1	

e)
cm	cm
33,6	17,5
1	
60	

f)
cm	cm
126,4	90,0
1	
80,0	

2 Eine Busreise kostet für eine Gruppe von 50 Personen 51,98 Euro pro Person. Sechs Personen fallen am Abreisetag wegen Krankheit aus. Wie viel Euro muss nun jeder Teilnehmer zahlen?

3 Wenn eine 75-Watt-Glühlampe 240 Stunden lang brennt, betragen die Kosten für die elektrische Energie 2,52 Euro. Wie lange kann eine 12-Watt-Energiesparlampe bei gleichen Energiekosten brennen?

4 Familie Kurz plant ihren Sommerurlaub. Wenn die täglichen Kosten 120 Euro betragen, reicht das gesparte Urlaubsgeld für 14 Tage. Wie viel Euro darf Familie Kurz täglich ausgeben, wenn sie drei Wochen in Urlaub fahren will?

5 Bei einer Durchschnittsgeschwindigkeit von $80\frac{km}{h}$ braucht ein Fahrzeug für eine Autobahnstrecke eine Zeit von 3 h 30 min. Wie lange braucht es für die gleiche Strecke bei einer Durchschnittsgeschwindigkeit von $100\frac{km}{h}$?

6 Bei einem Benzinverbrauch von 3,5 Liter auf 100 km kann Frederic mit seinem Motorrad 360 km weit fahren. Fährt eine zweite Person mit, beträgt der Benzinverbrauch 4,5 Liter auf 100 km. Wie weit kommt Frederic dann mit einer Tankfüllung?

Der Anteil an einer Gesamtgröße wird häufig in **Prozent** (%) angegeben.

$$\frac{1}{100} = 1\,\% \quad \frac{14}{100} = 14\,\% \quad \frac{116}{100} = 116\,\%$$

Prozentsatz gesucht

18 m von 120 m

$$p\,\% = \frac{P \cdot 100}{G}\,\%$$

$$p\,\% = \frac{18 \cdot 100}{120}\,\%$$

$$p\,\% = 15\,\%$$

Prozentwert gesucht

35 % von 250 kg

$$P = \frac{G \cdot p}{100}$$

$$P = \frac{250 \cdot 35}{100}\ \text{kg}$$

$$P = 87{,}5\ \text{kg}$$

Grundwert gesucht

30 % $\triangleq$ 120 €

$$G = \frac{P \cdot 100}{p}$$

$$G = \frac{120 \cdot 100}{30}\ \text{€}$$

$$G = 400\ \text{€}$$

Vermehrter Grundwert

alter Preis: 13,80 €
Preiserhöhung: 20 %

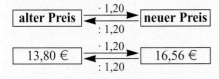

Verminderter Grundwert

alter Preis: 24,20 €
Preisermäßigung: 10 %

1 Berechne den Prozentsatz (p %).

a) 28 € von 56 €   b) 12 m von 48 m
   14 € von 70 €   18 m von 45 m
   12 € von 120 €   15 m von 40 m
   25 € von 500 €   24 m von 40 m
   8 € von 200 €   16 m von 20 m

c) 39 kg von 65 kg   d) 15,7 a von 62,8 a
   12,5 kg von 62,5 kg   34,5 a von 150 a
   13,5 kg von 75 kg   40 a von 125 a
   19,2 kg von 128 kg   48,28 a von 56,8 a
   0,84 kg von 10,5 kg   7,35 a von 245 a

2 Berechne den Prozentwert (P).

a) 5 % von 300 € (700 €; 240 €; 88 €)
b) 25 % von 96 t (140 t; 34 t; 10,6 t; 0,56 t; 1,1 t)
c) 60 % von 12,8 m (126 m; 28,5 m; 37,5 m; 7 m)
d) 13 % von 115 € (25 €; 1200 €; 7 €)
e) 176 % von 23,5 m (76,3 m; 19,7 m; 112,6 m; 2 m)

3 Berechne den Grundwert (G).

a) 7 % $\triangleq$ 14 kg (56,7 kg; 12,6 kg; 213,5 kg; 0,7 kg)
b) 19 % $\triangleq$ 43,7 t (54,91 t; 2,28 t; 1,064 t; 0,38 t)
c) 62,5 % $\triangleq$ 40 m (12,5 m; 0,35 m; 100 m; 2,6 m)
d) 120 % $\triangleq$ 14,4 a (2448 a; 4,8 a; 1,56 a; 2,52 a)
e) 275 % $\triangleq$ 430,1 € (40,7 €; 12,1 €)

4 Berechne den fehlenden Wert.

	a)	b)	c)
Alter Preis	14,50 €		45,50 €
Preiserhöhung	16 %	8 %	
Neuer Preis		38,88 €	50,96 €

5 Berechne den fehlenden Wert.

	a)	b)	c)
Alter Preis	45 €		45,80 €
Preisermäßigung	11 %	20 %	
Neuer Preis		79,92 €	43,51 €

6 Frau Peters verkauft ihr 4 Jahre altes Auto für 12 090 Euro. Das sind 65 % des ursprünglichen Kaufpreises. Wie teuer war der Neuwagen? Wie viel Euro beträgt der Wertverlust?

7 Herr Kunz zahlte bisher 620 Euro Miete. Wie viel Euro zahlt Herr Kunz nach einer Mieterhöhung von 4,5 %?

8 Von den insgesamt 800 Schülerinnen und Schülern einer Schule sind 440 Mädchen. Berechne den Prozentsatz.

Zinssatz gesucht

$K = 500\,€,\ Z = 16\,€,\ p\% = $ ▨

$$p\% = \frac{Z \cdot 100}{K}\,\%$$

$$p\% = \frac{16 \cdot 100}{500}\,\%$$

$$p\% = 3{,}2\,\%$$

Zinsen gesucht

$K = 650\,€,\ p\% = 3\,\%,\ Z = $ ▨

$$Z = \frac{K \cdot p}{100}$$

$$Z = \frac{650 \cdot 3}{100}\,€$$

$$Z = 19{,}50\,€$$

Kapital gesucht

$Z = 32\,€,\ p\% = 2{,}5\,\%,\ K = $ ▨

$$K = \frac{Z \cdot 100}{p}$$

$$K = \frac{32 \cdot 100}{2{,}5}\,€$$

$$K = 1280\,€$$

Tageszinsen

$$Z = \frac{K \cdot p}{100} \cdot \frac{n}{360}$$

n gibt hier die Zahl der Zinstage an.
1 Jahr = 360 Zinstage

Monatszinsen

$$Z = \frac{K \cdot p}{100} \cdot \frac{n}{12}$$

n gibt hier die Zahl der Zinsmonate an. 1 Jahr = 12 Zinsmonate

Zinseszinsen

$K = 200\,€,\ p\% = 5\,\%$

Kapital nach 1 Jahr:
$$K_1 = 200 \cdot 1{,}05\,€$$
Kapital nach 2 Jahren:
$$K_2 = 200 \cdot 1{,}05^2\,€$$
Kapital nach 3 Jahren:
$$K_3 = 200 \cdot 1{,}05^3\,€$$
Kapital nach n Jahren:
$$K_n = 200 \cdot 1{,}05^n\,€$$

1 Berechne den Zinssatz.

	a)	b)	c)	d)	e)
Kapital (€)	1200	245	1680	740	1580
Zinsen (€)	48	7,35	100,80	37	50,56

	f)	g)	h)	i)	k)
Kapital (€)	280	650	2170	235	45,80
Zinsen (€)	9,80	16,25	97,65	6,11	2,52

2 Berechne die Zinsen für ein Jahr. Runde auf zwei Stellen nach dem Komma.
a) 400 € (450 €, 1100 €) zu 3,5 %
b) 720 € (86,50 €, 390 €) zu 4,5 %
c) 1240 € (2365 €, 745 €) zu 6,25 %
d) 268 € (346,20 €, 894,10 €) zu 3,2 %

3 Berechne das Kapital.
a) 145 € (28 €, 7,56 €) Zinsen bei 4 %
b) 75 € (43,50 €, 7,74 €) Zinsen bei 3 %
c) 9,80 € (16,10 €, 7 €) Zinsen bei 3,5 %
d) 25,56 € (565,65 €) Zinsen bei 4,5 %

4 Berechne die Zinsen. Runde auf zwei Stellen nach dem Komma.
a) 860 € zu 3 % für 32 (12; 8; 67; 135) Tage
b) 1300 € zu 3,5 % für 58 (99; 168; 264) Tage
c) 1530 € zu 2,5 % für 79 (245; 345; 91) Tage
d) 368,50 € zu 4,5 % für 5 (7; 9; 11) Monate
e) 932,60 € zu 3,75 % für 7 (3; 5; 10) Monate

5 Berechne die Zinsen, die für das angegebene Darlehen zu zahlen sind. Runde sinnvoll.
a) 560 € zu 12,5 % für 23 (36; 57; 19) Tage
b) 2430 € zu 16,5 % für 112 (214; 317) Tage
c) 845 € zu 15,75 % für 7 (8; 3; 5; 9) Monate
d) 1000 € zu 16,25 % für 2 (6; 10; 11) Monate

6 Frau Lamm überzieht 21 Tage lang ihr Konto um 3200 Euro. Wie viel Euro Zinsen muss sie bei einem Zinssatz von 12,75 % dafür bezahlen?

7 Herr Vahle hat eine Hypothek von 60 000 Euro zu einem Zinssatz von 5,5 %. Wie viel Euro Zinsen muss er monatlich bezahlen?

8 Ein Kapital von 3500 Euro wird zu einem Zinssatz von 6 % (5,5 %; 4,75 %) fest angelegt. Berechne, auf welchen Wert das Kapital nach 12 (15; 20; 35) Jahren angewachsen ist.

Löse die Aufgaben im Heft. Notiere den Kennbuchstaben des Lösungsvorschlags, der mit deiner Lösung übereinstimmt. Für die Lösung der Aufgaben hast du eine Bearbeitungszeit von 45 Minuten.

1. 3 kg Äpfel kosten 5,85 Euro. Wie viel Euro kosten 5 kg?	a b c d	9,75 Euro 10,25 Euro 10,85 Euro 9,85 Euro
2. Eine Stange von 0,875 m Länge wirft einen Schatten von 0,6 m Länge. Wie hoch ist ein Turm, der einen Schatten von 48 m Länge wirft?	a b c d	87,5 m 55 m 60 m 70 m
3. Drei Handwerker benötigen für einen Dachausbau 12 Tage. Wie viele Tage benötigen vier Handwerker?	a b c d	10 Tage 8 Tage 9 Tage 15 Tage
4. Ein Maler streicht in sechs Tagen eine Fläche von 396 m^2. Wie viel Quadratmeter kann er in acht Tagen streichen?	a b c d	628 m^2 528 m^2 352 m^2 452 m^2
5. Vier Motoren benötigen in sechs Stunden 84 kWh elektrischer Energie. Wie viel kWh elektrischer Energie benötigen sie in zehn Stunden?	a b c d	120 kWh 144 kWh 140 kWh 50,4 kWh
6. Ein Radfahrer legt in drei Tagen eine Strecke von 360 km zurück. Welchen Weg legt er in fünf Tagen zurück?	a b c d	400 km 500 km 600 km 216 km
7. Eine Straße wird auf einer Seite mit 451 Bäumen in einem Abstand von jeweils 8 m bepflanzt. Wie viele Bäume werden benötigt, wenn der Abstand 9 m beträgt?	a b c d	600 401 400 501
8. Ein Bau könnte von 72 Arbeitern in 91 Tagen fertig gestellt werden. Wie viele Arbeiter müssen zusätzlich eingestellt werden, damit der Bau in 84 Tagen fertig ist?	a b c d	24 8 12 6
9. An einer Schule mit insgesamt 580 Schülerinnen und Schülern kommen 203 Schülerinnen und Schüler mit dem Fahrrad zur Schule. Wie viel Prozent sind das?	a b c d	35 % 45 % 40 % 33 %

10. Ein Händler bietet an: Stereoanlage für 490 Euro, bei Barzahlung 2,5 % Rabatt. Wie hoch ist der Barzahlungspreis?	a	475,00 Euro
	b	477,50 Euro
	c	477,75 Euro
	d	475,75 Euro

11. Ein Obsthändler setzt den Preis für 1 kg Äpfel von 2,25 Euro auf 1,80 Euro herab. Um wie viel Prozent wurde reduziert?	a	10 %
	b	20 %
	c	25 %
	d	30 %

12. Ein Artikel, der für 2 Euro eingekauft wurde, wird für 3,20 Euro verkauft. Wie viel Prozent beträgt die Erhöhung?	a	50 %
	b	37,75 %
	c	60 %
	d	6 %

13. Ein Sparvertrag mit 2400 Euro wird mit 3,5 % verzinst. Wie hoch sind die Zinsen nach 4 Monaten?	a	28,00 Euro
	b	84,00 Euro
	c	42,00 Euro
	d	21,00 Euro

14. 3500 Euro Sparguthaben bringen in drei Monaten 26,25 Euro Zinsen. Wie hoch ist der Zinssatz?	a	2 %
	b	3 %
	c	4 %
	d	5 %

15. Welches Kapital muss angelegt werden, um bei einem Zinssatz von 8 % in einer Woche 1050 Euro Zinsen zu erhalten?	a	675 000 Euro
	b	500 000 Euro
	c	1 000 000 Euro
	d	682 500 Euro

16. Ein Sparer erhält für sein Guthaben von 7200 Euro für einen Tag 1 Euro Zinsen. Zu welchem Zinssatz ist das Geld angelegt?	a	2,5 %
	b	4 %
	c	5 %
	d	4,5 %

17. Ute leiht sich von ihrer Freundin 20 Euro. Nach einem Monat gibt sie ihr 21 Euro zurück. Welchem Jahreszinssatz entspricht das?	a	10 %
	b	60 %
	c	30 %
	d	5 %

Wird eine Zahl mit sich selbst multipliziert, ist das Ergebnis das **Quadrat der Zahl.** Die Rechenoperation heißt **Quadrieren.**

$16 \cdot 16 = 16^2 = 256$

$(-9) \cdot (-9) = (-9)^2 = 81$

$\frac{3}{4} \cdot \frac{3}{4} = \left(\frac{3}{4}\right)^2 = \frac{9}{16}$

Die Umkehrung des Quadrierens wird als **Quadratwurzelziehen** bezeichnet. Die Zahl unter dem Wurzelzeichen heißt **Radikand.**

$\sqrt{64} = 8$, denn $8^2 = 64$

$\sqrt{1,96} = 1,4$, denn $1,4^2 = 1,96$

$\sqrt{\frac{9}{25}} = \frac{3}{5}$, denn $\left(\frac{3}{5}\right)^2 = \frac{9}{25}$

Das Ziehen der Quadratwurzel aus einer negativen Zahl ist nicht zulässig.

Zahlen, die sich als unendliche, nicht periodische Dezimalbrüche darstellen lassen, heißen **irrationale Zahlen.**

$\sqrt{2} = 1{,}41421356\ldots$

$-\sqrt{3} = -1{,}7320508080\ldots$

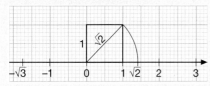

Reelle Zahlen lassen sich auf der Zahlengeraden darstellen.
Zu jedem Punkt auf der Zahlengeraden gehört eine reelle Zahl.

$\sqrt{20} \cdot \sqrt{5} = \sqrt{20 \cdot 5} \quad \sqrt{3} \cdot \sqrt{5} = \sqrt{3 \cdot 5}$

Für alle a, b $\in \mathbb{R}_+$ gilt:
$\sqrt{\mathbf{a}} \cdot \sqrt{\mathbf{b}} = \sqrt{\mathbf{a} \cdot \mathbf{b}}$

$\frac{\sqrt{75}}{\sqrt{3}} = \sqrt{\frac{75}{3}} \qquad \frac{\sqrt{3}}{\sqrt{10}} = \sqrt{\frac{3}{10}}$

Für alle a, b $\in \mathbb{R}_+$, b $\neq 0$ gilt:
$\frac{\sqrt{\mathbf{a}}}{\sqrt{\mathbf{b}}} = \sqrt{\frac{\mathbf{a}}{\mathbf{b}}}$

1 Berechne.
a) $11^2 \quad 17^2 \quad 19^2 \quad (-9)^2 \quad (-12)^2 \quad (-13)^2 \quad (-14)^2$
b) $30^2 \quad 50^2 \quad 80^2 \quad 120^2 \quad 140^2 \quad (-100)^2 \quad (-180)^2$
c) $300^2 \quad 600^2 \quad 900^2 \quad 1100^2 \quad 1300^2 \quad 1700^2$
d) $1,6^2 \quad 1,5^2 \quad 0,7^2 \quad 0,1^2 \quad 0,03^2 \quad (-0,6)^2 \quad (-1,9)^2$
e) $\left(\frac{1}{3}\right)^2 \quad \left(\frac{2}{3}\right)^2 \quad \left(\frac{5}{6}\right)^2 \quad \left(\frac{3}{8}\right)^2 \quad \left(-\frac{3}{4}\right)^2 \quad \left(-\frac{3}{7}\right)^2$

2 Berechne. Runde auf zwei Nachkommastellen.
a) $3,45^2 \quad 0,785^2 \quad 0,97^2 \quad 1,07^2 \quad (-2,85)^2 \quad (-0,65)^2$
b) $54,65^2 \quad 121,89^2 \quad (-208,08)^2 \quad (-32,07)^2 \quad (-72,01)^2$

3 Berechne.
a) $\sqrt{169} \quad \sqrt{225} \quad \sqrt{324} \quad \sqrt{361} \quad \sqrt{144} \quad \sqrt{196} \quad \sqrt{256}$
b) $\sqrt{1,44} \quad \sqrt{2,25} \quad \sqrt{0,64} \quad \sqrt{0,81} \quad \sqrt{0,09} \quad \sqrt{2,89} \quad \sqrt{0,01}$
c) $\sqrt{\frac{4}{9}} \quad \sqrt{\frac{9}{49}} \quad \sqrt{\frac{36}{49}} \quad \sqrt{\frac{25}{81}} \quad \sqrt{\frac{64}{121}} \quad \sqrt{\frac{1}{169}} \quad \sqrt{\frac{16}{225}}$

4 Gib zwei aufeinander folgende natürliche Zahlen an, zwischen denen die Wurzel liegt.
a) $\sqrt{88}$ b) $\sqrt{45}$ c) $\sqrt{150}$ d) $\sqrt{250}$ e) $\sqrt{300}$

5 Bestimme die fehlende Zahl.
a) $\sqrt{1296} = \blacksquare$ b) $\sqrt{\blacksquare} = 31$ c) $\sqrt{\blacksquare} = 0,45$

6 Schreibe als Produkt und berechne die Wurzel.
a) $\sqrt{4900}$ b) $\sqrt{8100}$ c) $\sqrt{14400}$ d) $\sqrt{160000}$
e) $\sqrt{40000}$ f) $\sqrt{25600}$ g) $\sqrt{36100}$ h) $\sqrt{28900}$

7 Berechne die Produkte.
a) $\sqrt{8} \cdot \sqrt{18}$ b) $\sqrt{5} \cdot \sqrt{45}$ c) $\sqrt{8} \cdot \sqrt{50}$
d) $\sqrt{2} \cdot \sqrt{98}$ e) $\sqrt{24} \cdot \sqrt{6}$ f) $\sqrt{14} \cdot \sqrt{56}$

8 Berechne die Quotienten.
a) $\sqrt{147} : \sqrt{3}$ b) $\sqrt{605} : \sqrt{5}$ c) $\sqrt{486} : \sqrt{6}$
d) $\sqrt{448} : \sqrt{7}$ e) $\sqrt{396} : \sqrt{11}$ f) $\sqrt{833} : \sqrt{17}$

9 Löse die Klammern auf.
a) $\sqrt{12} \cdot (\sqrt{27} + \sqrt{48})$ b) $(\sqrt{252} - \sqrt{175}) : \sqrt{7}$

Wenn du zwei **Terme,** die eine **Variable** enthalten, durch ein **Gleichheitszeichen** verbindest, entsteht eine **Gleichung.**

Variable:　　 x
1. Term:　　 $2x + 7$
2. Term:　　 $3x - 4$

Gleichung: $2x + 7 = 3x - 4$

Die **Lösungsmenge einer Gleichung** ändert sich **nicht,** wenn du **auf beiden Seiten dieselbe Zahl (denselben Term) addierst, auf beiden Seiten dieselbe Zahl (denselben Term) subtrahierst.**

$$x - 9 = 13 \mid + 9$$
$$x = 22 \qquad L = \{22\}$$
$$3x + 4 = 2x - 5 \mid - 2x$$
$$x + 4 = -5 \mid - 4$$
$$x = -9 \qquad L = \{-9\}$$

Die **Lösungsmenge einer Gleichung** ändert sich **nicht,** wenn du **auf beiden Seiten dieselbe Zahl (ungleich Null) multiplizierst, beide Seiten durch dieselbe Zahl (ungleich Null) dividierst.**

$$-4x = -16 \mid : (-4)$$
$$x = 4 \qquad L = \{4\}$$
$$\tfrac{1}{3}x - \tfrac{2}{3} = 5 \mid \cdot 3$$
$$x - 2 = 15 \mid + 2$$
$$x = 17 \qquad L = \{17\}$$

Gleichartige Summanden (Terme) kannst du zusammenfassen.

$$3x + 4x + 27 - 35 = 20$$
$$7x \quad - \quad 8 \quad = 20$$

Eine Gleichung hat **keine Lösung,** wenn beim Umformen eine **falsche Aussage** entsteht.
Eine Gleichung ist **allgemeingültig,** wenn **jede Zahl** eine **Lösung** der Gleichung ist.

1 Bestimme die Lösungsmenge.
a) $x - 7 = 23$　　 b) $x + 3 = 12$　　 c) $3x = 2x + 5$
　　$x - 11 = 13$　　　　$x + 7 = 4$　　　　$6x = 5x - 11$
　　$34 = x - 22$　　　　$13 = x - 14$　　　　$-8x = 9x + 8$

2 Bestimme die Lösungsmenge.
a) $6x = 144$　　 b) $-3x = -101$　　 c) $\tfrac{1}{3}x = 19$

　　$13x = 143$　　　　$-12x = 96$　　　　$-\tfrac{1}{4}x = -15$

　　$0{,}4x = 20$　　　　$-1{,}4x = -70$　　　　$32 = \tfrac{1}{5}x$

3 Löse die Gleichung.
a) $8x + 4 = 5x + 16$　　　　 b) $4x - 11 = 37 - 8x$
　　$9x + 3 = 2x + 24$　　　　　　$8x - 12 = 18 - 7x$
　　$4x + 7 = 2x + 25$　　　　　　$7x - 25 = 55 - 3x$

c) $17x - 41 = 2x - 11$　　 d) $15 - 6x = 27 - 8x$
　　$-3x + 7 = -7x + 15$　　　　$66 - 9x = 78 - 15x$
　　$13x + 34 = 6x - 15$　　　　$11x + 17 = 15x + 29$

4 Fasse gleichartige Summanden zusammen. Bestimme dann die Lösungsmenge.
a) $2x - 8 + 7x + 3 = 31$　　 b) $7x + 4 - 2x + 1 = 0$
　　$4x + 14 + 3x + 16 = 51$　　　$8x + 9 - 5x + 7 = 40$
　　$43 + 3x - 30 + x = 25$　　　$6x - 12 + 4x - 22 = 4$
　　$3x + 21 + 5x - 15 = 22$　　　$11x - 7 - 11 + x = 42$

5 Bestimme die Lösungsmenge.
a) $6(x + 4) = 4x - 14$　　 b) $5(x - 3) = 3(x + 7)$
　　$7(2x + 3) = 9x - 4$　　　　$6(x - 7) = 9(x - 5)$
　　$6x - 14 = 7(3x + 8)$　　　　$-2(x + 6) = 4(x + 8)$
　　$-7x - 27 = -5(3x - 1)$　　　$-4(3x - 6) = -7(x - 2)$

6 Bestimme die Lösungsmenge.
a) $\tfrac{3}{7}x + \tfrac{2}{3} = \tfrac{5}{21}$　　　　　　 b) $\tfrac{3}{8}x - \tfrac{3}{4} = \tfrac{1}{4}x + \tfrac{3}{4}$

　　$\tfrac{5}{6} + \tfrac{1}{3}x = \tfrac{1}{2}x$　　　　　　$-\tfrac{5}{6}x + 33 = \tfrac{1}{4}x + \tfrac{1}{2}$

7 Addierst du zum Vierfachen einer Zahl 7, so erhältst du 135. Wie heißt die Zahl?

8 Das Fünffache einer Zahl, vermindert um 70, ist gleich dem Dreifachen, vermehrt um 10.

9 Ein Sparguthaben soll wie folgt aufgeteilt werden: Anne erhält $\tfrac{2}{5}$, Britta $\tfrac{3}{10}$ des Guthabens und Tim den Rest von 1500 Euro. Wie viel Euro erhält jeder?

10 Der Umfang eines Rechtecks beträgt 72 cm. Die längere Seite soll doppelt so groß sein wie die kürzere. Wie lang sind die Seiten?

Einen Term kannst du mit einer **Summe multiplizieren**, indem du **jeden Summanden mit dem Term** multiplizierst.

$5 \cdot (a + b) = 5a + 5b$

$a \cdot (b - 8) = ab - 8a$

$3 \cdot (x + 4) = 3 \cdot x + 3 \cdot 4 = 3x + 12$

$\mathbf{a \cdot (b + c) = ab + ac}$

Eine Summe wird mit **einer Summe multipliziert**, indem **jeder Summand der ersten Summe** mit **jedem Summanden der zweiten Summe** multipliziert wird.

$\mathbf{(a + b)(c + d) = ac + ad + bc + bd}$

$\mathbf{(a + b)(c - d) = ac - ad + bc - bd}$

Binomische Formeln

1. binomische Formel

$(a + b)^2 = a^2 + 2ab + b^2$

2. binomische Formel

$(a - b)^2 = a^2 - 2ab + b^2$

3. binomische Formel

$(a + b)(a - b) = a^2 - b^2$

Gleichungen mit Klammern

$$3(x + 1) + 2x = 18$$
$$3x + 3 + 2x = 18$$
$$5x + 3 = 18 \qquad |-3$$
$$5x = 15 \qquad |:5$$
$$x = 3 \qquad L = \{3\}$$

Probe : $3(3 + 1) + 2 \cdot 3 = 18$
$$18 = 18 \quad (w)$$

$$(x + 2)^2 = (x - 6)^2$$
$$x^2 + 4x + 4 = x^2 - 12x + 36 \quad |-x^2$$
$$4x + 4 = -12x + 36 \quad |+12x$$
$$16x + 4 = 36 \quad |-4$$
$$16x = 32 \quad |:16$$
$$x = 2 \qquad L = \{2\}$$

1 Multipliziere aus. Das Malzeichen vor und hinter einer Klammer darfst du weglassen.
a) $4 \cdot (a + b)$ b) $y(9 - z)$ c) $6(x - y + z)$
  $6 \cdot (x + y)$ $z(4 + q)$ $5(n - 11 + p)$
  $13 \cdot (c - d)$ $5(4 - r)$ $-2(x + y + 7)$
  $19 \cdot (x - y)$ $7(x - 9)$ $-4(a - b - 8)$

2 Wandle um in eine Summe.
a) $b(2a + 4c)$ b) $3x(b + 11y)$ c) $4(3x + 2y - z)$
  $-x(3b + x)$ $-2b(4 + 2d)$ $-7(2r - 3p + q)$
  $-y(z + 3x)$ $-3a(2b - 3x)$ $(4y - z + 5) \cdot 6$

3 Verwandle in ein Produkt, indem du ausklammerst.
a) $7a + 7c$ b) $-12q + 12r$ c) $8a + 12b$
  $11r + 11p$ $-17a - 17c$ $12b - 8c$
  $19x - 19y$ $-0,2p - 0,2q$ $63a - 27b$
  $1,5s + 1,5t$ $-1,4x + 1,4y$ $16m + 20n$

4 Multipliziere aus.
a) $(p + q)(x + y)$ b) $(2a - c)(x + 3y)$
  $(r + s)(t + v)$ $(9p - 5q)(r - s)$
  $(x + y)(v - w)$ $(6c + 3d)(3e - 2f)$
  $(c - d)(e - f)$ $(-x + 4y)(-3 + z)$

5 Multipliziere aus und fasse zusammen.
a) $(x - 3)(x + 4)$ b) $(2a + 3)(3a - 6)$
  $(3 - a)(a + 7)$ $(3c - 4d)(5c + 2d)$
  $(z - 7)(z - 4)$ $(7q + 11)(5 - 9q)$

6 Multipliziere aus, indem du die binomischen Formeln anwendest.
a) $(a + d)^2$ b) $(c - d)(c + d)$ c) $(n + 4m)^2$
  $(n + p)^2$ $(u + w)(u - w)$ $(3x + y)^2$
  $(q - z)^2$ $(2x - y)(2x + y)$ $(4a - b)^2$
  $(x - v)^2$ $(v - 7w)(v + 7w)$ $(a - 7b)^2$

7 Bestimme die Lösung.
a) $5(x - 3) - 2x = 6$ b) $6(4 - x) + 3x = 9$
c) $8(x - 1) - 13 = 11$ d) $7(8 + x) - 3x = 32$
e) $-4(2 + 3x) + 9x = 7$ f) $-3(8 - 2x) + 19 = 19$

8 Löse die Gleichung und mache die Probe.
a) $2(12 - x) - 23 = 4(4 + 2x) - 45$
b) $13x - 2(3x - 7) = 5(6x + 8) - 22x - 32$
c) $-15x + 3(11 - 5x) = -(17 + 19x) - 21x + 10$

9 Bestimme die Lösung.
a) $(x + 1)^2 = (x - 3)^2$ b) $(x + 3)^2 = (x + 5)^2$
c) $(x - 9)^2 = (x - 3)^2$ d) $(x - 11)^2 = (x + 7)^2$
e) $(x + 8)^2 = (x + 6)^2$ f) $(x + 4)^2 = (x + 8)(x - 8)$
g) $(x + 10)^2 = (x + 4)^2$ h) $(x - 7)^2 = (x - 7)(x + 7)$

Test 3

Löse die Aufgaben im Heft. Notiere den Kennbuchstaben des Lösungsvorschlags, der mit deiner Lösung übereinstimmt. Für die Lösung der Aufgaben hast du eine Bearbeitungszeit von 45 Minuten.

1.

$(-11)^2$

a	22
b	121
c	2048
d	-121

2.

$0{,}07^2$

a	0,0014
b	0,014
c	0,0049
d	0,049

3.

$\sqrt{144}$

a	72
b	12
c	-12
d	-72

4.

$\sqrt{\frac{16}{81}}$

a	$\frac{4}{9}$
b	$\frac{8}{9}$
c	$-\frac{8}{9}$
d	$-\frac{4}{9}$

5.

$\sqrt{12} \cdot \sqrt{27}$

a	54
b	81
c	36
d	18

6.

$\sqrt{5{,}67} : \sqrt{7}$

a	0,27
b	0,415
c	0,09
d	0,9

7.

$3x + 12 = 36$

a	$L = \{6\}$
b	$L = \{12\}$
c	$L = \{8\}$
d	$L = \{16\}$

8.

$9x - 4x - 2x - 43 = 8$

a	$L = \{10\}$
b	$L = \{13\}$
c	$L = \{-12\}$
d	$L = \{17\}$

9.

$6(x - 5) = 3(x + 4)$

a	$L = \{14\}$
b	$L = \{13\}$
c	$L = \{3\}$
d	$L = \{76\}$

10.

$\frac{-3x}{5} = -2(x - 14)$

a	$L = \{28\}$
b	$L = \{20\}$
c	$L = \{39\frac{1}{5}\}$
d	$L = \{-20\}$

11.
Addiert man zu einer Zahl $2\frac{3}{7}$, so erhält man $5\frac{1}{2}$. Wie heißt die Zahl?

a	$3\frac{1}{14}$
b	$2\frac{4}{5}$
c	$3\frac{1}{7}$
d	$2\frac{13}{14}$

12.
Von welcher Zahl ist der sechste Teil, vermehrt um 3, genau so groß wie der fünfte Teil, vermindert um 3?

a	90
b	5
c	180
d	30

13. Der Großvater schenkt Tim und Arnd zusammen 215 Euro. Tim soll 7 Euro mehr erhalten als Arnd. Wie groß ist Tims Anteil?

a	113 Euro
b	108 Euro
c	111 Euro
d	115 Euro

14. 300 Euro sollen so verteilt werden, dass A ein Viertel erhält, B die Hälfte und C den Rest. Wie viel Euro erhält C?

a	75 Euro
b	125 Euro
c	150 Euro
d	100 Euro

15. Bei einem Rechteck mit dem Umfang 168 cm ist eine Seite 8 cm länger als die andere. Bestimme die Längen der Seiten.

a	36 cm, 44 cm
b	38 cm, 46 cm
c	40 cm, 48 cm
d	39 cm, 45 cm

16. Kaninchen und Fasane eines Stalles haben zusammen 35 Köpfe und 98 Füße. Wie viel Kaninchen sind es?

a	14
b	21
c	18
d	15

Masseeinheiten

1 t = 1000 kg	1 kg = 0,001 t
1 kg = 1000 g	1 g = 0,001 kg
1 g = 1000 mg	1 mg = 0,001 g

Im Alltag ist der Begriff „Gewicht" an Stelle von Masse gebräuchlich.

$$15 \text{ kg} + 560 \text{ g} + 480 \text{ mg}$$
$$= 15000 \text{ g} + 560 \text{ g} + 0,48 \text{ g}$$
$$= 15560,48 \text{ g}$$

$$8,2 \text{ t} + 360 \text{ kg} + 4 \text{ t}$$
$$= 8,2 \text{ t} + 0,36 \text{ t} + 4 \text{ t}$$
$$= 12,56 \text{ t}$$

Längeneinheiten

1 km = 1000 m	1 m = 0,001 km
1 m = 10 dm	1 dm = 0,1 m
1 dm = 10 cm	1 cm = 0,1 dm
1 cm = 10 mm	1 mm = 0,1 cm

$$13,86 \text{ km} + 34 \text{ m}$$
$$= 13860 \text{ m} + 34 \text{ m}$$
$$= 13894 \text{ m}$$

$$18 \text{ km} + 1450 \text{ m} + 125 \text{ dm}$$
$$= 18 \text{ km} + 1,450 \text{ km} + 0,0125 \text{ km}$$
$$= 19,4625 \text{ km}$$

Flächeneinheiten

$1 \text{ km}^2 = 100 \text{ ha}$	$1 \text{ ha} = 0,01 \text{ km}^2$
$1 \text{ ha} = 100 \text{ a}$	$1 \text{ a} = 0,01 \text{ ha}$
$1 \text{ a} = 100 \text{ m}^2$	$1 \text{ m}^2 = 0,01 \text{ a}$
$1 \text{ m}^2 = 100 \text{ dm}^2$	$1 \text{ dm}^2 = 0,01 \text{ m}^2$
$1 \text{ dm}^2 = 100 \text{ cm}^2$	$1 \text{ cm}^2 = 0,01 \text{ dm}^2$
$1 \text{ cm}^2 = 100 \text{ mm}^2$	$1 \text{ mm}^2 = 0,01 \text{ cm}^2$

Hektar (ha), Ar (a)

Raumeinheiten (Volumeneinheiten)

$1 \text{ m}^3 = 1000 \text{ dm}^3$	$1 \text{ dm}^3 = 0,001 \text{ m}^3$
$1 \text{ dm}^3 = 1000 \text{ cm}^3$	$1 \text{ cm}^3 = 0,001 \text{ dm}^3$
$1 \text{ cm}^3 = 1000 \text{ mm}^3$	$1 \text{ mm}^3 = 0,001 \text{ cm}^3$

1 Wandle in die Einheit um, die in Klammern steht.

a) 13 kg (g)   b) 26 g (mg)   c) 7000 g (kg)
43 g (mg)   65 t (kg)   33 000 mg (g)
11 t (kg)   3 kg (g)   87 000 kg (t)

d) 2,4 kg (g)   e) 3,87 t (kg)   f) 0,123 kg (g)
3,5 t (kg)   4,06 g (mg)   0,0465 t (kg)
13,2 g (mg)   4,75 kg (g)   0,0034 t (kg)

g) 1245 g (kg)   h) 255 g (kg)   i) 46 kg (t)
7632 kg (t)   200 kg (t)   77 g (kg)
4310 g (kg)   340 mg (g)   8 g (kg)

2 Wandle zuerst in die gleiche Einheit um.

a) 12 kg + 870 g + 540 g   b) 33 kg − 2480 g
1450 g + 17 kg + 6 kg   7 t − 580 kg
4 t + 3500 kg + 870 kg   1 t − 45 kg

3 Wandle in die Einheit um, die in Klammern steht.

a) 27 cm (mm)   b) 61 dm (cm)   c) 5 m (cm)
2,35 m (cm)   230 mm (cm)   3,4 km (m)
5,30 m (cm)   18 mm (cm)   450 m (km)
73 cm (m)   5,34 m (dm)   5,4 cm (mm)

4 Wandle in die kleinere Einheit um und berechne.

a) 6,3 m + 45 cm   b) 12 km + 1256 m + 2,1 km
4,9 cm + 22 mm   4,72 m + 99 cm + 1 m
3,67 m + 8 cm   7,89 km + 563 m + 0,6 km

5 Wandle in die Einheit um, die in Klammern steht.

a) 132 dm^2 (cm²)   b) 4 cm^2 (mm²)   c) $6,5 \text{ a}$ (m²)
5 ha (a) $3,82 \text{ m}^2$ (dm²) $3,94 \text{ ha}$ (a)
7 km^2 (ha) $3,67 \text{ m}^2$ (cm²) $5,6 \text{ ha}$ (m²)

6 Wandle in die nächstgrößere Einheit um.

a) $20\,000 \text{ cm}^2$ b) 3467 dm^2 c) $23,8 \text{ ha}$
$12\,438 \text{ mm}^2$ $45,9 \text{ a}$ $7,5 \text{ mm}^2$
$6,853 \text{ dm}^2$ $156,89 \text{ ha}$ $31,8 \text{ cm}^2$

7 Wandle in die Einheit um, die in Klammern steht.

a) 5 dm^3 (cm³)   b) 3 cm^3 (mm³)   c) 1100 dm^3 (m³)
13 cm^3 (mm³) $1,8 \text{ m}^3$ (dm³) 3000 cm^3 (dm³)
$5,3 \text{ m}^3$ (cm³) $0,453 \text{ m}^3$ (dm³) 800 mm^3 (cm³)

d) $4,1 \text{ cm}^3$ (mm³)   e) $1,02 \text{ dm}^3$ (m³)   f) $0,03 \text{ m}^3$ (dm³)
$0,04 \text{ km}^3$ (m³) $0,2 \text{ dm}^3$ (mm³) $0,01 \text{ m}^3$ (cm³)
$0,013 \text{ m}^3$ (dm³) $0,0031 \text{ m}^3$ (dm³) $0,071 \text{ m}^3$ (cm³)

Würfel

a

a

a

Volumen (Rauminhalt):
$$V = a \cdot a \cdot a = a^3$$

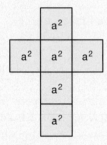

Oberflächeninhalt: O = 6 · a²

Quader

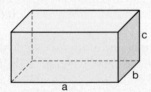

c

b

a

Volumen (Rauminhalt):
$$V = a \cdot b \cdot c$$

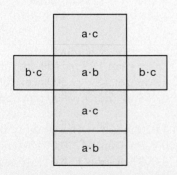

Oberflächeninhalt:
$$O = 2 \cdot a \cdot b + 2 \cdot b \cdot c + 2 \cdot a \cdot c$$
$$O = 2 \cdot (a \cdot b + b \cdot c + a \cdot c)$$

1 Zeichne das Netz des Würfels. Berechne das Volumen und den Oberflächeninhalt.

a)   b)

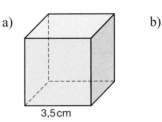

3,5 cm   1,5 cm

2 Berechne das Volumen und den Oberflächeninhalt eines Würfels mit der Kantenlänge 2,5 m (4,8 dm; 12,6 cm).

3 Ein Würfel hat einen Oberflächeninhalt von 37,5 dm² (1176 cm²; 34,56 mm²). Gib die Kantenlänge an.

4 Zeichne das Netz des Quaders. Berechne das Volumen und den Oberflächeninhalt.

a)   b)

5,5 cm

2,5 cm   3 cm   3,5 cm

4,5 cm   1,5 cm

5 Berechne das Volumen und den Oberflächeninhalt des Quaders.

	a)	b)	c)	d)
Kantenlänge a	6 cm	3 m	12 cm	0,8 m
Kantenlänge b	2 cm	7 m	15 cm	3,1 m
Kantenlänge c	5 cm	2 m	25 cm	4,3 m

	e)	f)	g)	h)
Kantenlänge a	7,5 cm	1,2 m	12,3 m	8,6 dm
Kantenlänge b	4,5 cm	2,7 m	10,1 m	12 cm
Kantenlänge c	0,8 cm	0,6 m	5,2 m	30 mm

6 Ein Holzwürfel (Dichte $\varrho = 0,7 \frac{g}{cm^3}$) hat eine Kantenlänge von 12 cm. Berechne die Masse des Würfels.

7 Ein Aluminiumquader (Dichte $\varrho = 2,7 \frac{g}{cm^3}$) hat die Kantenlängen a = 6 cm, b = 8 cm und c = 24 cm. Berechne die Masse des Quaders.

Volumen des Prisma

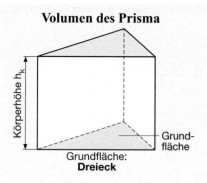

Grundfläche:
Dreieck

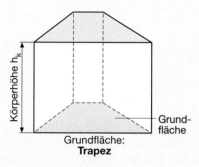

Grundfläche:
Trapez

Volumen: V = G · h

Oberflächeninhalt des Prismas

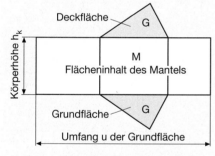

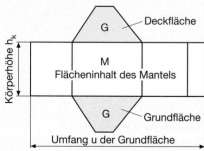

Flächeninhalt des Mantels:
M = u · h

Oberflächeninhalt:
O = 2 · G + M

1 Bestimme das Volumen und den Oberflächeninhalt des Prismas (Maße in cm).

a)
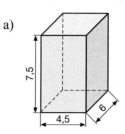

b)
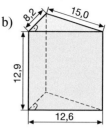

c)
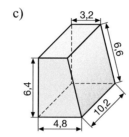

d)
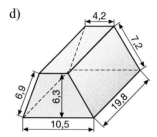

2 Die Abbildung zeigt dir den Querschnitt eines 2,5 m langen Eisenträgers (Maße in cm). Seine Oberfläche soll mit Schutzfarbe gestrichen werden. Wie viel Kilogramm Farbe benötigt man insgesamt, wenn auf einem Quadratmeter 0,2 kg Farbe verstrichen werden?

a)
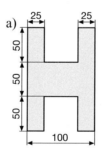

b)
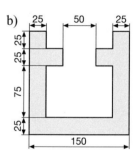

3 Bestimme die Masse des abgebildeten Körpers. Berechne dazu zunächst das Volumen des Körpers (Maße in cm).

Maße in cm

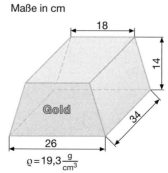

$\varrho = 19,3 \frac{g}{cm^3}$

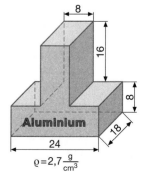

$\varrho = 2,7 \frac{g}{cm^3}$

Zylinder

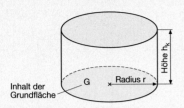

Inhalt der Grundfläche — G × Radius r — Höhe h_k

Volumen: $V = G \cdot h = \pi \cdot r^2 \cdot h_k$

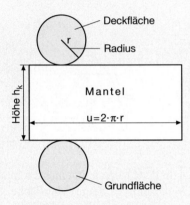

Deckfläche — r — Radius

Mantel — $u = 2 \cdot \pi \cdot r$ — Höhe h_k

Grundfläche

Flächeninhalt des Mantels:
$M = u \cdot h_k = 2 \cdot \pi \cdot r \cdot h_k$

Oberflächeninhalt des Zylinders:
$O = 2 \cdot G + M$
$O = 2 \cdot \pi \cdot r^2 + 2 \cdot \pi \cdot r \cdot h_k$

Kegel

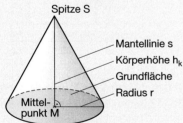

Spitze S — Mantellinie s — Körperhöhe h_k — Grundfläche — Radius r — Mittelpunkt M

Volumen:
$V = \frac{1}{3} \cdot G \cdot h_k = \frac{1}{3} \cdot \pi \cdot r^2 \cdot h_k$

Flächeninhalt des Mantels:
$M = \pi \cdot r \cdot s$

Oberflächeninhalt des Kegels:
$O = G + M$
$O = \pi \cdot r^2 + \pi \cdot r \cdot s$

1 Berechne die fehlenden Größen einer quadratischen Pyramide.

	a)	b)	c)	d)
Radius	0,5 m	18,6 cm	0,6 cm	2,3 m
Höhe	2,5 m	42,0 cm	4,5 cm	8,7 m
Volumen	▦	▦	▦	▦
Oberflächeninhalt	▦	▦	▦	▦

	e)	f)	g)	h)
Radius	1 m	2 cm	▦	2,5 m
Höhe	▦	▦	7 cm	▦
Volumen	13,5 m³	▦	30 cm³	▦
Oberflächeninhalt	▦	75,4 cm²	▦	86,4 m²

2 Das Volumen eines Zylinders beträgt 3451 cm³, seine Höhe 26 cm. Berechne den Radius.

3 Ein 3 m langes Betonrohr hat einen Außendurchmesser von 1,10 m. Der Innendurchmesser beträgt 0,90 m. Berechne die Masse des Betonrohres in Kilogramm $\left(\text{Beton: } \varrho = 2,7 \, \frac{g}{cm^3}\right)$.

4 Berechne das Volumen und den Oberflächeninhalt des Kegels (Maße in cm).

a)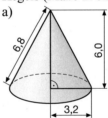

b)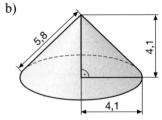

c)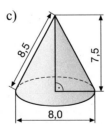

d)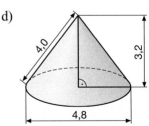

5 Der Umfang eines Schüttkegels aus Sand beträgt 45,24 m, seine Höhe beträgt 4,8 m.
a) Berechne das Volumen des Kegels.
b) Berechne die Masse des aufgeschütteten Sandes $\left(\text{Sand: } \varrho = 1,6 \, \frac{g}{cm^3}\right)$.

Löse die Aufgaben im Heft. Notiere den Kennbuchstaben des Lösungsvorschlags, der mit deiner Lösung übereinstimmt. Für die Lösung der Aufgaben hast du eine Bearbeitungszeit von 45 Minuten.

1.
Wie viel Meter sind 84 321 cm?

a	843,21
b	84,321
c	8432,1
d	8,4321

2.
Wie viel Kilometer sind 8 km 50 m?

a	8,50
b	8,05
c	8,005
d	8,0050

3.
Wie viel Quadratmeter sind 25 ha?

a	2 500
b	25 000
c	250
d	250 000

4.
Wie viel Quadratzentimeter sind 6 dm^2 280 mm^2?

a	602,8
b	600,28
c	60 028
d	6 002,8

5.
Wie viel Liter sind 2,5 m^3?

a	250
b	2 500
c	25 000
d	25

6.
Wie viel Kubikzentimeter sind 1 *l* 250 mm^3?

a	1 000,25
b	100,025
c	10 000,25
d	100,25

7.
Wie viel Kilogramm sind 7,5 t?

a	75
b	750
c	7 500
d	75 000

8.
Wie viel Gramm sind $1\frac{1}{4}$ kg?

a	12 500
b	1 250
c	125
d	1 400

9.
Wie viele Platten mit einer Länge von 20 cm und einer Breite von 10 cm werden zum Auslegen einer Fläche von 40 m^2 benötigt?

a	4000
b	2000
c	400
d	200

10. Wie viel Kubikzentimeter fasst ein Quader, der 2 m lang, 12 cm breit und 4 dm hoch ist?	a b c d	96 960 9 600 96 000
11. Ein 4,2 ha großes Feld soll in sechs große Baugrundstücke aufgeteilt werden. Wie groß ist jedes Grundstück (in m^2)?	a b c d	7000 700 70 600
12. Wie viele kleine Würfel passen höchstens in den großen Würfel? a = 6 cm a = 12 cm	a b c d	4 8 12 16
13. Wie viel Quadratmeter müssen an der Hauswand verputzt werden? 5m 7m 12m	a b c d	72 60 42 84
14. Ein zylindrischer Wasserbehälter hat einen Radius von 92,5 cm und eine Höhe von 3 m. Wie viel Kubikmeter enthält er, wenn er zu 75 % gefüllt ist?	a b c d	$\approx$ 6,048 $\approx$ 60,48 $\approx$ 24,19 $\approx$ 2,419
15. Der Dachraum eines Turmdaches hat die Form eines Kegels mit einem Durchmesser d = 4,8 m und der Höhe h = 6 m. Wie groß ist das Volumen (in m^3)?	a b c d	$\approx$ 36,2 $\approx$ 362 $\approx$ 48,3 $\approx$ 483
16. Ein Wasserrohr hat den Innendurchmesser von d = 2,5 cm. Wie viel Liter Wasser strömen in einer Minute durch das Rohr, wenn sich das Wasser mit einer Geschwindigkeit von v = 0,8 $\frac{m}{s}$ bewegt?	a b c d	$\approx$ 23 600 $\approx$ 23,6 $\approx$ 49 100 $\approx$ 49,1
17. Ein kegelförmiger Messbecher mit einem Durchmesser von d = 15 cm soll 500 cm^3 fassen. Wie groß muss die Mindesthöhe sein?	a b c d	$\approx$ 8,5 $\approx$ 4,5 $\approx$ 17 $\approx$ 9
18. Um welchen Faktor ändert sich das Volumen eines Zylinders, wenn der Radius r und die Höhe h verdoppelt werden?	a b c d	2 4 8 16

1 Gib für jeden abgebildeten Körper die Anzahl seiner Begrenzungsflächen an.
(Bearbeitungszeit: 3 Minuten)

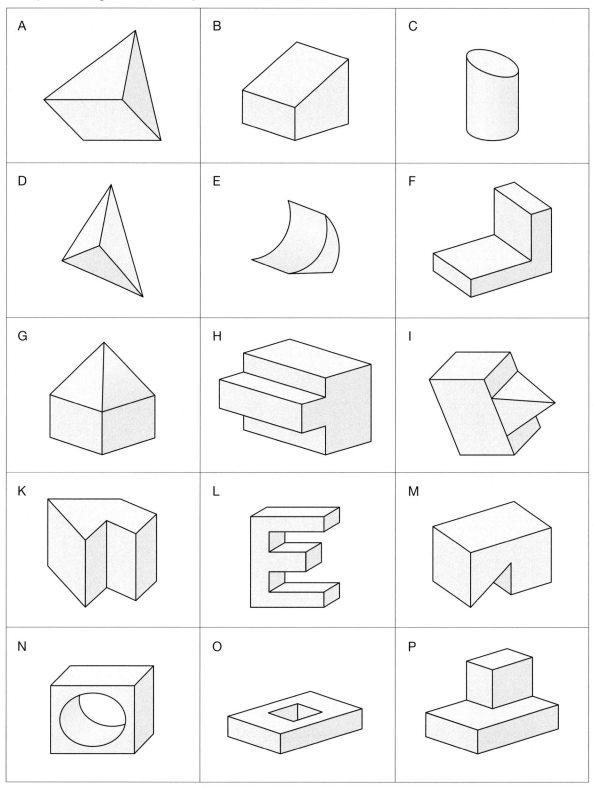

A

B

C

D

E

F

G

H

I

K

L

M

N

O

P

2 Gib die Nummer des Körpers an, der aus dem abgebildeten Stück Karton gefaltet werden kann.
(Bearbeitungszeit: 3 Minuten)

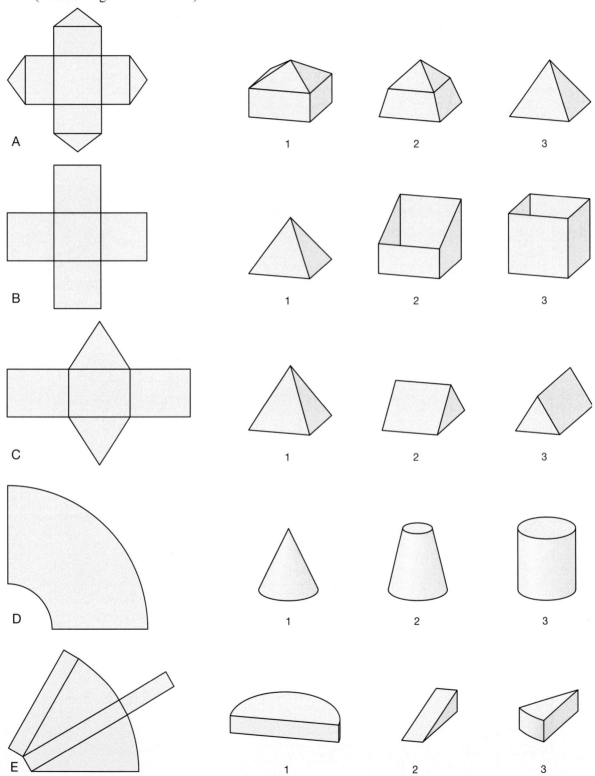

A

1   2   3

B

1   2   3

C

1   2   3

D

1   2   3

E

1   2   3

3 Gib die Nummer des Körpers an, der aus dem abgebildeten Stück Karton gefaltet werden kann.
(Bearbeitungszeit: 2 Minuten)

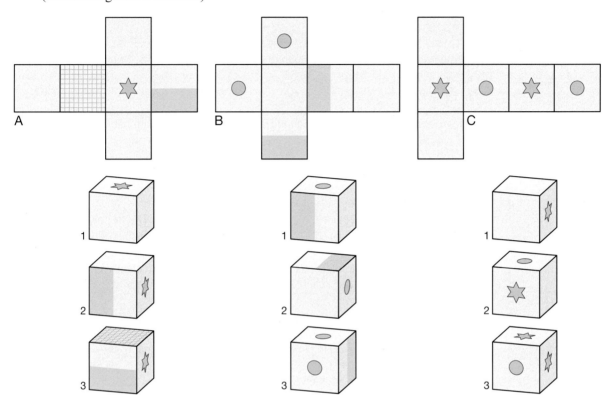

Lösungen der Tests

Test Nr. 1
1c   2d   3a   4c   5a   6b   7a   8d   9d   10a   11b   12c   13c   14c   15a   16d

Test Nr. 2
1a   2d   3c   4b   5c   6c   7b   8d   9a   10c   11b   12c   13a   14b   15d   16b   17b

Test Nr. 3
1b   2c   3b   4a   5d   6d   7c   8d   9a   10b   11a   12c   13c   14a   15b   16a

Test Nr. 4
1a   2b   3d   4a   5b   6a   7c   8b   9b   10d   11a   12b   13a   14a   15a   16b   17a   18c

Test Nr. 5
Aufgabe 1: A5; B6; C3; D4; E5; F8; G9; H10; I11; K8; L14; M8; N7; O10; P9
Aufgabe 2: A1; B3; C2; D2; E3
Aufgabe 3: A2; B3; C2

Lineare Gleichungs- und Ungleichungs- systeme

1 Bestimme grafisch die Lösungsmenge des Gleichungssystems. Mache die Probe, indem du die Koordinaten des Schnittpunktes in beide Ausgangsgleichungen einsetzt.

a) $y = 0,5x + 3$
   $y = -2,5x$

b) $2y = -2x + 3$
   $4y + 6x = 14$

c) $2y + 4 = x$
   $4y - 16 = 10x$

2 Bestimme rechnerisch die Lösungsmenge des Gleichungssystems. Mache die Probe.

a) $2y - 4x = 30$
   $4y - 68 = 6x$

b) $6x - 2y = 53$
   $8y - 38 = 4x$

c) $3y + x = 14$
   $6y - 97 = 4x$

d) $9x + 6y = -15$
   $3y - 3x = 93$

3 Entscheide rechnerisch, wie viele Lösungen das Gleichungssystem hat. Existiert nur eine Lösung, so gib diese an.

a) $3y + 7x = -35$
   $-26 - 6y = 10x$

b) $2y - 8x = -14$
   $12x - 21 = 3y$

c) $3x + 9y = 42$
   $14y + 2x = 80$

d) $4y - 6x = 16$
   $6y - 22 = 9x$

4 Bestimme die Lösungsmenge des Zahlenrätsels.

a) Die Differenz zweier Zahlen ist um 15 kleiner als das Doppelte der ersten Zahl. Die Summe aus dem Achtfachen der ersten Zahl und dem Zehnfachen der zweiten Zahl ergibt 100.

b) Die Summe zweier Zahlen ist um 1 größer als das Doppelte der zweiten Zahl. Das Dreifache des Nachfolgers der ersten Zahl ist gleich dem Vierfachen des Vorgängers der zweiten Zahl.

1 Bestimme rechnerisch die Lösungsmenge des Gleichungssystems. Mach die Probe.

a) $3x + 6y = 90$
   $2y - 4x = 140$

b) $4x + 2y = 36$
   $-8y = 6x - 20$

c) $3y - 2x = -7$
   $15 + 4y = x$

d) $4y + 8x = -84$
   $-50 - 6y = 7x$

2 Entscheide rechnerisch, wie viele Lösungen das Gleichungssystem hat. Existiert nur eine Lösung, so gib diese an.

a) $0,8 + 1,8y = 1,2x$
   $1,8x - 2,7y = 1,3$

b) $2,8y - 4,8x = 164$
   $1,8x + 2,1y = 20,4$

c) $\frac{1}{2}x - \frac{3}{4}y = \frac{1}{2}$
   $\frac{1}{4}y - \frac{1}{6}x = -\frac{1}{6}$

d) $\frac{1}{2}x - \frac{2}{3} = y$
   $\frac{2}{3}y + \frac{5}{6}x = \frac{1}{3}$

3 Gerrit kauft im Lebensmittelgeschäft drei Fruchtsaftpäckchen und vier Brötchen. Insgesamt muss er 2,70 Euro bezahlen. Britta kauft zwei Fruchtsaftpäckchen und zwei Brötchen für zusammen 1,60 Euro. Bestimme jeweils den Preis für ein Fruchtsaftpäckchen und ein Brötchen.

4 Bestimme zeichnerisch die Lösungsmenge des Ungleichungssystems.

a) $y \leq 2x + 3$
   $y \leq -4x + 2$

b) $2x + 4y \geq 8$
   $2y \leq x$

c) $x \leq 5$
   $3y \vee 5x < 9$

5 In einer Fabrik können pro Tag höchstens 50 Geräte vom Typ A und höchstens 70 Geräte vom Typ B produziert werden. Insgesamt können an einem Tag höchstens 80 Geräte hergestellt werden. An Gerät A verdient die Fabrik 30 Euro, an B 50 Euro. Für welche Tagesproduktion ist der Gewinn maximal? Gib auch den maximalen Gewinn an.

1 Ergänze die Tabelle im Heft.

	Maßstab	Zeichnung	Wirklichkeit
a)	1 : 100	5 cm	
b)	1 : 10 000	3,4 cm	
c)	8 : 1	4 cm	

2 Gegeben ist ein Rechteck mit den Maßen a = 6,6 cm und b = 4,8 cm.
a) Zeichne das Rechteck verkleinert im Maßstab 1 : 3.
b) Zeichne das Rechteck vergrößert im Maßstab 2 : 1.

3 Zeichne die Strecke $\overline{AB}$ mit A (1|0) und B (0|2) in ein Koordinatensystem (Einheit 1 cm) und vergrößere sie durch eine zentrische Streckung von Z (0|0) aus mit dem Streckungsfaktor k = 3. Gib die Koordinaten der Bildpunkte an.

4 Zeichne das Rechteck ABCD mit A (−2|−6), B (13|−6), C (13|3) und D (−2|3) in ein Koordinatensystem (Einheit 0,5 cm). Strecke das Rechteck von Z aus mit k = $\frac{1}{3}$. Gib die Koordinaten der Bildpunkte an.

5 Berechne die rot gekennzeichnete Streckenlänge (Maße in cm).

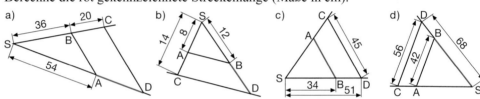

6 Konstruiere zu dem Dreieck ABC mit b = 6 cm, c = 6 cm und α = 45° ein ähnliches Dreieck $A_1B_1C_1$ mit b_1 = 7,5 cm.

---

1 In einer Zeichnung mit dem Maßstab 1 : 100 ist eine Strecke 5 cm lang. Welchen Maßstab muss man wählen um die Strecke in der Zeichnung doppelt (zehnfach) so groß darstellen zu können?

2 Zeichne das Dreieck ABC in ein Koordinatensystem (Einheit 0,5 cm) und strecke es von Z aus mit dem Streckungsfaktor k. Gib die Koordinaten der Bildpunkte an.
Z (−1|0)   k = 1,5   A (3|0)   B (9|−4)   C (9|0)

3 Teile die Strecke $\overline{AB}$ = 6 cm; Teilungsverhältnis: 1 : 3.

4 Zeichne in ein Koordinatensystem (Einheit 1 cm) die Punkte A (−4|−1), B (0|−1), C (0|2), D (−2|−1,5), E (0|−1,5) und F (0|0). Zeige mithilfe einer zentrischen Streckung, dass die Dreiecke ABC und DEF ähnlich sind. Gib Zentrum und Streckungsfaktor an.

5 Begründe die Ähnlichkeit der Dreiecke ASB und SCD.

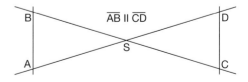

6 Konstruiere ein Dreieck ABC mit b = 5 cm, c = 4,5 cm und α = 90°. Zeichne zu dem Dreieck ABC ein ähnliches Dreieck mit der neuen Höhe h_b = 8 cm.

1 Welche Zahl wurde quadriert? Es gibt zwei Lösungen.

a) 144   b) 225   c) 289   d) $\frac{49}{121}$ e) 0,25   f) 0,01   g) 0,0625

2 Bestimme die Quadratwurzel.

a) $\sqrt{121}$ b) $\sqrt{256}$ c) $\sqrt{484}$ d) $\sqrt{\frac{196}{324}}$ e) $\sqrt{\frac{169}{361}}$ f) $\sqrt{0,04}$ g) $\sqrt{2,25}$

3 Bestimme die fehlende Größe.

a) $\sqrt{5329}$ = ▪   b) $\sqrt{▪}$ = 37   c) $\sqrt{57,1536}$ = ▪   d) $\sqrt{▪}$ = 0,81   e) $(\sqrt{100})^2$ = ▪

4 Berechne mit dem Taschenrechner. Runde auf zwei Stellen nach dem Komma.

a) $16,31^2$ b) $7,75^2$ c) $13,56^2$ d) $3,425^2$ e) $214,75^2$ f) $0,2753^2$

5 Ein quadratisches Grundstück mit einer Fläche von 1190 m² soll eingezäunt werden. Wie groß ist der Umfang des Grundstücks?

6 Berechne den Flächeninhalt der Figuren. Welche Seitenlänge hat jeweils ein flächengleiches Quadrat?

a) Rechteck: a = 32 cm   b) Dreieck: g = 13 m   c) Trapez: a = 21 cm   h = 35 cm

           b = 8 cm   h = 4,5 m   c = 14 cm

(B)

1 Vereinfache soweit wie möglich.

a) $\sqrt{108} \cdot \sqrt{3}$ b) $\sqrt{63} \cdot \sqrt{7}$ c) $\frac{\sqrt{160}}{\sqrt{10}}$ d) $\frac{\sqrt{2800}}{\sqrt{7}}$

2 Ziehe die Wurzel teilweise.

a) $\sqrt{810}$ b) $\sqrt{80}$ c) $\sqrt{1250}$ d) $\sqrt{1200}$

3 Vereinfache so weit wie möglich.

a) $\sqrt{128}$ b) $\sqrt{640}$ c) $\frac{\sqrt{480}}{\sqrt{30}}$ d) $\frac{\sqrt{7500}}{\sqrt{250}}$

4 Mache den Nenner rational.

a) $\frac{5}{\sqrt{3}}$ b) $\frac{7}{\sqrt{6}}$ c) $\frac{8}{\sqrt{14}}$ d) $\frac{10}{3\sqrt{2}}$

5 Fasse so weit wie möglich zusammen.

a) $3\sqrt{2} - 5\sqrt{7} + 6\sqrt{2} - 12\sqrt{2} + 4\sqrt{7} - 9\sqrt{7} + 10\sqrt{2}$

b) $4\sqrt{3} - 7\sqrt{5} + 2\sqrt{11} - 2\sqrt{5} - 3\sqrt{3} + 5\sqrt{11} - 5\sqrt{5} - \sqrt{3} + 6\sqrt{11}$

6 Wende die binomischen Formeln an und berechne so weit wie möglich.

a) $(\sqrt{5} + \sqrt{11})^2$ b) $(3\sqrt{6} - \sqrt{7})^2$ c) $(5\sqrt{2} + 6\sqrt{10})(5\sqrt{2} - 6\sqrt{10})$

7 Bestimme die Definitionsmenge der Wurzelterme.

a) $\sqrt{x - 4}$ b) $\sqrt{a + 5}$ c) $\sqrt{7a}$ d) $\sqrt{5a - 3}$

8 Vereinfache so weit wie möglich. Die Variablen stehen für positive Zahlen.

a) $\sqrt{3a} \cdot \sqrt{27a}$ b) $\sqrt{625\,a^2b^2}$ c) $\sqrt{18a^2}$ d) $\frac{\sqrt{60a^2b}}{\sqrt{15b}}$

9 Mache den Nenner rational. Die Variablen stehen für positive Zahlen.

a) $\frac{6}{\sqrt{a}}$ b) $\frac{7}{\sqrt{xy}}$ c) $\frac{6}{\sqrt{a + b}}$ d) $\frac{pq}{\sqrt{p} - \sqrt{q}}$

1 Berechne die fehlende Seitenlänge in einem Dreieck ABC.
a) a = 8,2 m; c = 1,8 m; α = 90°   b) a = 6,3 m; b = 22,5 m; β = 90°

2 In einer Raute ABCD ist e = 28 cm und f = 10 cm. Berechne den Umfang der Raute.

3 Berechne den Flächeninhalt A eines gleichseitigen Dreiecks (a = 8,4 cm).

4 Berechne den Umfang und den Flächeninhalt des abgebildeten gleichschenkligen
Trapezes.

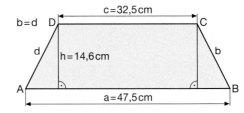

5 Berechne die Länge d der Raumdiagonalen eines Würfels mit der Kantenlänge a = 16 cm.

6 Eine Zahnradbahn überwindet einen Höhenunterschied von 320 m. Auf einer Karte (Maßstab 1 : 50 000) beträgt die Entfernung zwischen Tal- und Bergstation 3,3 cm. Berechne die
wirkliche Streckenlänge.

1 Die Fläche eines Satteldaches soll mit
Dachziegeln eingedeckt werden. Für
einen Quadratmeter der Dachfläche werden 15 Ziegel benötigt.
Wie viele Ziegel müssen für die gesamte
Dachfläche mindestens eingekauft werden?

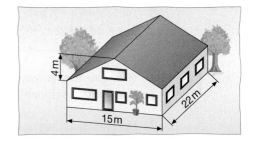

2 Das abgebildete Pultdach soll einen Belag
aus Zinkblech erhalten.
Der Dachdecker verlangt für das Ein-
decken 90 Euro pro Quadratmeter. Für
Verschnitt rechnet er 12 % der Fläche
hinzu.
Wie viel Euro kostet das Eindecken der
Dachfläche?

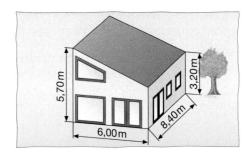

3 Berechne die fehlenden Größen (a, b, c, p, q, h_c) in einem rechtwinkligen Dreieck ABC
(γ = 90°).
a) a = 12 cm; c = 18 cm   b) c = 7 cm; p = 4 cm   c) p = 63 mm; q = 42 mm

4 a) Verwandle zeichnerisch ein Rechteck (a = 4,8 cm; b = 2,7 cm) in ein flächengleiches
Quadrat.
b) Verwandle zeichnerisch ein Quadrat (a = 3,4 cm) in ein flächengleiches Rechteck. Eine
Rechteckseite soll 5,2 cm lang sein.

1 Berechne die fehlenden Größen eines Kreises. Runde sinnvoll.

	a)	b)	c)	d)
r	11,5 cm			
d		0,1 m		
u			48,9 dm	
A				78 m²

2 Während einer Fahrradtour legst du eine Strecke von 18 km zurück. Wie viele Umdrehungen machen dabei jeweils die beiden Räder deines Fahrrades (Außendurchmesser: 710 mm)?

3 Aus einer quadratischen Blechplatte (a = 1,26 m) sollen neun möglichst große Kreise ausgeschnitten werden. Wie viel Prozent des Quadrats bleiben als Verschnitt übrig?

4 Aus einem quadratischen Blechstück (a = 11 cm) soll ein möglichst großer 1,8 cm breiter Kreisring ausgeschnitten werden. Wie viel Quadratzentimeter Blech bleiben als Verschnitt übrig?

5 Berechne den Flächeninhalt A_s und die Bogenlänge b eines Kreisausschnittes.
a) r = 22 cm; α = 45°   b) r = 2,4 m; α = 132°   c) d = 1,62 dm; α = 248°

1 Berechne den äußeren Umfang eines Stahlrohres und den Inhalt seiner inneren Querschnittsfläche (Innendurchmesser: 150 mm; Wandstärke: 8 mm).

2 Der Außendurchmesser des Hinterrades eines Fahrrades beträgt 680 mm; die beiden Zahnräder haben 52 bzw. 16 Zähne.
Berechne die Länge der Strecke, die das Fahrrad bei 5000 Umdrehungen der Tretkurbel zurücklegt.

3 Berechne die fehlenden Größen eines Kreisausschnittes. Runde sinnvoll.

	a)	b)	c)	d)
r	2,4 cm		6,5 m	
α	60°	105°	216°	312°
A_s				6,4 dm²
b		144 mm		

4 Einem Kreis (r = 12 cm) ist ein Quadrat einbeschrieben. Berechne jeweils den Flächeninhalt des Kreises und des Quadrates.

5 Berechne den Flächeninhalt und den Umfang der farbig markierten Fläche.

1 Zeichne die Graphen der angegebenen Funktionen in ein Koordinatensystem. Bestimme zunächst jeweils den Scheitelpunkt.

a) $y = (x - 3)^2$ b) $y = (x + 3)^2 + 1$ c) $y = (x - 1)^2 - 5$

2 Ordne jeder Funktionsgleichung die zugehörige Parabel zu.

Funktionsgleichung	Parabel
$y = (x - 1)^2$	▨
$y = (x + 1)^2 - 2$	▨
$y = (x - 2)^2 - 1{,}5$	▨
$y = (x + 1{,}5)^2 - 0{,}5$	▨

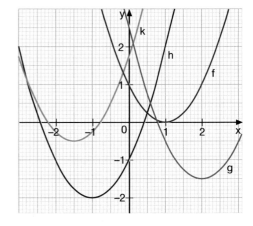

3 Zeichne die Graphen der angegebenen quadratischen Funktionen in ein Koordinatensystem. Bestimme zunächst jeweils die Koordinaten des Scheitelpunkts.

f: $y = x^2 - 6x + 5$ g: $y = x^2 + 2x + 2$ h: $y = x^2 - 4x + 1{,}5$

4 Zeichne den Graphen der angegebenen quadratischen Funktion. Bestimme zunächst die Koordinaten des Scheitelpunkts. Ermittle anhand des Graphen die Nullstellen der Parabel.

a) $y = x^2 - 2x - 8$ b) $y = x^2 + 6x + 6{,}75$

1 Die im Koordinatensystem eingezeichneten Parabeln gehören zu den Funktionsgleichungen in der Tabelle.
Ordne jeder Funktionsgleichung die zugehörige Parabel zu.

Funktionsgleichung	Parabel
$y = x^2 - 3x + 0{,}75$	▨
$y = x^2 + 5x + 6{,}75$	▨
$y = x^2 - x + 0{,}25$	▨
$y = x^2 + 3x + 0{,}25$	▨

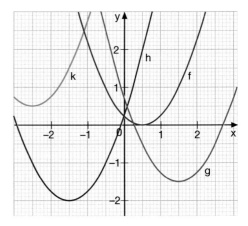

2 Zeichne die Graphen der angegebenen Funktionen in ein Koordinatensystem. Lege zunächst jeweils eine Wertetabelle an. Nutze dabei die Symmetrieeigenschaft.

f: $y = 1{,}4x^2$ g: $y = 0{,}6x^2$ h: $y = -1{,}8x^2$

3 Zeichne den Graphen der angegebenen quadratischen Funktion. Lege zunächst eine Wertetabelle an. Bestimme anhand des Graphen den Scheitelpunkt der Parabel. Gib, wenn vorhanden, die Nullstellen der Funktion an.

a) $y = 2x^2 - 8x + 6$ b) $y = 0{,}5x^2 + x - 1{,}5$ c) $y = -x^2 - 6x - 10$

1 Bestimme die Lösungsmenge.

a) $x^2 + 7x - 18 = 0$ b) $x^2 - 8x - 9 = 0$ c) $x^2 + x - 12 = 0$

d) $x^2 + 3x - 10 = 0$ e) $x^2 + 2x - 0{,}75 = 0$ f) $x^2 - 1{,}5x + 0{,}56 = 0$

2 Bestimme zunächst die Definitionsmenge, danach die Lösungsmenge.

a) $2x = 12 - \frac{10}{x}$ b) $\frac{2x - 20}{x} + \frac{6}{x - 2} = 0$

3 Bestimme graphisch die Lösungsmenge der Gleichung $x^2 + 2x - 3 = 0$.

4 Gib die zur Lösungsmenge gehörende quadratische Gleichung in der Normalform an.

a) $L = \{4; 3\}$ b) $L = \{-3 ; -5\}$

5 Das Produkt aus einer Zahl und ihrem Nachfolger ergibt 306. Wie heißt die Zahl?

6 Der Flächeninhalt eines Rechtecks beträgt 782 cm². Die Länge des Rechtecks ist um 11 cm größer als seine Breite. Berechne die Länge und die Breite des Rechtecks.

---

1 Bestimme die Lösungsmenge:

a) $2x^2 - 9x + 9 = x^2 - 3x + 16$ b) $5x^2 + 16x + 10 = x^2 + 4x + 17$

c) $(x - 4)^2 - 4 = 4x - 2x^2 + 75$ d) $(x + 2)(5x + 4) = -6x + 179 + x^2$

2 Berechne die Lösungen der angegebenen quadratischen Gleichung. Zeichne den Graphen der zugehörigen quadratischen Funktion. Überprüfe das Ergebnis deiner Rechnung, indem du die Nullstellen der Funktion mit den Lösungen der quadratischen Funktion vergleichst.

a) $x^2 - 6x + 8 = 0$ b) $x^2 + 3x - 6{,}75 = 0$

3 Bestimme die Lösungsmenge der Bruchgleichung. Gib auch die Definitionsmenge an.

$\frac{3x^2 - 4}{2x + 4} = x + 0{,}5$

4 Bestimme die Lösungsmenge der Wurzelgleichung.

a) $\sqrt{x - 4} = 4 - x$ b) $\sqrt{7 - x} = 2{,}6 - 0{,}2x$

5 Das Quadrat einer Zahl ist um 51 kleiner als ihr zwanzigfacher Wert. Wie heißt die Zahl?

6 Die Hypotenuse eines rechtwinkligen Dreiecks ist 74 cm lang. Wie lang ist jede Kathete, wenn ihre Gesamtlänge 94 cm beträgt?

1 In der Urliste findest du die Mathematik-noten einer Klasse des 9. Jahrgangs.
   a) Lege eine Strichliste und eine Häufig-keitstabelle an. Berechne auch die rela-tiven Häufigkeiten.
   b) Zeichne dazu ein Säulendiagramm.

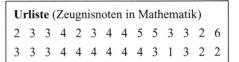

Urliste (Zeugnisnoten in Mathematik)														
2	3	3	4	2	3	4	4	5	5	3	3	2	6	
3	3	3	4	4	4	4	4	4	3	1	3	2	2	

2 Die Urliste gibt die Weiten an, die von den Jungen der Klasse 9a im Weitsprung erzielt wurden.
   a) Erstelle zu der Klasseneinteilung eine Strichliste und eine Häufigkeitstabelle.
   b) Zeichne das zugehörige Histogramm.

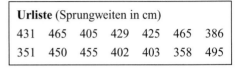

Urliste (Sprungweiten in cm)						
431	465	405	429	425	465	386
351	450	455	402	403	358	495

Klasseneinteilung:
von 350 cm bis unter 380 cm,
von 380 cm bis unter 410 cm, …

3 In dem Säulendiagramm wird das Ergeb-nis einer statistischen Untersuchung zum „monatlichen Taschengeld" dargestellt.
   a) Berechne die relativen Häufigkeiten. Runde auf zwei Nachkommastellen.
   b) Zeichne ein zugehöriges Kreisdia-gramm (Radius 5 cm).

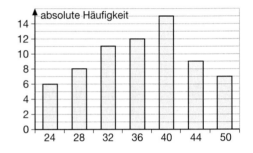

1 a) Berechne das arithmetische Mittel $\bar{x}$.
   b) Lege eine geordnete Urliste an und bestimme den Zentralwert $\tilde{x}$.

Urliste (Körpergröße in m)					
1,75	1,73	1,67	1,82	1,85	1,64
1,90	1,54	1,68	1,77	1,71	1,74

2 a) Berechne das arithmetische Mittel $\bar{x}$.
   b) Bestimme den Zentralwert $\tilde{x}$.
   c) Welchen Mittelwert hältst du für sinn-voller? Begründe deine Antwort.

Urliste (beim Kugelstoßen erzielte Weiten in m)					
7,89	8,56	8,05	8,73	5,32	7,95

3 Bestimme die Spannweite und die mittle-re lineare Abweichung $\bar{s}$ der in der Urliste angegebenen Werte.

Urliste (Stromstärke in mA)							
414	418	406	403	421	413	415	418

4 Im 9. Jahrgang wird die Notenverteilung im Fach Deutsch untersucht. Das Ergeb-nis wird in der Häufigkeitstabelle darge-stellt.
   a) Übertrage die Häufigkeitstabelle in dein Heft und vervollständige sie.
   b) Bestimme den Zentralwert $\tilde{x}$.
   c) Berechne das arithmetische Mittel $\bar{x}$.
   d) Berechne die Varianz s^2 und die Stan-dardabweichung s.

Note	absolute Häufigkeit	Stelle
1	3	
2	31	
3	55	
4	50	
5	25	
6	1	

A

1 Berechne das Volumen und den Oberflächeninhalt eines Zylinders.
a) $r = 7,5$ cm; $h_k = 16,8$ cm
b) $d = 4,80$ m; $h_k = 14,50$ m

2 Die Konservendose hat die in der Abbildung angegebenen Maße.
a) Wie groß ist ihr Fassungsvermögen? Gib dein Ergebnis in Milliliter an.
b) Wie viel Quadratmeter Weißblech sind für die Herstellung von 100 000 Konservendosen mindestens notwendig?

3 Ein 12,70 m hoher zylinderförmiger Wasservorratsbehälter verfügt über ein Volumen von 400 m^3. Berechne den Innendurchmesser des Behälters.

4 Bestimme die Masse des abgebildeten Körpers aus Zink ($\varrho = 7,1 \frac{g}{cm^3}$).

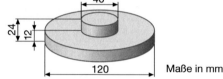

Maße in mm

5 Berechne die fehlenden Größen (r, h$_k$; s, M, O, V) eines Kegels.
a) $r = 4,80$ m; $h_k = 6,40$ m
b) $s = 26$ dm; $M = 1960,4$ dm^2

B

1 Wie viele Kilogramm Kupfer ($\varrho = 8,9 \frac{g}{cm^3}$) sind notwendig, um ein 1000 m langes zylinderförmiges Kabel herzustellen. Der Kupferdraht soll einen Durchmesser von 1 mm haben.

2 Berechne die Masse des abgebildeten Ringes (Gold: $\varrho = 19,3 \frac{g}{cm^3}$).

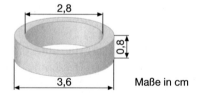

Maße in cm

3 Der Umfang eines 2,30 m hohen kegelförmig aufgeschütteten Kieshaufens wird mit 9,40 m gemessen. Berechne sein Volumen.

4 Ein kegelförmiger Messbecher mit einem oberen lichten Durchmesser von $d = 12$ cm soll 500 cm^3 fassen. Wie groß muss die Mindesthöhe sein?

5 Aus dem abgebildeten Kantholz soll ein Rundstab mit der größtmöglichen Querschnittsfläche gedrechselt werden. Wie viel Kubikzentimeter Holzabfall entstehen dabei? Gib den Abfall auch in Prozent an.

Abmessungen in mm:
60 × 60 × 1000

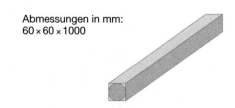

6 Ein 4 m langes zylinderförmiges Betonrohr hat außen einen Umfang von 78,04 m. Der Innendurchmesser beträgt 1800 mm. Berechne seine Masse in Tonnen ($\varrho = 2,7 \frac{g}{cm^3}$).

zu Seite 218

1 a) L = {(−1|2,5)} b) L = {(4|−2,5)} c) L = {(−3|−3,5)}

2 a) L = {(4|23)} b) L = {(12,5|11)} c) L = {(−11,5|8,5)} d) L = {(−13,4|17,6)}

3 a) L = {−11|14)} b) unendlich viele Lösungen c) L = {(−5,5|6,5)} d) L = { }

4 a) 1. Zahl: 25; 2. Zahl: −10 b) 1. Zahl: 11; 2. Zahl: 10

B

1 a) L = {(−22|26)} b) L = {(12,4|−6,8)} c) L = {(−3,4|−4,6)} d) L = {(−15,2|9,4)}

2 a) L = { } b) L = {(−19|26)} c) unendlich viele Lösungen d) L = $\left\{\left(\frac{2}{3}\middle|-\frac{1}{3}\right)\right\}$

3 Fruchtsaftpäckchen: 0,50 Euro; Brötchen: 0,30 Euro **4** –

5 10 Typ A; 70 Typ B max. Gewinn: 3800 Euro

---

zu Seite 219

A

1 a) 500 cm = 5 m; b) 34 000 cm = 340 m c) 0,5 cm = 5 mm

2 a) a = 2,2 cm; b = 1,6 cm b) a = 13,2 cm; b = 9,6 cm

3 A′ (3|0); B′ (3|6) **4** A′ (−4|−2); B′ (1|−2); C′ (1|1); D′ (−4|1)

5 a) $\overline{AD}$ = 30 cm; b) $\overline{SD}$ = 21 cm; c) $\overline{AB}$ = 30 cm; d) $\overline{SB}$ = 51 cm

6 –

B

1 1 : 50 (1 : 10) **2** A′ (5|0); B′ (14|−6); C′ (14|0) **3** –

4 Z (0|−2); k = 2 bzw. k = 0,5

5 ∢ BSA = ∢ CSD (Scheitelwinkel)
∢ SAR = ∢ SDC (Wechselwinkel)
Δ ASB ~ Δ SCD (Ähnlichkeitssatz) **6** –

---

zu Seite 220

1 a) 12; −12 b) 15; −15 c) 17; −17 d) $\frac{7}{11}$; −$\frac{7}{11}$ e) 0,5; −0,5 f) 0,1; −0,1 g) 0,25; −0,25

2 a) 11 b) 16 c) 22 d) $\frac{14}{18}$ e) $\frac{13}{19}$ f) 0,2 g) 1,5

3 a) 73 b) 1369 c) 7,56 d) 0,6561 e) 100

4 a) 266,02 b) 60,06 c) 183,87 d) 11,73 e) 46 117,56 f) 0,08

5 138 m

6 a) 16 cm b) 5,81 m c) 24,75 cm

B

1 a) 18 b) 21 c) 4 d) 20

2 a) 9 $\sqrt{10}$ b) 4 $\sqrt{5}$ c) 25 $\sqrt{2}$ d) 20 $\sqrt{3}$

3 a) 8 $\sqrt{2}$ b) 8 $\sqrt{10}$ c) 4 d) 2 $\sqrt{7,5}$

4 a) $\frac{5}{3}\sqrt{3}$ b) $\frac{7}{6}\sqrt{6}$ c) $\frac{4}{7}\sqrt{14}$ d) $\frac{5}{3}\sqrt{2}$

5 a) 7 $\sqrt{2}$ − 10 $\sqrt{7}$ b) −14 $\sqrt{5}$ + 13 $\sqrt{11}$

6 a) 16 + 2 $\sqrt{55}$ b) 61 − 6 $\sqrt{42}$ c) −310

7 a) D = {x ∈ ℝ|x ≥ 4} b) D = {a ∈ ℝ|a ≥ −5} c) D = {a ∈ ℝ|a ≥ 0} d) D = {a ∈ ℝ|a ≥ $\frac{3}{5}$}

8 a) 9a b) 25ab c) 3a $\sqrt{2}$ d) 2a

9 a) $\frac{6\sqrt{a}}{a}$ b) $\frac{7\sqrt{xy}}{xy}$ c) $\frac{6(\sqrt{a}-b)}{a-b^2}$ d) $\frac{pq(\sqrt{p}-\sqrt{q})}{p-q}$

zu Seite 221

1   a) b = 8 m;   b) c = 21,6 m   **2** u = 59,5 cm   **3** A = 30,55 cm^2

4   u = 112,8 cm;   A = 584 cm^2 **5** d = 27,7 cm   **6** 1680,74 m

1   Breite: 8,5 m;   A = 374 m^2;   5610 Ziegel

2   Breite: 6,5 m;   A = 54,6 m^2;   A = 61,152 m^2;   5503,68 Euro

3   a) b = 13,4 cm;   p = 10 cm;   q = 8 cm;   h$_c$ = 8,9 cm   b) a = 5 cm;   b = 5 cm;   q = 3 cm;   h$_c$ = 3 cm
     c) a = 66,4 mm;   b = 81,3 mm;   c = 105 mm;   h$_c$ = 51,4 mm

4   a) Quadratseite: 3,6 cm   b) Rechteckseite: 2,2 cm

zu Seite 222

1

	a)	b)	c)	d)
r	11,5 cm	5 cm	7,78 dm	4,98 m
d	23 cm	0,1 m	15,56 dm	9,96 m
u	72,26 cm	31,42 cm	48,9 dm	31,29 m
A	415,48 cm^2	78,54 cm^2	190,16 dm^2	78 m^2

2   8068 Umdrehungen   **3** 0,34 m^2; 21,4%   **4** 68,98 cm^2

5   a) A$_s$ = 190,07 cm^2 b) A$_s$ = 6,64 m^2 c) A$_s$ = 1,42 dm^2
     b = 17,28 cm   b = 5,53 m   b = 3,51 dm

1   u = 521,5 mm   A = 176,71 cm^2 **2** 34,7 km

3

	a)	b)	c)	d)
r	2,4 cm	78,58 mm	6,5 m	1,53 dm
α	60°	105°	216°	312°
A$_s$	3,02 cm^2	56,58 cm^2	79,64 m^2	6,4 dm^2
b	2,51 cm	144 mm	24,5 m	8,33 dm

4   A$_{Kreis}$: 452,39 cm^2;   A$_{Quadrat}$: 287,98 cm^2 **5** 791,7 cm^2

zu Seite 223

1   a) S (3 | 0)   b) S (−3 | 1)   c) S (1 | −5)

2   f: y = (x − 1)^2 g: y = (x − 2)^2 − 1,5   h: y = (x + 1)^2 − 2   k: y = (x + 1,5)^2 − 0,5

3   a) S (3|4)   b) S (−1|−1)   c) S (2|−2,5)

4   a) S (1|−9)   Nullstellen: x$_1$ = 4; x$_2$ = −2   b) S (−3|−2,25)   Nullstellen: x$_1$ = − 4,5; x$_2$ = −1,5

1   f: y = x^2 − x + 0,25   g: y = x^2 − 3x + 0,75   h: y = x^2 + 3x + 0,25   k: y = x^2 + 5x + 6,75

2   a) −   b) −   c) −

3   a) S (2| −2)   Nullstellen: x$_1$ = 1; x$_2$ = 3   b) S (−1|−2)   Nullstellen: x$_1$ = −3; x$_2$ = 1
     c) S (−3|−1)   Nullstellen: −

zu Seite 224

1   a) L = {2; −9}   b) L = {−1; 9}   c) L = {−4; 3}   d) L = {2; −5}   e) L = {−0,5; −1,5}

2   a) D = ℝ \ {0};   L = {5; 1}   b) D = ℝ \ {0,2};   L = {5; 4}

3   L = {1; −3}

4   a) x^2 − 7x + 12 = 0   b) x^2 + 8x + 15 = 0

5   17; −18

6   Breite 23 cm, Länge 34 cm

1 a) L = {7; −12}   b) L = {0,5; −3,5} c) L = {7; −3}   d) L = {4,5; −9,5}

2 a) L = {2 ; 4}; S = (3|−1)   b) L = {1,5 ; −4,5}; S = (−1,5|9)

3 a) L = {6 ; −1}; D = ℝ \ {−2}

4 a) L = {4}; D = {x ∈ ℝ|x ≥ 4};   b) L = {3 ; −2}; D = {x ∈ ℝ|x ≤ 7}

5 17; 3

6 70 cm; 24 cm

zu Seite 225

1 a)

Note	absolute Häufigkeit	relative Häufigkeit
1	1	≈ 0,04
2	5	≈ 0,18
3	10	≈ 0,36
4	9	≈ 0,32
5	2	≈ 0,07
6	1	≈ 0,04

b) –

2 a)

Klassen	absolute Häufigkeit	relative Häufigkeit
von 350 bis unter 380	2	0,14
von 380 bis unter 410	4	0,29
von 410 bis unter 440	3	0,21
von 440 bis unter 470	4	0,29
von 470 bis unter 510	1	0,07

b) –

3 a)

Taschengeld (Euro)	relative Häufigkeit
24	0,09
28	0,12
32	0,16
36	0,18
40	0,22
44	0,13
50	0,10

b) –

1 a) $\bar{x} \approx 1{,}733$ b) $\widetilde{x} = 1{,}735$

2 a) $\bar{x} \approx 7{,}75$ b) $\widetilde{x} = 8{,}00$ c) Wegen des Ausreißers (5,32) ist der Zentralwert sinnvoller.

3 Spannweite: 18 $\bar{s} = 4{,}5$ ($\bar{x} = 413{,}5$)

4 a)

Note	absolute Häufigkeit	Stelle
1	3	1 bis 3
2	31	4 bis 34
3	55	35 bis 89
4	50	90 bis 139
5	25	140 bis 164
6	1	165

b) $\widetilde{x} = 3$
c) $\bar{x} \approx 3{,}4$
d) $s^2 \approx 1{,}06$; $s \approx 1{,}03$

zu Seite 226

1 a) V ≈ 2968,805 cm³; O ≈ 1145,11 cm²   b) V ≈ 1049,543 m³; O ≈ 582,07 m²

2 a) V ≈ 460 ml   b) 3359,78 m²   **3** $d_i = 6{,}33$ m

4 m ≈ 1071 g

5 a) s = 8 m; M ≈ 120,64 m²; O ≈ 193,02 m²; V ≈ 154,42 m³
b) r = 24 dm; h = 10 dm; O ≈ 3769,91 dm²; V ≈ 6031,86 dm³

1 m ≈ 6,990 kg   **2** m ≈ 62 g   **3** r ≈ 1,5 m; V ≈ 5,42 m³

4 h ≈ 13,26 cm   **5** ≈ 21,5 %   **6** $r_a \approx 1{,}12$ m; V ≈ 5,88m³, m ≈ 17,07 t

Mengen

$M = \{4, 5, 6, 7\}$	Menge aus den Elementen 4, 5, 6 und 7 in aufzählender Form
$\mathbb{N} = \{0, 1, 2, 3,\ldots\}$	Menge der natürlichen Zahlen
$\mathbb{Z}$	Menge der ganzen Zahlen
$\mathbb{Q}$	Menge der rationalen Zahlen
$\mathbb{Q}_+$	Menge der positiven rationalen Zahlen einschließlich Null
$\mathbb{Q}_-$	Menge der negativen rationalen Zahlen einschließlich Null
$\mathbb{R}$	Menge der reellen Zahlen
$\mathbb{R}_+$	Menge der positiven reellen Zahlen einschließlich Null
$\mathbb{R}_-$	Menge der negativen reellen Zahlen einschließlich Null
L	Lösungsmenge für eine Gleichung bzw. Ungleichung
$\{\ \}$	leere Menge
$a \in M$	a ist Element der Menge *M*.
$b \notin M$	b ist nicht Element der Menge *M*.
$A \subset M$	Menge *A* ist Teilmenge der Menge *M*.

Zeichen

$a = b$	a gleich b	$a > b$	a größer als b
$a \neq b$	a ungleich b	$a < b$	a kleiner als b
$a + b$	Summe (*lies:* a plus b)	$a \cdot b$	Produkt (*lies:* a mal b)
$a - b$	Differenz (*lies:* a minus b)	$a : b$	Quotient (*lies:* a geteilt durch b)
a^b	Potenz (*lies:* a hoch b)	$\lvert a \rvert$	Betrag der Zahl a
$\sqrt[n]{a}$	n-te Wurzel		

Kommutativgesetz (Vertauschungsgesetz)

$a + b = b + a$	$a \cdot b = b \cdot a$
$3 + 7 = 7 + 3$	$3 \cdot 7 = 7 \cdot 3$

Assoziativgesetz (Verbindungsgesetz)

$a + (b + c) = (a + b) + c$	$a \cdot (b \cdot c) = (a \cdot b) \cdot c$
$3 + (7 + 5) = (3 + 7) + 5$	$3 \cdot (7 \cdot 5) = (3 \cdot 7) \cdot 5$

Distributivgesetz (Verteilungsgesetz)

$a \cdot (b + c) = a \cdot b + a \cdot c$	$a \cdot (b - c) = a \cdot b - a \cdot c$
$6 \cdot (8 + 5) = 6 \cdot 8 + 6 \cdot 5$	$6 \cdot (8 - 5) = 6 \cdot 8 - 6 \cdot 5$

Geometrie

$A, B, C,\ldots$	Punkte
$\overline{AB}$	Strecke mit den Endpunkten A und B
AB	Verbindungsgerade durch die Punkte A und B
$g, h, k,\ldots$	Geraden
$g \parallel h$	g ist parallel zu h
$g \perp k$	g ist senkrecht zu k
$P\,(3\vert4)$	Punkt im Koordinatensystem mit den Koordinaten 3 (x-Koordinate) und 4 (y-Koordinate)
$\alpha, \beta, \gamma, \delta, \varepsilon, \varphi$	
$\sphericalangle\,ASB$	Winkel
$\sphericalangle\,(a, b)$	

Prozentrechnung

Berechnen des *Prozentsatzes* $\quad p\% = \dfrac{P \cdot 100}{G}\ \%$

Berechnen des *Prozentwertes* $\quad P = \dfrac{G \cdot p}{100}$

Berechnen des *Grundwertes* $\quad G = \dfrac{P \cdot 100}{p}$

Zinsrechnung

Berechnen des *Zinssatzes* $\quad p\% = \dfrac{Z \cdot 100}{K}\ \%$

Berechnen der *Jahreszinsen* $\quad Z = \dfrac{K \cdot p}{100}$

Berechnen des *Kapitals* $\quad K = \dfrac{Z \cdot 100}{p}$

Berechnen der *Tageszinsen* $\quad Z = \dfrac{K \cdot p}{100} \cdot \dfrac{n}{360}$

Berechnen der *Monatszinsen* $\quad Z = \dfrac{K \cdot p}{100} \cdot \dfrac{n}{12}$

Rationale Zahlen

Kommutativgesetz $\qquad a + b = b + a \qquad\qquad a \cdot b = b \cdot a$

Assoziativgesetz $\qquad a + (b + c) = (a + b) + c \qquad a \cdot (b \cdot c) = (a \cdot b) \cdot c$

Distributivgesetz $\qquad a \cdot (b + c) = a \cdot b + a \cdot c \qquad a \cdot (b - c) = a \cdot b - a \cdot c$

Beschreibende Statistik

relative Häufigkeit $= \dfrac{\text{absolute Häufigkeit}}{\text{Anzahl der Daten}}$

arithmetisches Mittel $= \dfrac{\text{Summe aller Daten}}{\text{Anzahl der Daten}}$

Mittlere lineare Abweichung $= \dfrac{\text{Summe der Abweichungen von } \bar{x}}{\text{Anzahl aller Daten}}$

Varianz (mittlere quadratische Abweichung) $= \dfrac{\text{Quadrate aller Abweichungen von } \bar{x}}{\text{Anzahl der Daten}}$

Standardabweichung $= \sqrt{\text{Varianz}}$

Quadratische Funktionen

Allgemeine Form: $y = ax^2 + bx + c$

Quadratische Gleichungen

Normalform:

$x^2 + px + q = 0$

Lösungsformel:

$x_1 = -\dfrac{p}{2} + \sqrt{\left(\dfrac{p}{2}\right)^2 - q}$; $\quad x_2 = -\dfrac{p}{2} - \sqrt{\left(\dfrac{p}{2}\right)^2 - q}$

Geometrie

Satz des Pythagoras *Höhensatz* *Kathetensatz*

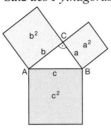 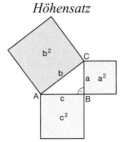 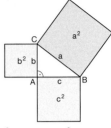

$$a^2 + b^2 = c^2 \qquad h_c^2 = p \cdot q \qquad a^2 = c \cdot p \quad b^2 = c \cdot q$$

Rechteck 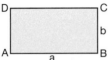 *Quadrat*

Umfang: $u = 2a + 2b$
           $u = 2\,(a + b)$ $u = 4a$

Flächeninhalt: $A = a \cdot b$ $A = a^2$

Parallelogramm 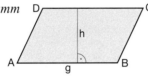 *Dreieck*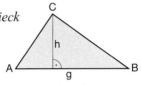

$$A = g \cdot h \qquad\qquad A = \frac{g \cdot h}{2}$$

Trapez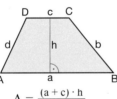

$$A = \frac{(a + c) \cdot h}{2} \qquad A = m \cdot h \qquad A = \frac{(a + c)}{2} \cdot h$$

Drachen 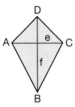 *Raute (Rhombus,*

$$A = \frac{e \cdot f}{2} \qquad\qquad A = \frac{e \cdot f}{2}$$

Quader 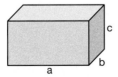 *Würfel*

Oberflächeninhalt: $O = 2ab + 2bc + 2ac$
              $O = 2\,(ab + bc + ac)$ $O = 6a^2$
Volumen: $V = a \cdot b \cdot c$ $V = a^3$

Prismen

$V = G \cdot h_k$

$M = u \cdot h_k$
$O = 2 \cdot G + M$

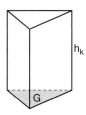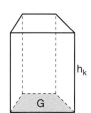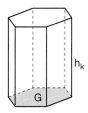

Kreis

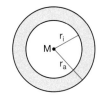

Umfang: $\quad u = \pi \cdot d \qquad A = \pi \cdot \dfrac{d^2}{4} \qquad A = \pi \cdot r_a^2 - \pi \cdot r_i^2$

$\qquad\qquad u = 2 \cdot \pi \cdot r \qquad A = \pi \cdot r^2 \qquad A = \pi \cdot (r_a^2 - r_i^2)$

Kreisausschnitt

Länge des Kreisbogens:

$b = \dfrac{\pi \cdot r}{180°} \cdot \alpha$

Flächeninhalt:

$A_s = \dfrac{\pi \cdot r^2}{360°} \cdot \alpha$

$A_s = \dfrac{b \cdot r}{2}$

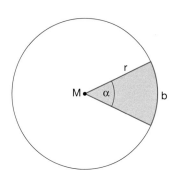

Zylinder

Oberflächeninhalt: $\quad O = 2 \cdot G + M$
$\qquad\qquad\qquad O = 2 \cdot \pi \cdot r^2 + 2 \cdot \pi \cdot r \cdot h_k$

Volumen: $\qquad\qquad V = G \cdot h_k$
$\qquad\qquad\qquad V = \pi \cdot r^2 \cdot h_k$

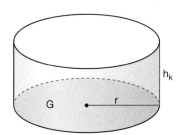

Pyramide

Oberflächeninhalt: $\quad O = G + M$

Volumen: $\qquad\qquad V = \dfrac{1}{3} \cdot G \cdot h_k$

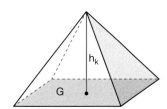

Kegel

Kegelmantel $M = \pi \cdot r \cdot s$

Oberflächeninhalt: $O = M + G$
                     $O = \pi \cdot r\,(r + s)$

Volumen: $V = \frac{1}{3} \cdot G \cdot h_k$

                     $V = \frac{1}{3} \cdot \pi \cdot r^2 \cdot h_k$

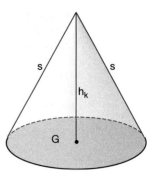

Bildquellennachweis

Archiv für Kunst und Geschichte, Berlin: 58; 90.2; 92.2; 96.2; 141

Irmgard Arnold, Negenborn: 24; 67.1/3; 70.2; 74.1; 78.M; 79.M; 84.1/2/3; 86; 118.M; 78.2; 79.M; 90.1; 94.M; 102.1/2/4/5/6/M; 103.3; 104; 106; 108; 109; 111.2; 124.M; 132.1; 133.1/M; 136.M; 137.1; 138.1; 142.M; 144.M; 145.1/M; 146.M; 148.M; 153.1/M; 167.1/ 2; 168; 170; 171; 176.1; 180; 181.M; 185.M; 193.1

artemide, Menden: 34

Kurverwaltung Bad Karlshafen: 35.3

Marketinggesellschaft Bad Sachsa: 35.5

Bildarchiv preuss. Kulturbesitz, Berlin: 67.2; 72.1; 92.2/3

Bongarts, Hamburg: 98

Günther Boyn, Bad Iburg: 99.1

Ciclo Sport, Krailing: 88.1

Deutsches Museum, München: 43.2/3; 89.2

dpa, Frankfurt: 33; 130.1/2

Edersee Touristik, Waldeck: 35.2

Enercon, Aurich: 95

Klaus Fischbach, Ratingen: 99.2

Fotostudio Druwe/Polastri, Cremlingen/Weddel: 7.1; 26.1/2; 26.3; 31; 36.1/2/3/4; 38; 67.4; 70.1; 72.3; 74.2; 88.3/4/5; 102.3; 103.1/2; 129; 131; 132; 145.2; 149.2/3/5; 150.1; 151.1; 156.1; 160.1; 169.1/2; 170.1; 171.1; 178, 179.1/2; 182.1; 185.1; 187.2; 188.1

Touristeninformation Göttingen: 53.1

Volker Hartz, Braunschweig: 130.3

HDE Metallwerk GmbH, Menden: 27

Heumann, Stadthagen: 97

IFA-Bilderteam, Taufkirchen: 149.4

Mauritius, Hamburg: 96.1; 111.1

Obolith, Vlotho: 93

Rollei, Braunschweig: 43

Scharner, T.: Lehre: 193.2

Schüco, Bielefeld: 182.2

Toto-Lotto Niedersachsen GmbH, Hannover: 149.2

Volkswagen AG, Wolfsburg: 7.2/3

Touristeninformation Winterberg: 35.4

Züblin AG, Stuttgart: 102.6; 107

Die übrigen Zeichnungen wurden von der Technisch-Graphischen Abteilung Westermann, Braunschweig, angefertigt.

Satz: O & S Satz GmbH, Hildesheim